U0547421

卓越农林人才培养实验实训实习教材

水产动物营养与饲料学实验实训

主　编

向　枭　陈拥军

副主编

罗　莉　周继术　李华涛　姜　俊　林仕梅　周兴华

编写人员（以姓氏拼音为序）

陈　建　（西南大学）
陈拥军　（西南大学）
何远法　（西南大学）
姜　俊　（四川农业大学）
李华涛　（内江师范学院）
林仕梅　（西南大学）
罗　辉　（西南大学）
罗　莉　（西南大学）
邱代飞　（广东海大集团股份有限公司）
王文娟　（西南大学）
吴仕辉　（广东海大集团股份有限公司）
向　枭　（西南大学）
周继术　（西北农林科技大学）
周兴华　（西南大学）

西南大学出版社
SWUP
国家一级出版社　全国百佳图书出版单位

图书在版编目（CIP）数据

水产动物营养与饲料学实验实训 / 向枭，陈拥军主编. -- 重庆：西南大学出版社，2023.7
卓越农林人才培养实验实训实习教材
ISBN 978-7-5697-1908-6

Ⅰ. ①水… Ⅱ. ①向… ②陈… Ⅲ. ①水产动物—动物营养—高等学校—教材②水产动物—配合饲料—高等学校—教材 Ⅳ. ①S963

中国国家版本馆CIP数据核字（2023）第120608号

水产动物营养与饲料学实验实训

主编　向　枭　陈拥军

责任编辑：杨光明
责任校对：伯古娟
装帧设计：观止堂_朱　璇
排　　版：张　祥
出版发行：西南大学出版社
印　　刷：重庆紫石东南印务有限公司
幅面尺寸：195 mm×255 mm
印　　张：16.75
字　　数：354千字
版　　次：2023年7月 第1版
印　　次：2023年7月 第1次印刷
书　　号：ISBN 978-7-5697-1908-6

定　　价：58.00元

2014年9月，教育部、农业部(现农业农村部)、国家林业局(现国家林业和草原局)批准西南大学动物科学专业、动物医学专业、动物药学专业本科人才培养为国家第一批卓越农林人才教育培养计划改革试点项目。学校与其他卓越农林人才培养高校广泛开展合作，积极探索卓越农林人才培养的模式、实训实践等教育教学改革，加强国家卓越农林人才培养校内实践基地建设，不断探索校企、校地协调育人机制的建立，开展全国专业实践技能大赛等，在卓越农林人才培养方面取得了巨大的成绩。西南大学水产养殖学专业、水族科学与技术专业同步与国家卓越农林人才教育培养计划专业开展了人才培养模式改革等教育教学探索与实践。2018年9月，教育部、农业农村部、国家林业和草原局发布的《关于加强农科教结合实施卓越农林人才教育培养计划2.0的意见》(简称《意见2.0》)明确提出，经过5年的努力，全面建立多层次、多类型、多样化的中国特色高等农林教育人才培养体系，提出了农林人才培养要开发优质课程资源，注重体现学科交叉融合、体现现代生物科技课程建设新要求，及时用农林业发展的新理论、新知识、新技术更新教学内容。

为适应新时代卓越农林人才教育培养的教学需求，促进"新农科"建设和"双万计划"顺利推进，进一步强化本科理论知识与实践技能培养，西南大学联合相关高校，在总结卓越农林人才培养改革与实践的经验基础之上，结合教育部《普通高等学校本科专业类教学质量国家标准》以及教育部、财政部、发展改革委《关于高等学校加快"双一流"建设的指导意见》等文件精神，决定推出一套"卓越农林人才培养实验实训实习教材"。本套教材包含动物科学、动物医学、动物药学、中兽医学、水产养殖学、水族科学与技术等本科专业的学科基础课程、专业发展课程和实践等教学环节的实验实训实习内容，适合作为动物科学、动物医学和水产养殖学及相关专业的教学用书，也可作为教学辅助材料。

本套教材面向全国各类高校的畜牧、兽医、水产及相关专业的实践教学环节，具有较广泛的适用性。归纳起来，这套教材有以下特点：

1.准确定位，面向卓越 本套教材的深度与广度力求符合动物科学、动物医学和水产养殖学及相关专业国家人才培养标准的要求和卓越农林人才培养的需要，紧扣教学活动与知识结构，对人才培养体系、课程体系进行充分调研与论证，及时用现代农林业发展的新理论、新知识、新技术更新教学内容以培养卓越农林人才。

2.夯实基础，切合实际 本套教材遵循卓越农林人才培养的理念和要求，注重夯实基础理论、基本知识、基本思维、基本技能；科学规划、优化学科品类，力求考虑学科的差异与融合，注重各学科间的有机衔接，切合教学实际。

3.创新形式，案例引导 本套教材引入案例教学，以提高学生的学习兴趣和教学效果；与创新创业、行业生产实际紧密结合，增强学生运用所学知识与技能的能力，适应农业创新发展的特点。

4.注重实践，衔接实训 本套教材注意厘清教学各环节，循序渐进，注重指导学生开展现场实训。

“授人以鱼，不如授人以渔。”本套教材尽可能地介绍各个实验（实训、实习）的目的要求、原理和背景、操作关键点、结果误差来源、生产实践应用范围等，通过对知识的迁移延伸、操作方法比较、案例分析等，培养学生的创新意识与探索精神。本套教材是目前国内出版的能较好落实《意见2.0》的实验实训实习教材，以期能对我国农林的人才培养和行业发展起到一定的借鉴引领作用。

以上是我们编写这套教材的初衷和理念，把它们写在这里，主要是为了自勉，并不表明这些我们已经全部做好了、做到位了。我们更希望使用这套教材的师生和其他读者多提宝贵意见，使教材得以不断完善。

本套教材的出版，也凝聚了西南大学和西南大学出版社相关领导的大量心血和支持，在此向他们表示衷心的感谢！

总编委会

党的十八大以来，我国持续推进生态文明建设，贯彻绿色发展理念，实施健康中国战略，完善国民健康服务体系。生态优先理念的贯彻实施和供给侧结构性改革已经促使水产养殖业发生了重大变化，水产养殖不断向生态化、有机化、设施化和智能化方向发展。水产专业大学生是新农科建设和渔业绿色发展的生力军，在生产中应将绿色生态水产养殖理论与绿色发展理念有机结合。为了有效实施卓越农林人才教育培养计划，在教学中应调整优化课程结构，将知识传授与价值引领相结合，加强农科学生实验实践；注重素质教育与专业教育有机结合，进一步加强农科学生专业知识教育，把创新创业教育贯穿人才培养全过程，着力提升农科学生的专业能力和综合素养；增强学生服务"三农"和农业农村现代化的使命感和责任感，为实现健康中国战略、助力乡村振兴、打造健康生活方式培养合格人才。

我国的水产养殖总量已连续30多年位居世界第一。水产养殖的迅猛发展推动了水产饲料工业的进步，同时又促进了水产养殖的快速发展。但是，我国是一个水产饲料资源短缺的国家，鱼粉、豆粕、鱼油等优质原料长期依赖进口，导致饲料价格极不稳定。饲料成本占整个养殖成本的70%左右，饲料价格的急剧波动直接影响了养殖效益。为促进我国水产养殖的可持续发展，一方面，应大力开发新的饲料原料；另一方面，应对水产动物的营养需求进行定性和定量分析，根据水产动物的营养需求特点设计专用饲料配方，充分利用蛋白质互补作用和氨基酸平衡技术，努力提高饲料资源的利用率。同时，水产饲料的质量会直接影响养殖效益，饲料安全与水产品的安全息息相关。近年来，饲料导致的动物性食品安全事件时有发生，作为动物性食品安全源头的饲料安全应受到重视。因此，为饲料安全生产和利用保驾护航，规范饲料分析与检测相关实验技术十分必要。

水产动物营养与饲料学是水产类专业的专业核心课程，学生的学习目标是掌握水产动物营养学的基本原理、水产配合饲料配方设计及饲料加工工艺，正确理解饲料与养殖水环境、水产品质量与人类健康的关系。饲料分析实验实训是水产营养学理论联系实际的基本途径，也是水产动物营养与饲料学教学的重要组成部分，可培养学生掌握饲料营养成分分析、配方设计、饲料加工、原料评估等实践技能。目前，大部分国内水产高校开设了“饲料分析与检测实验”课程，少数高校在“水产动物营养与饲料学”课程中设置了实验部分，着重通过实验教学培养学生的饲料分析检测技能，但鲜有涉及饲料原料的掺假鉴别、原料品质的综合评定、生物饲料制作等综合性实验，亦很少将学生直接带到水产饲料企业实训参观，这都不利于新农科水产饲料人才的培养。因此，很有必要编写水产动物营养与饲料学实验教材，在饲料分析与质检实验教学的基础上，引入综合性实验和实训教学，增强学生对水产饲料加工设备和工艺的了解，巩固学生的饲料分析技能，培养学生对饲料原料的鉴别和综合评定能力，掌握提高水产原料利用率的技能，促进创新型水产饲料人才的培养。

本教材选用了最新国家标准推荐的方法。实验实训项目内容包括实验目的、实验原理、实训任务、思考题和实验实训拓展等，便于学生课前预习和课后学习，弥补了课堂实验课时和内容的不足，丰富了实验教学的内容，将激发学生实验的兴趣，巩固实验教学效果。本教材包括23个基础性实验、5个综合性实验和7个实训项目。在实际教学过程中，根据教学大纲和实验条件，任课教师可以选择其中单个项目进行实验教学，也可以选择多个项目以构建一套综合性的实验课题进行授课。本书是“卓越农林人才培养实验实训实习教材”系列之一册，既可作为高等院校水产类专业学生的实验实训教材，又可供从事水产养殖、饲料分析与质检的技术人员参考。

本书由西南大学、西北农林科技大学、四川农业大学、内江师范学院等高校及广东海大集团股份有限公司等一线教学、科研人员编写。限于编者的知识水平和编写能力，本书难免存在一些不足和错漏，恳请广大读者批评指正，以便再版时修正并完善。

第一部分
实验室安全及实验仪器基本操作

第二部分 基础性实验

第三部分
综合性实验

第四部分 实训

第一部分

实验室安全及实验仪器基本操作

第一章　实验室安全概述

一、实验室安全的重要性

高等院校的实验室肩负着科学研究和实验教学的双重使命，是知识创新和人才培养的重要阵地。实验室安全是关乎每位学生自身健康和他人生命安全的大事，也是关乎学校和谐与环保的大事，应引起每位同学足够的重视，提高自身安全意识。

随着我国高等教育事业的飞速发展，高校规模不断扩大，学生人数日益增多，实验室的教学和科研任务日益繁重，实验室安全问题越发突出。调查发现，近年来高校安全事故频发，其中相当一部分事故发生在实验室。有备、警觉是安全的“双保险”，麻痹、无备是事故的“两温床”。实验室管理部门以及任何进入实验室的人员都必须牢固树立“以人为本，安全为天”的思想，充分认识到实验室安全的重要性，在日常工作中切实做到居安思危，切忌马虎大意及抱有侥幸心理。

二、实验室安全守则

(1)实验室是进行教学实验和科学研究的重要基地，所有在实验室工作、学习的人员，进入实验室之前须学习实验室手册的相关规定，严格执行操作规程，做好各项记录。

(2)实验室内，禁止吸烟、进食、睡觉、使用燃烧型蚊香，禁止使用油汀取暖器和电暖器等设备，不得在实验室追逐打闹。

(3)实验室或实验过程中如果发现安全隐患，应立即停止实验，并采取措施消除隐患，不能冒险作业。实验设备不得开机过夜，如确有需要，须采取必要的防范措施。

(4)实验结束后，要及时清理实验台与废弃物；临时离开实验室，应确保实验室安全，并随手锁门；实验完毕，检查实验室正常后方可离开，同时关好门窗及水、电、气等。

(5)听从实验室安全责任人的指导、教育与要求，积极配合做好技术安全工作。

(6)熟知实验室悬挂的安全信息栏内容，遇事及时报告。

(7)保持实验室的整洁，地面干燥，规范处理废弃物品，保持消防通畅。

三、危险化学品的使用安全

一般来说，具有易燃、易爆、腐蚀、毒害、感染、放射性等危险性质，在一定条件下能燃烧、爆炸和导致人体中毒、烧伤或死亡等事故的化学物品统称为危险化学品。实验室危险化学品的购买、存放和使用须遵守以下细则。

(1)必须按照《危险化学品安全管理条例》规定的程序购买危险化学品。

(2)实验室须设置独立区域作为药品室，用于存放各类化学品，所有危险化学品实行双锁管理制度。其中，易制毒化学品实行双人保管、双人使用、双人领取、双把锁、双本账的“五双”管理制度。

(3)应根据危险化学品性质分类存放，易燃化学品和腐蚀性化学品须分别存放于易燃品存储柜和腐蚀品储存柜中，药品柜上须张贴库存药品清单。

(4)使用危险化学药品前，要详细查阅有关化学药品的使用说明，充分了解化学药品的物理和化学特性，严格遵照操作规程和使用方法使用化学药品。

(5)使用危险化学品前，要穿戴好个人防护用品如实验服、手套、眼镜等。需要时，应在通风橱中进行实验操作。

(6)实验过程中，不得擅自随意离开岗位。

(7)熟悉实验室内的安全防护措施，并能正确使用。

(8)实行登记制度，购入和使用药品都须严格记录。

(9)使用完药品后须及时归还，将药品柜和药品室上锁。

(10)使用危险化学品产生的废液与废旧危险化学品不得随意丢弃，废液要分类收集，将无机物和有机物分开存放于废液桶，并贴好标签，以便学校集中处理。

四、用电安全

人体触电是电气事故中最常见、最危险的，必须做好这类事故的防范工作。实验室人员用电，必须遵守以下准则。

(1)导电体必须用绝缘材料封护或隔离起来，防止触电；经常检查电线、插头或插座，一旦发现损毁要立即更换。

(2)切勿用湿手或站在潮湿的地板上启动电源开关、触摸电器用具。

(3)电器用具要保持在清洁、干燥和良好的情况下使用，清理电器用具前要将电源切断。

(4)使用电陶炉、加热板、水浴锅、高压灭菌锅等用电设备时，使用人员不得随意离开。

(5)修理或安装电器时应先切断电源,非专业人员切勿擅自拆改电器线路。

(6)实验室内禁止私拉电线,不得在一个电源插座上串接插线板。

(7)不得擅自使用大功率电器。

五、气瓶的使用安全

气瓶是指容积不大于1 000 L,用于盛装压缩气体(含永久气体、液化气体和溶解气体)的可重复充气的移动式压力容器。在实验开展过程中,有时会用到盛装氮气、氧气、二氧化碳等气体的压力气瓶,在使用时必须遵守以下准则。

(1)气瓶使用前应进行安全状况检查,对盛装气体进行确认。

(2)使用气瓶时要防止气体外泄,保证室内空气流通。

(3)严格按照操作规程操作,在可能造成回流的使用场所,气瓶上必须装配防止倒灌的装置。

(4)气瓶竖直放置时,应采取措施防止倾倒,如可加拴铁链。

(5)夏季使用气瓶时,要防止暴晒。

(6)严禁使用热源对气瓶加热。

(7)气瓶使用完毕时,应及时关闭总阀门。

(8)不得将瓶内气体用尽,必须留有剩余压力。

(9)气瓶的放置点不得靠近热源,应距离明火10 m以外。

(10)不得擅自更改气瓶的钢印和颜色标记。

(11)严禁敲击、碰撞气瓶。

(12)发现气体泄漏,应立即关闭气源,开窗通风,并把人疏散到空气流通的地方。

六、仪器设备的使用安全

1.高温设备

在实验开展过程中,时常会用到酒精灯、电陶炉、加热板、烘箱、加热棒、马弗炉、恒温水浴锅等高温仪器设备。使用前必须熟悉这些仪器的操作须知,以确保使用安全,避免烫伤、烤焦、着火、爆炸等事故的发生。

2.低温设备

使用冰箱(含超低温冰箱)、冰柜和冷冻离心机等低温制冷设备具有一定的危险性,使用前须熟悉这些仪器的操作须知,以免发生安全事故,防止冻伤。

3. 低温冷冻剂

使用冰、干冰、液氮等低温冷冻剂制冷过程中，须戴皮手套，做好防护措施，以防冻伤。存放低温液化气时，应使用开口的或符合规格的容器，不得把低温液化气注入密封容器中，否则易引起爆炸。倾倒低温液化气时，应远离火源，保持室内空气流通状况良好。应仔细储存和搬运低温制冷剂，减少受热爆裂的危险。

七、实验室消防安全

当听到火警声或发现着火时，应尽快沿着安全出口方向离开火情发生地到空旷平台处集合。一旦失火时，保持镇静，不要惊慌。只有在确认没有重大危险发生时，才可试图灭火；灭火时自己要面向火而背向消防通道，必要时可及时利用通道撤离。找到合适的灭火器材，拔掉保险栓，对准火源，按下压把喷射灭火；在可能的情况下，移走火点附近的可燃物，断电并关掉各种气体阀门。火势比较大时，迅速撤离现场并拨打火警电话119报警；撤离现场时，采用低姿势靠墙疏散，一路关闭所有背后的门。当疏散通道着火，不能安全及时撤离时，应采用一切措施进行自救。在任何情况下，在没有得到上级部门有关安全信息时，不得擅自返回火情发生地。在逃离火场时遇到浓烟，要俯卧爬行迅速离开现场，并用一块湿布捂住口、鼻。若不幸被浓烟困在房内不能逃走时，应将房门关闭，尽快到容易获救的地方；转移到窗口旁呼吸新鲜空气，向窗外设法求救，但不可试图从窗门跳下求生。

八、实验室其他方面的安全

要定期检查实验室的安全与卫生工作，做到地面、桌面、设备“三清洁”。实验室自来水要关闭水龙头，必要时要关闭水阀门，水管道有漏水现象时及时通知有关部门修理。使用冷凝水时水管要接好，并保证排水通畅。正确使用通风橱、电扇、空调等设施，发现问题应及时汇报、集中修理。离开实验室前检查实验室门、窗是否关好，电气线路、通风设备、饮水设施等是否切断电源，自来水是否关紧。最后离开实验室的人员，应该确保实验室安全锁好。

（陈拥军，西南大学）

第二章　实验室常规仪器

一、烘箱

烘箱(图1-1)又名鼓风干燥箱,是采用电加热方式进行鼓风循环干燥的设备,分为鼓风干燥和真空干燥两种。鼓风干燥就是通过循环风机吹出热风,保证箱内温度平衡。

图1-1　烘箱

1.烘箱的操作步骤

(1)在烘箱断电状态下打开箱门,将需要烘干的样品均匀放入样品架上。

(2)轻轻关闭箱门,确保箱门与硅胶密封条紧密结合。

(3)接通烘箱电源,打开烘箱加热开关。

(4)在烘箱面板上设置好所需温度及烘干时间。

(5)烘干结束后,缓慢打开箱门,戴隔热手套取出样品。

2.使用注意事项

(1)不可在烘箱加热状态下放置样品,须在确保加热关闭状态下放置样品。

(2)放置样品时,样品周围应留存一定空间,保持箱内气流畅通。

(3)箱内底部加热丝上布置有散热板,不可将样品放置其上,以免影响热量上流而导致热量积累。

(4)样品若在高温状态下产生相态变化,则必须装在托盘中,避免污染其他样品(例如加热后会渗油或由固态转变为液态等)。

(5)含易燃易爆等有机挥发性溶剂或助剂的样品禁止放入箱内。

(6)关闭时不可太用力,避免造成箱体大幅震动。

(7)取样时缓慢打开箱门,切勿在高温状态下快速开启箱门。

(8)取样时避免头部直接正对箱门开口,须待箱内热量散失 10 s 后方可取样。

(9)烘箱内样品要按时取走,保证烘箱内无样品残留。废弃样品不可随手弃置于烘箱周围。

(10)取样完毕后,及时关闭箱门。

3.计量校准要求

参照《环境试验设备温度、湿度校准规范》(JJF 1101-2019)定期对烘箱的温度偏差进行校准,根据实验需求校准各温度点。可使用量程为 0~250 ℃的标准温度计,插入干燥箱顶部的孔中(如烘箱无孔,可直接放入干燥箱内),温度计的水银球放在干燥箱工作室的中间,固定温度计,关上门。调节温度控制器,温度达到指定值后,观察和记录温度计标准值,检查烘箱精度。

二、快速水分测定仪

快速水分测定仪(图 1-2)是替代国标烘箱法检测水分含量的仪器,由电子天平和烘烤两部分组成,采用红外加热、卤素加热系统及隔热式称重传感器技术,能实现快速加热、精确控温及称量,测试速度快、结果精准。国标烘箱法测样品水分的时间一般需要 8 h 左右,而用快速水分测定仪一般只需要 10 min 左右。

图 1-2　快速水分测定仪

1.操作步骤

(1)设置加热温度。设置温度范围为 50~160 ℃。

(2)设置加热时间。时间参数可以设置为定时模式或自动模式。自动模式:在 60 s 内当检测到样品失重少于 1 mg 时,测试会自动停止;定时模式:根据客户需要,手动设定结束测试的时间，设置时间范围为1~99 min。

（3）准备要测试的样品。

①把空的样品盘放入托盘架，放在支架上。

②按去皮键清零，去除样品盘的质量。

③取出样品盘，放入样品。建议样品质量为10 g左右。

④把样品均匀地分散在样品盘上。

⑤把装有样品的样品盘放回托盘架上，显示屏会显示样品的称量值。

（4）关上加热罩。

（5）短按开始键，开始水分测试。

（6）当测试结束时会显示测试的结果并闪烁。

（7）短按测定结果值切换键，可切换结果显示模式。

（8）短按校准键，发送当前的显示值到RS232。

（9）短按去皮键，退出此次测试，回到称量模式，等待下一次测试。

2. 注意事项

（1）清洁前，应将电源线拔下。

（2）不得使用带有腐蚀性的清洁剂，建议使用酒精或柔和的溶剂。

（3）清洁时注意不要让水或其他液体溅入水分测定仪内。

（4）清洁完后，用干燥不掉毛的软布将水分测定仪擦干。

（5）不能对在干燥时能产生危险化学反应、引起爆炸或产生有毒气体的样品进行测试。

（6）不能在周围有可燃性气体的环境中使用，以免引起爆炸和火灾。

（7）使用电源必须符合技术要求。如果电压超高，可能会引起火灾或损坏。

（8）更换卤素灯时要关闭电源，丢弃损坏的卤素灯时，不要打碎玻璃。

（9）使用带有接地插孔的电源插座，使仪器外壳可靠接地。

3. 校准

（1）所需仪器：分析天平、干燥箱、快速水分测定仪。

（2）校准条件：室温，相对湿度≤80%。

（3）校准步骤：

①开启仪器，预热。

②将待测样品用水分测定仪测定5次，再参照《饲料中水分的测定》（GB/T 6435—2014）测定5次，分别求出平均值，进行对比。

(4)结果判定:计算结果保留至小数点后一位,水分含量≤15%的样品,相对误差≤0.2%为合格;水分含量>15%的样品,相对误差≤1.0%为合格。

(5)校准周期:水分测定仪校准周期为一年,如在使用过程中发生故障,应及时送修,重新校准,直至满足工作的技术要求。

三、超微粉碎机

超微粉碎机(图1-3)是利用研磨、剪切的形式来实现干性物料超微粉碎的设备。它由柱形粉碎室、研磨轮、研磨轨等组成。物料通过投料口进入柱形粉碎室,被沿着研磨轨做圆周运动的研磨轮碾压、剪切而实现粉碎。

图1-3 超微粉碎机

1.操作步骤

(1)使用本机前,必须先关闭电源开关。

(2)打开上盖(顺时针关,逆时针开),把待粉碎物料放入粉碎室内。

(3)将上盖关紧,插上电源,打开定时器开关,开始粉碎物料。

(4)当滚动的声音比较均匀时,说明物料已粉碎成粉,即可关机。

(5)关闭电源,打开上盖,倒出粉末。

(6)仪器使用完后清洗粉碎室。

2.注意事项

(1)使用前检查粉碎室内是否有异物(开机前必须为空),接通电源。

(2)拧紧上盖和粉碎室之间的蝶形螺帽,固定好仪器。

(3)粉碎物料较多、需要长时间粉碎的,可间歇式开关机,避免粉碎室温度过高。

(4)如遇物料卡住、电机不转,请立即关闭,以免电机烧毁,待清除所卡物料后,继续使用。

(5)本机在使用过程中严禁打开上盖和把手伸入粉碎室内。

(6)本机为干式粉碎机,不宜粉碎潮湿物和油腻物。

(7)本机采用过热保护器,如电机负载过大,会自动停机,如继续操作,请重新按下保护器。

(8)在本机工作过程中,电流不得大于15 A。

(9)使用不锈钢材质粉碎机会导致样品中的铬测定结果偏高。样品粉碎过程中铬的污染程度还与样品硬度有关,样品硬度越高,铬测定值越高,污染就越大。测定饲料中铬含量时,不能使用不锈钢或其他含铬材质的粉碎机制备样品。

(10)粉碎机使用时应遵循短时间(如每隔15 s)粉碎一次,每次粉碎时间不宜过长(不应超过30 s),连续3次以上开机粉样以保证粉碎的粒度达到检测标准要求。粉碎机不能连续长时间使用,如待粉碎样品太多,应采用2台以上粉碎机轮流使用,以避免机体过热影响样品水分含量和粉碎机的使用寿命。

四、分样筛

分样筛(图1-4)是用于对颗粒物料作筛分粒度分析的筛具。作为一种通用的计量仪器,分样筛主要由筛面和筛框组成。按筛面的结构,分样筛可分为金属丝编织网试验筛、金属穿孔板试验筛和电成型薄板试验筛。筒状筛框为金属板或木板圈,然后在筛框底部安装上金属网而成。

图1-4　分样筛

1.操作步骤

(1)调整振动幅度,将实验室分样筛内电机的上下激振块的夹角调节到合适角度,可得到不同的激振力。

(2)根据筛分需要调整时间。实验室分样筛正面面板中间的时间继电器显示前两位为分,后两位为秒。定时时可以在0~99 min59 s内根据需要调整。

(3)实验室分样筛中配套使用的标准试验筛,最下层放筛底(无孔筛),最上面放筛盖,筛底和筛盖中间根据筛分粒度段从上到下依次从粗到细的原则,可以放入1~7层试验筛,将需要筛分的物料放入最上层。

(4)将实验室分样筛筛格放入设备内,锁紧顶部及两侧的螺母。具体做法:先将实验室分样筛顶部及两侧的四个锁紧螺母放松,使两侧的两根立柱可以自由落下,落在已放好的筛格上,然后将两侧的锁紧螺母锁紧,最后将筛机顶部的两个螺母锁紧即可。

(5)完成以上步骤后,开启实验室分样筛正面面板上的绿色按钮,经过一段定时的筛分,筛机自动停机,也可以按红色按钮结束筛分。筛分结束就可以一次性筛分出所需的多个粒度段的物料。

2.注意事项

(1)试验筛必须经常校准。

(2)开机使用前,顶部及两侧的螺母必须锁紧。

(3)设备在运行过程中如出现强烈的震动、噪声等异常时,必须马上停机检查,排除故障后方可重新运行。

五、天平

天平是分析天平和电子天平(图1-5)的统称,分析天平是特指精度达到0.1 mg的天平,而电子天平的范围就比较广了。分析天平是用于化学分析和物质精确称量的高精确度天平。电子天平是传感技术、模拟电子技术、数字电子技术和微处理器技术相结合的综合产物,具有自动校准、自动显示、去皮重、自动数据输出、自动故障寻迹、超载保护等多种功能。电子天平通常使用电磁力传感器组成一个闭环自动调节系统,准确度高,稳定性好。

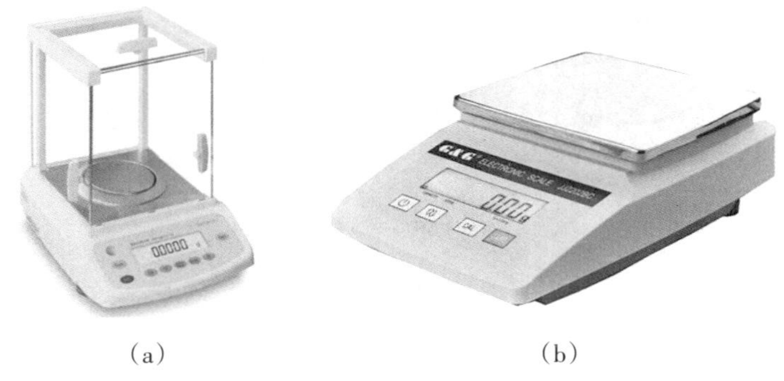

(a)　　(b)

图1-5　分析天平(a)与电子天平(b)

1.分析天平

(1)操作步骤

1)调水平:天平开机前,应观察天平后部水平仪内的水泡要位于圆环的中央,否则要调节天平的地脚螺栓,左旋升高,右旋下降。

2)预热:天平在初次接通电源或长时间断电后开机时,至少需要30 min的预热时间。因此,在通常情况下,不要经常切断实验室电子天平的电源。

3)称量

①按下"ON/OFF"键,接通显示器,出现"0.0000 g"。若未显示,按一下"TARE"调零键。

②放置称量纸,按显示屏两侧的"TARE"键去皮,待显示"0.0000 g"时,在称量纸上放上所要称量的试剂进行称量。

③称量完毕,进行记录,按"ON/OFF"键,关闭显示器。

(2)注意事项

1)天平首次安装或天平被移动后,必须进行校准以确保精确的称量结果。

2)称取吸湿性、挥发性或腐蚀性物品时,应用称量瓶盖紧后称量,且尽量快速,注意不要将称量物,特别是腐蚀性物品洒落在称盘或底板上。称量完毕,被称物及时带离天平,并做好称量室的清洁。

3)同一个实验应使用同一台天平进行称量,以免因称量而产生误差。

4)被测物体不能超过分析天平的最大称量。

(3)计量校准要求

定期做好天平检定工作,一般每年需要检定一次。参照《电子天平校准规范》(JJF 1847-2020)定期对天平的示值误差和重复性等项目进行测试,并判断是否符合检定规程要求,检定结果不合格的不能继续使用。

2.电子天平

(1)操作步骤

1)插上电线并接通电源。在使用前观察水平仪,如水平仪水泡偏移,需调整水平调节脚,使水泡位于水平仪中心。

2)按"ON/OFF"键打开电子天平,待显示稳定后,按"TARE"键去皮,使天平进入称重状态。

3)轻轻将待称物品放在秤盘上,当稳定标志"g"出现时,表示读数已稳定,此时天平的显示值即为该物品的质量。

4)如需在天平上称第二种物品,可按"TARE"键去皮,使天平显示为0,再加上第二种物品称量,显示值即为该物品的质量。

5)称量完毕，轻轻拿去称量物品，按“ON/OFF”键关闭电子天平，做好清洁工作。

(2)注意事项

1)电子天平的使用环境应该无强烈气流，无强磁场，空气保持干燥，温度相对稳定，工作台面牢固可靠。

2)被测物体的质量不能超过电子天平的最大量程。

3)当天平被移动时，必须重新进行水平调节和用标准砝码校准以确保精确的称量结果。

4)天平必须小心使用，称盘与外壳须经常用软布轻轻擦洗。千万不可用强溶剂擦洗。

5)为避免仪器积灰被污染，在停止工作时间内，用套子罩住整个仪器。

(3)计量校准要求

定期做好天平检定工作，一般每年需要检定一次。参照JJF 1847-2020定期对天平的示值误差和重复性等项目进行测试，判断是否符合检定规程要求，检定结果不合格的不能继续使用。

六、离心机

离心机(图1-6)是实验室极常见的分离仪器。离心机的使用看似简单，但正确地使用及维护还是很有必要的，否则一旦发生故障，将对实验造成延误。离心机有普通离心机和高速低温冷冻离心机等。

图1-6　离心机

1.普通离心机

（1）操作步骤

1）将离心机放置于平面桌或平面台上，四只橡胶机脚应坚实接触平面，目测使之平衡，用手轻摇一下离心机，检查离心机是否放置平稳。

2）接通离心机电源，打开机器开关。

3）按“OPEN”键，打开门盖，根据使用需要选择合适的转子，并将转子固定在旋转轴上。

4）根据实验需要将离心管放入转子体内，将转子内盖旋紧，关闭腔盖。

5）根据实验需要依次设置温度（若有）、运行程序、转速、离心时间等。

6）设置结束后，按“START”键开始离心。

7）离心机时间倒计时到0时，电机断电，5 s后开始制动，离心机将自动停止，离心结束，“OPEN”键指示灯亮起，按“OPEN”键打开离心机，旋开转子盖，取出离心管。

8）使用完毕后关闭离心机电源开关。

（2）注意事项

1）离心管必须成偶数对称放入（离心管试液应称量加入），注意把转子体上的螺钉旋紧，放入后应重新检查试管是否对称放入、螺钉是否旋紧。

2）关上门盖，注意一定要使门盖锁紧，用手检查门盖是否关紧。

3）使用完毕后用柔软干净的毛巾擦拭转头和机腔内壁。待离心机机腔内温度与室温平衡后，擦干冷凝水。

2.高速低温冷冻离心机

（1）操作步骤

1）开机：将插头插上插座，打开仪器电源开关。

2）开盖：按压“open”键开盖，开盖后观察腔体，检查自动锁和0-Ring圈是否完好及清洁。

3）根据使用需要安装适配器：在不安装适配器的情况下适用于6个100 mL的圆底离心管，安装上50 mL的适配器后适用于6个50 mL的尖底离心管。

4）按平衡对称的原则，对称位放置的两个离心管之间的质量差不得超过±0.02 g，离心管内物质体积不得超过离心管容量的2/3。

5）按平衡对称的原则，放置离心管于转头腔体内，旋紧转子腔体盖。

6）关上离心机门盖。

7）参数设置：根据需要的离心条件设置参数。

转速输入方式的选择键（RCF/rpm）。

转速设置键“speed”键：设置范围为300~15 200 $r \cdot min^{-1}$/100~23 830×g。

运行时间设置键“time”键：设置范围为0:01~9:59(h:min)，Hold为不停模式。

雪花标志键“*”：为预冷或者预热温度的设置。

温度设置键“temp”键：设置范围为-10~40 ℃。

提速与降速快慢设置(ACC/DEC)：设置范围为1~9挡，数值越大，提速越快。

只有当应用甩平转子(swing-bucket-rotor)时，才需要用bucket键设置转子密码(set bucket code)，与转子货号最后四位数相符，该仪器合适的型号有T×200、T×400、未配置。

8)程序保存：该仪器可保存六个程序，设置好参数后，轻按任意程序数值键约4 s直至提示“program saved”，即已保存该程序。

9)待离心机达到预置温度后，压缩机停止工作，此时按控制面板上的start键，离心机开始离心。

10)离心：轻按“start”键，也可以用“pulse”键(快速启动，一般用于短时间的离心)。

11)结束离心：预设的时间运行完毕，离心自动停止。也可以手动轻按“stop”键，在任意时间终止，当速度降为0时，提示“end of run”，这时可以开启门盖。

12)拆卸转子：旋紧转子腔体盖，双手抓住转头轴的同时轻压绿色的自动锁，然后慢慢提起即可，操作过程中注意不要倾斜摇晃。

13)离心工作完全结束后，关闭控制面板的电源开关，拔出插头，待恢复到室温且离心机腔体内完全化霜后，用纯棉毛巾或棉球擦干转子上的水和腔体内的水。

(2)注意事项

1)为了确保安全和离心效果，仪器必须放置在坚固水平的台面上，盖门上不得放置任何物品；样品必须对称放置，并在开机前确保已拧紧螺母。

2)使用前应检查转子是否有伤痕、腐蚀等现象，同时应进行离心管裂纹、老化等方面检查，发现异常应立即停止使用；开机运转前请务必拧紧转子盖子，以免高速旋转的转子盖飞出造成事故。

3)离心机放置的环境温度、相对湿度应分别控制在15~30 ℃和30%~80%。

4)转速设定与温度设定尽量不要使用极限值，以确保机器安全运转，延长仪器使用寿命。

5)离心机一次运行不要超过60 min。

6)离心机电源必须可靠接地，机器不使用时，请关机并拔掉电源插头。

七、显微镜

生产中常用的显微镜(图1-7)主要是体视显微镜和生物显微镜两种。体视显微镜倍数较小，一般是7~45倍，图像有立体感，镜头工作距离长，可以在镜头下操作。生物显微镜倍数较固定，为40~1600倍，观察的样品必须透明和平整，样品一般要做前期处理。体视显微镜用于观察轻工业、农业、林业、医药、卫生、地质、考古、生物等行业的分析样品，而生物显微镜一般用于农业、医疗检测、教学等。

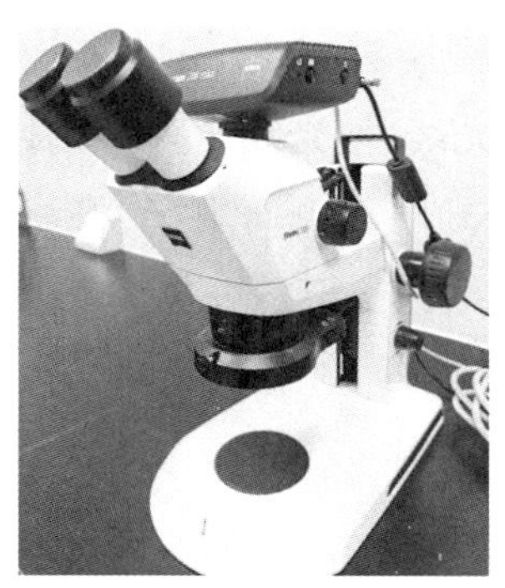

图1-7　显微镜

1.生物显微镜

生物研究使用的显微镜结构包括目镜、物镜、反光镜、载物台、聚光器、光圈等。其中，物镜通常有低倍物镜、高倍物镜和油镜三种，利用凸透镜的放大成像原理，将人眼不能分辨的微小物体放大到人眼能分辨的尺寸，使用不同放大倍数的目镜，可使被检物体放大40~1 600倍。

(1)操作步骤

1)从镜箱中取出显微镜，取用显微镜时必须一手握持镜臂，一手托住镜座，保持镜身直立，切勿用一只手倾斜提携，以防止目镜摔落。取用时需要轻取轻放，放置在距桌边沿5~10 cm处。要求桌子平衡，桌面清洁，无阳光直射。

2)打开电源开关，开启光源。

3)放置玻片标本。将待镜检的玻片标本放置在载物台上，使其中材料正对通光孔中央。再用弹簧压片夹在玻片的两端，防止玻片标本移动。若为玻片移动器，则将玻片标本卡入玻片移动器，然后调节玻片移动器，将材料移至正对通光孔中央的位置。

4)低倍物镜观察。用显微镜观察标本时，应先用低倍物镜找到物像。用左眼从目镜中观察，右眼自然睁开，用手慢慢转动粗准焦螺旋，使载物台缓慢上升，使视野内出现物像。然后调节细准焦螺旋，使物像清晰，用手前后、左右轻轻移动玻片或调节玻片移动器，找到欲观察的部分。

5)高倍镜的使用。在低倍镜下找到需观察的部分后，转为高倍镜观察，在转换物镜时，注意勿使镜头与玻片相碰。通过目镜观察，调节光圈，使光线明亮度适宜，同时调节粗准焦螺旋使视野内出现物像，再用细准焦螺旋调节至物像清晰，找到最适宜观察的部位后，将此部位移至视野中心，进行记录。

6）油镜的使用。调节粗准焦螺旋使载物台下降，将高倍镜转至油镜观察。在玻片标本的镜检部位滴上一滴香柏油。从侧面观察，调节粗准焦螺旋使载物台缓慢上升，使油镜浸在香柏油中，从侧面水平注视镜头与玻片的距离，使镜头浸入油中而又不会压破载玻片为宜。从目镜内观察，调节光线，使光线明亮，用细准焦螺旋调节至物像清晰。若油镜已离开油面而仍未见物像，必须再从侧面观察，将油镜降下，重复操作至看清物像为止。观察完毕，下移载物台。先用擦镜纸拭去镜头上的油，然后用擦镜纸蘸少许二甲苯（香柏油溶于二甲苯）擦去镜头上的残留油迹，最后再用干净擦镜纸擦去残留的二甲苯。切忌用手或其他纸擦镜头，以免损坏镜头。

7）将各部分还原，关闭光源和电源开关，放回原位。

（2）注意事项

1）防潮。如果室内潮湿，光学镜片就容易生霉、生雾。镜片一旦生霉，很难除去。显微镜内部的镜片由于不便擦拭，潮湿对其危害性更大。机械零件受潮后，容易生锈。为了防潮，存放显微镜时，除了选择干燥的房间外，存放地点也应离墙、离地、远离湿源。显微镜箱内应放置1~2袋硅胶作干燥剂，并经常对硅胶进行烘烤，在其颜色变粉红后应及时烘烤，再继续使用。

2）防尘。光学元件表面落入灰尘，不仅影响光线通过，而且经光学系统放大后，会生成很大的污斑，影响观察。灰尘、砂粒落入机械部分，还会增加磨损，引起运动受阻，危害同样很大。因此，必须经常保持显微镜的清洁。

3）防腐蚀。显微镜不能和具有腐蚀性的化学试剂放在一起，如硫酸、盐酸、强碱等。

4）防热。防热的目的主要是为了避免热胀冷缩而引起镜片的开胶与脱落。

5）请勿触碰尖锐的物品，如铁钉、针等。

6）非相关人员请勿随意动用。

2. 体视显微镜

（1）操作步骤

1）装好显微镜后，将显微镜放置在一个让操作员感觉舒适的工作平台，在确保供电电压与体视显微镜的额定电压一致后方可插上电源插头。

2）然后打开反射光（表面光），在显微镜底座上放一个样品，将显微镜的变倍旋钮旋到低倍数，通过调节升降组找到大致焦平面（最佳成像面）。

3）调整目镜的观察瞳距，并调整目镜上的屈光度以找到最佳的焦平面。

4)利用以上方法,逐渐旋大变倍旋钮的倍数,适当调节显微镜的升降组,逐渐找到最大倍数的焦平面。调节过程中,利用样品上比较明显的参照点比对成像的清晰度。

5)将变倍旋钮旋到低倍数,也许图像会有一些失焦,此时请不要再调节升降组进行对焦,只需调节两只目镜上面的屈光度以适应眼睛的观察(屈光度因人而异)。此时,显微镜已经齐焦,即显微镜从高倍变化到低倍,整个图像都在焦距上。对于同样的试样,不需要再调节显微镜的其他部件,只需要旋动变倍旋钮就可以对试样进行变倍观察。

6)观察结束时,关掉电源,移走样品,用防尘罩将显微镜严密罩盖。

(2)注意事项

1)仪器应避免阳光直射、高温、潮湿、灰尘和酸碱气体的腐蚀。

2)工作间应经常保持清洁,使用体视显微镜后盖上防尘罩。

3)体视显微镜应放置在牢固稳定的工作台上。

4)操作体视显微镜时应避免污物或手指弄污透镜、滤色片。

八、分光光度计

分光光度计(图1-8)又称光谱仪,是根据物质对光的吸收特征和吸收强度对物质进行定性和定量分析的科学仪器。常有可见光分光光度计和紫外可见光分光光度计,测量范围一般包括波长范围为380~780 nm的可见光区和波长范围为200~380 nm的紫外光区。分光光度计种类繁多,型号各异,性能差异也较大,但主要的部件均由光源、单色器、吸收池、检测器和指示仪表构成。

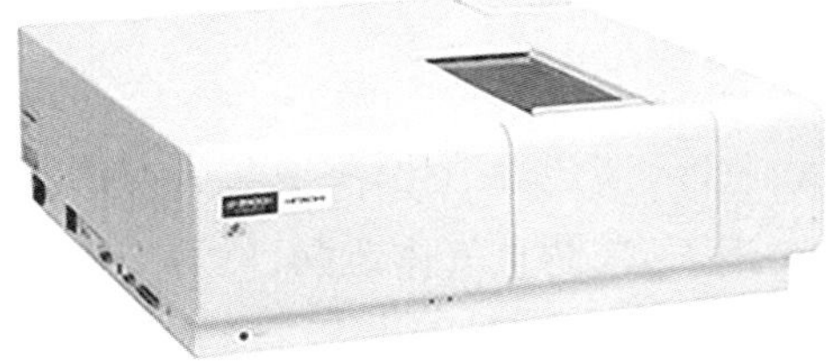

图1-8　分光光度计

(1)操作步骤

1)接通电源,打开仪器开关,掀开样品室暗箱盖,预热10 min。

2)将灵敏度开关调至“1”挡(若零点调节器调不到“0”时,需选用较高档)。

3)按“GOTO”键设置测定波长,在输入测定波长后按“ENTER”键确认。

4)将空白液及测定液分别倒入比色杯3/4处,用擦镜纸擦拭外壁,按顺序从前到后依次放入样品室内,使空白管对准光路。

5)在暗箱盖开启状态下调节零点调节器,使读数盘指针指向 T=0处。

6)盖上暗箱盖,调节"100"调节器,使空白管的 T=100,指针稳定后逐步拉出样品滑盖,分别读出测定管的光密度值,并记录。

7)比色完毕,关上电源,取出比色皿并洗净,样品室用软布或软纸擦净。

(2)注意事项

1)该仪器应放在干燥的房间内,使用时放置在坚固平稳的工作台上,室内照明不宜太强。热天时不能用电扇直接向仪器吹风,防止灯泡灯丝发亮而不稳定。

2)使用本仪器前,使用者应该首先了解本仪器的结构和工作原理,以及各个操纵旋钮的功能。

3)在未接通电源之前,应该对仪器的安全性能进行检查,电源接线应牢固,通电要良好,各个调节旋钮的起始位置应该正确,然后再按通电源开关。

4)在仪器尚未接通电源时,电表指针必须指向"0"刻度线上,若不是这种情况,则可以用电表上的校正螺丝进行调节。

九、全自动凯氏定氮仪

全自动凯氏定氮仪(图1-9)是依据经典的凯氏定氮法研制的自动蒸馏系统,该仪器提供了手动蒸馏和自动蒸馏两部分,既可进行手动加水、加碱、加酸和蒸馏,也可自动加水、加碱、加酸和蒸馏,这给实验人员提供了极大的方便。

图1-9　全自动凯氏定氮仪

1.操作步骤

(1)消化

1)首先将配制好的试剂放入消化炉消化,将收集管与消化管连接起来,中间用氟胶圈卡紧,防止气体泄漏,然后连接抽滤泵,使废气与自来水一起排入下水道中。

2)连接电源线,打开开关,仪器开机,按"设置"键进入主页面,开始设置需要加热的温度等;设置完成后,选择"启动"键,点击确认,开始消化。消化完成后,连同试管安放架一起移到试管安放底座上冷却。

3)将锥形瓶安装在锥形瓶底座上,左右移动托盘可上下移动锥形瓶,然后将消化管安装在消化管底座上。

(2)蒸馏

连接电源线,打开开关,仪器开机。语言选择完成后,系统会自动加水,仪器可以自动设置各个参数。在手动模式下，直接按“加酸”“加碱”和“蒸馏”键，可分别完成加酸、加碱、蒸馏的工作，操作完成之后，取下锥形瓶。

(3)滴定

将盐酸溶液倒入酸式滴定管至0刻度线，最后加入2~3滴混合指示剂后进行滴定。滴定至灰色时为止，记下消耗HCl的体积。

(4)计算

根据消耗HCl的体积，算出最后的结果。

2.注意事项

1)仪器应避免安装在阳光直射以及过冷、过热或潮湿的地方，通风要好，应有良好的散热条件。

2)仪器开机后要进行预热，直接进入手动操作，选择“蒸馏”，蒸汽管放出蒸汽约1 min即可。

3)仪器使用前一定要进行水、碱、酸的校正。

4)消化管一定要放好，顶住橡皮塞。

5)蒸馏结束后，消化管很热，一定要戴着手套往下取，小心烫伤。

6)蒸馏过程中，一定要打开冷凝水。

7)加入碱的量一定要使消化液的pH≥11。

8)冬季仪器长时间不用时，须将蒸汽发生器中的水放出，防止蒸汽发生器冻裂。

十、脂肪分析仪

1.经典索氏提取仪(图1-10)

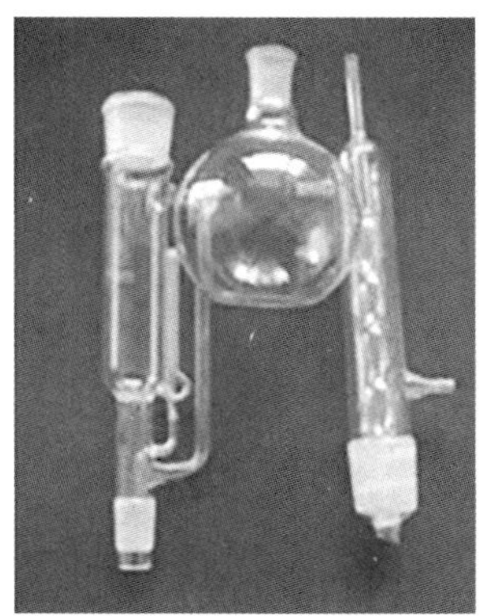

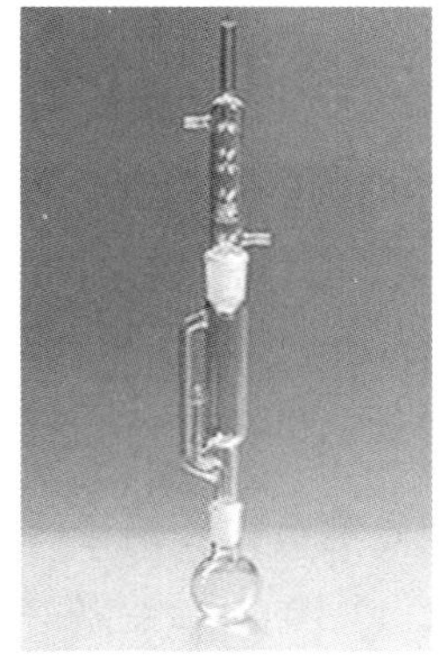

图1-10 经典索氏提取仪

(1)操作步骤

1)在抽提瓶中加入所需的溶剂(如石油醚),加入的量约为抽提瓶容积的2/3,以确保良好的回流效果,加好之后把抽提瓶放回原位。

2)用镊子把装有样品的滤纸包放入抽提管中,滤纸包不能超过虹吸管的高度。

3)将包括冷凝管、抽提瓶、抽提管的整套装置装配好(如图1-10所示),置于水浴锅中准备测试提取。

4)拧紧固定架子,打开水阀。水流下进上出,在打开的过程中可以根据出水量大小调节流速。

5)确定装置装好之后,开启水浴锅电源进行加热。一般抽提6~12 h,使总回流次数在60次左右。

6)抽提完成后,关掉水浴锅电源和水阀,取出滤纸包晾干后,再烘干称量。

(2)注意事项

1)滤纸筒的高度必须低于虹吸管高度,以确保样品完全能浸泡在溶剂中,使样品中的脂肪抽提完全。

2)操作时不能用明火加热,因有机溶剂遇火易燃烧。在室温较高的季节,冷却水要加放冰块以提高冷凝管的冷却效果,避免有机溶剂从冷凝管上口逸出。

3)抽提时,高脂肪样品对低脂肪样品可能有影响,最好按测试样品的脂肪高低分类抽提。

4)样品抽提前后的烘干温度一定要严格控制,不能过高或过低,过高会造成样品氧化,过低会造成水分挥发不完全,都会对检测结果有影响。

2. 全自动脂肪分析仪

全自动脂肪分析仪(图1-11)遵循索氏提取法的分析原理,采用先进的滤袋技术以及全自动脂肪抽提、溶剂回收和再循环系统,使得测量结果的准确度和精密度更高;可分析高含量的脂肪/油脂干样品,效率高,成本低,完全自动化,无须专人看守,无须在通风橱的辅助下工作,安全性能高。

图1-11 全自动脂肪分析仪

(1)操作步骤

1)用耐溶剂的记号笔给滤袋编号,称重,并归零。

2)直接准确称取(1.0±0.05) g制备好的样品,放入滤袋中。

3)在距离滤袋上边缘大约2 mm处用封口机封口,然后将样品在滤袋中展平,使其均匀分布。

4)将滤袋置于烘箱(105±1)℃条件下干燥3 h,然后取出放入干燥器中冷却至室温,称重,再放入烘箱内干燥0.5 h,同样冷却,再次称重。重复此操作,直至连续两次称量的质量差小于0.002 g,取平均值。

5)将滤袋放入脂肪仪缸体中,并锁死密封,根据样品性质选择合适的提取时间,自动进行加热提取及洗涤样品。

6)加热停止后,取出滤袋,放入烘箱中,于(105±1)℃条件下干燥30 min,然后取出滤袋放入干燥器中,冷却至室温并称重,重复步骤4)中的操作至恒重。

7)根据试样提取前后的质量计算其中粗脂肪的质量分数。

(2)注意事项

1)分析样品需要被完全干燥,避免样品中水分对测定结果产生影响。

2)对容易氧化的样品,过度加热会氧化和分解脂类而影响粗脂肪含量的测定。

3)样品在称量前必须装入干燥袋并放入干燥器中冷却到室温,可以排除样品被再次水化。

十一、粗纤维测定仪

粗纤维测定仪(图1-12)是采用化学方法与物理方法相结合而完成粗纤维测定分析的成套仪器,适用于粮食、饲料及其他农副产品中粗纤维含量的测定。粗纤维测定仪有普通纤维测定仪和滤袋纤维测定仪两种。

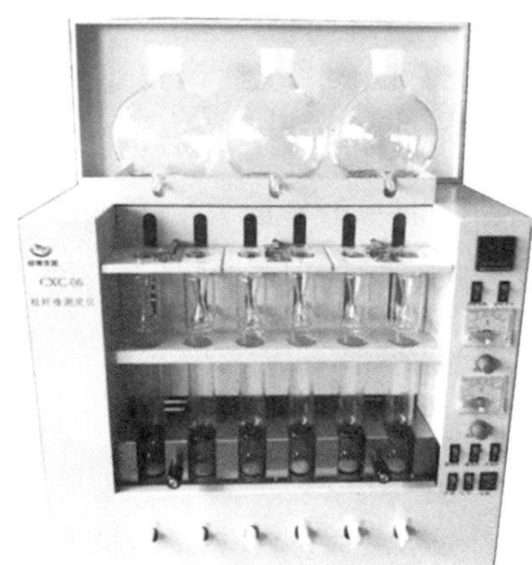

图1-12 粗纤维测定仪

1.普通纤维测定仪

(1)操作步骤

1)在已编号的坩埚内准确称取干净的均匀试样或烘干无水的脱脂样品1~3 g(谷物2~3 g),准确至0.000 1 g。

2)接通电源、水源(自来水尽量开足以保证冷凝),开启主机电源开关。

3)打开酸、碱、蒸馏水预热瓶上盖,分别加入已制备的酸、碱溶液及蒸馏水,加至预热瓶的90%,盖上冷凝球。

4)开启酸、碱、蒸馏水预热电源开关,调节预热电压旋钮,将其调到顺时针最大(这时左边电压表显示电压为220 V左右),等酸、碱、蒸馏水沸腾时,将预热电压调小至酸、碱、蒸馏水微沸。

5)将装有试样的坩埚移入仪器抽滤位置中,压下手柄并锁紧,将下阀全部关闭。

6)把酸瓶橡胶管上白色小管插入1号消煮管中,打开加酸瓶橡胶管上的夹子,在消煮管中加入已沸腾的酸液200 mL(约到消煮管中间刻度线),然后依次在2、3、4、5、6号管中分别加入同样的酸液后夹住加酸橡胶管,再在每个消煮管内加3~4滴正辛醇。关闭酸预热开关,将推拉手柄提起一点,再拉推拉手柄,使加热管盒碰到底,向前靠近坩埚,然后打开消煮管的加热开关。将挡热板挂在加热盒前面,将消煮管调压旋钮调至最大,此时右边电压表显示220 V左右,待消煮管内酸液再次微沸后,再将电压调至150~170 V,使酸液保持微沸状态,向上打开消煮管定时开关,保持酸液微沸30 min。30 min消煮时间一到,蜂鸣器报警,同时自动切断消煮器加热电源。

7)关闭消煮管加热开关,将挡热板在加热盒前面取下,再将推拉手柄推到底,使加热盒离开坩埚后停止加热,将消煮管调压旋钮逆时针旋到底,打开1~6号抽滤开关(分别打开,单独进行抽滤),先打开红球抽滤开关,再打开抽滤泵开关将酸液抽掉。抽滤完毕,先关闭抽滤泵开关,再关闭抽滤开关。把蒸馏水瓶橡胶管上白色小管插入1号消煮管中,打开蒸馏水瓶橡胶管上的夹子,消煮管中加入蒸馏水后再抽干,连续2~3次。依此方法把6个消煮管都清洗完毕,然后夹住加蒸馏水的橡胶管。在抽滤过程中如发现坩埚堵塞时,可关闭抽滤泵,先开启反冲红球开关,再打开反冲泵开关,用气流反吹,直至出现气泡后关闭反冲泵,关闭反冲红球开关,打开抽滤泵继续抽滤。洗涤完毕后关闭所有抽滤开关及泵开关。

8)把碱瓶橡胶管上白色小管插入1号消煮管中,打开碱瓶橡胶管上的夹子,在1~6号消煮管中分别加入微沸的200 mL碱溶液后,夹住碱瓶橡胶管,再在每个消煮管中加入3~4滴正辛醇后重复第6)条后半部分和第7)条的操作,进行碱消煮、抽滤、洗涤。

9)以上工作完成后,用吸管分别在消煮管上口加入25 mL左右95%乙醇,浸泡十几分钟后再抽滤掉。

10)左手压下手柄,拉出锁紧钩缓缓上升,使其复位,戴好手套,取出存有试样的坩埚,待乙醚和乙醇全部挥发完,再移入干燥箱内,在130 ℃下烘2 h,取出并置于干燥器中,冷却至室温称重。

11)将称重后的坩埚,置于500 ℃马弗炉内灼烧30 min,待炉温降至200 ℃以下,从马弗炉内取出并置于干燥器内,冷却至室温后称重。

12)根据试样消煮、灼烧前后的质量计算粗纤维含量。

(2)注意事项

1)仪器由于经常与酸、碱及水接触,且仪器通有220 V交流电,故实验室插座一定要有良好的接地。

2)每次用完仪器后,应用滤纸将抽滤座内的水吸干。

3)当坩埚在500 ℃的马弗炉内灼烧1 h后,不要立即将坩埚取出,否则由于温差太大极易造成坩埚炸裂或影响坩埚使用寿命。

4)在清洗坩埚时,应将坩埚放入30%~50%的盐酸溶液中浸泡几小时,然后取出用水清洗后烘干,以备下一次使用。

2.滤袋纤维测定仪

(1)操作步骤

1)用标记笔给滤袋编号,称量滤袋质量,然后去皮,称量样品质量0.8~1.1 g放入滤袋,避免将样品粘在距袋口4 mm处,用封口机在距离袋口4 mm处封口。注意充分加热封口滤袋,保持足够的加热时间(2 s)。最后准确称量一个空白滤袋(与装有试样滤袋同样处理)。

2)如果样品脂肪含量>5%,要先用石油醚脱脂两次:将装有样品的滤袋放入250 mL烧杯中,加入足量的石油醚覆盖滤袋,振荡并浸泡30 min,倒出石油醚,放置滤袋风干。轻轻敲击颤抖使样品均匀地平铺在滤袋中。

3)滤袋架上最多放24个样品包,9个托盘不用区分滤袋编号,每个托盘放置3个滤袋,托盘间呈120°角放置。将放好滤袋的支架放入纤维分析仪的反应容器中,放入重锤以确保空着的第九层托盘可浸入液面下。注意,放入滤袋架前,如果反应容器是高温的,要加入凉水并排放。检查酸桶和碱桶里的溶液是否足够(至少为3 L),应遵循ANKOM 2000i的如下操作方法。

①选择“Crude Fiber”;

②盖上盖子;

③确定热水器开启(>70 ℃);

④按“START”键。

4)待粗纤维分析及洗涤过程结束,戴上耐高温手套,打开盖子取出样品,轻压滤袋使水挤出,把滤袋放入250 mL烧杯中,加入足量石油醚覆盖滤袋并浸泡30 min,从石油醚中取出滤袋风干,使石油醚完全挥发,再放在干燥箱中于(103±2)℃下完全干燥4 h。

5)从干燥箱中取出滤袋,平铺在干燥袋中隔绝空气,再将装有滤袋的干燥袋放在干燥器中冷却,称重滤袋,将滤袋放在已恒重称重的坩埚中,先在电陶炉或电热板炭化至无烟,再于(550~600)℃±15 ℃马弗炉中灰化4 h,在干燥器中冷却称重(至冷却后连续两次称量的差值不超过2 mg),计算洗涤、烘干后的样品质量,然后减掉灰化后的残渣质量,得到损失有机物质量。

6)计算出样品粗纤维的含量。

(2)注意事项

1)硫酸是强酸,可导致剧烈烧伤,操作时须穿防护服,应将硫酸加入水中而不要相反。

2)氢氧化钠可烧伤皮肤、眼睛和呼吸道,操作时须穿防护服,应将腐蚀性试剂加入水中而不要相反。

3)乙醚和丙酮易燃,应避免静电,使用时用防护罩。

4)仪器运行之前要做以下检查。

①热水器的自来水入水开关已打开。

②储液桶的剩余溶液应在3 L以上,左右悬挂的溶剂储液桶里应选择与实验相匹配的溶剂(进口A用于粗纤维酸溶液、中性洗涤溶液,进口B用于粗纤维碱液、酸性洗涤溶液和酶稀释液),不得放反和放错。

③储液桶与机身相连接的软体透明硅胶管不得扭结,管道中无堵塞。

④滤袋有规律水平摆放在纤维仪托盘上,每层3个,最多8层。每2层托盘有凹凸点需要咬合;滤袋放入缸体后,须有金属重物压制(标配有重锤)。

5)仪器运行过程中应注意以下两点。

①要确认纤维反应缸仓盖已经关严,仪器运行过程中无向外漏气的声音和现象;透过仪器后面透明的有机玻璃隔板,查看仪器内部液体流动硅胶管路以及电动机联动轴等地方是否有渗液、漏液的异常情况。

②设备会自动进行进液、排废、消解、淋洗等步骤,相关设置请按说明书上的操作方法进行。

6)仪器运行结束后应注意以下两点。

①仪器左侧热水入口处的黄铜"水滤芯"1~3个月(根据设备的使用频率)应清理一次,可有效防止进水流速不畅(碳酸盐结晶体堵塞过滤芯),影响淋洗效果。清理方法:用30%的乙酸浸泡后,再超声波清洗10 min即可。无超声波清洗设备的实验室,可延长和重复一次乙酸浸泡。

②保持仪器清洁。操作台面的清洁可用湿润软布擦拭留下的水渍或盐渍。设备的金属面可定期用工业凡士林均匀涂抹,以形成抗氧化保护膜。

十二、马弗炉

马弗炉(图1-13)是一种通用的加热设备,依据外观形状可分为箱式炉、管式炉、坩埚炉。

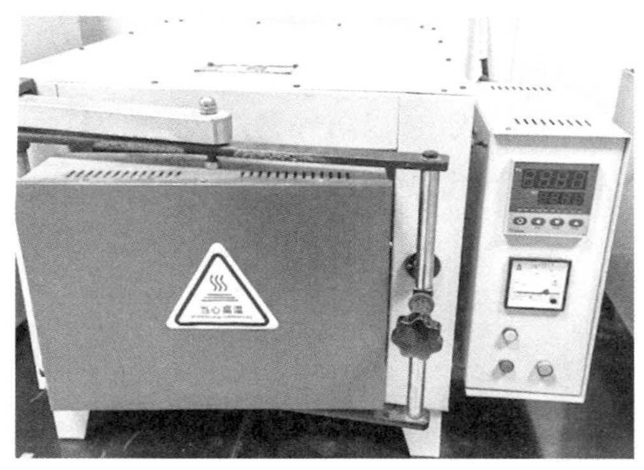

图1-13　马弗炉

1.操作步骤

(1)打开电源开关,接通电源。

(2)根据实验需要设置工作温度和加热维持时间。

(3)打开炉门,放入煅烧样品。

(4)关闭炉门,开启加热开关。

(5)使用完毕后关闭加热开关,然后切断总电源开关。

2.注意事项

(1)控制器应放在工作台上,工作台面的倾斜度不得超过5°。控制器离电炉最小距离不得小于0.5 m。控制器不宜放在电炉上面,以免影响控制器正常工作。

(2)与控制器及电炉相连的电源线、开关及熔断器的负载能力应稍大于电炉的额定功率。将热电偶插入炉膛20~50 mm,孔与热电偶之间的空隙用石棉绳填塞。连接热电偶至控制器最好用补偿导线(或用绝缘钢芯线),注意正、负极不要接反。

(3)当马弗炉第一次使用或长期停用后再次使用时,必须进行烘炉。

(4)当马弗炉第一次使用或长期停用后再次使用时,炉温最高不得超过额定温度,以免烧毁电热元件。禁止向炉内灌注各种液体及易溶解的金属,马弗炉最好在低于最高温50 ℃以下工作,此时炉丝有较长的寿命。

(5)马弗炉和控制器必须在相对湿度不超过85%,没有导电尘埃、爆炸性气体或腐蚀性气体的场所工作。凡附有油脂之类的金属材料进行加热时,大量挥发性气体将影响和腐蚀电热元件表面,使之损毁和寿命缩短。因此,加热时应及时做好预防和密封容器,或适当开孔加以排除。

(6)马弗炉控制器应限于在环境温度0~40 ℃范围内使用。

(7)根据技术要求,定期检查电炉、控制器各接线的连线是否良好,指示仪指针运动时有无卡住滞留现象,并用电位差计校对仪表因磁钢、退磁、涨丝、弹片的疲劳、平衡破坏等引起的误差增大情况。

(8)热电偶不要在高温时骤然拔出,以防外套炸裂。

(9)经常保持炉膛清洁,及时清除炉内氧化物等物质。

第三章　精密仪器操作

一、近红外光谱仪

近红外光谱仪（图 1–14）是运用近红外光谱技术分析样品近红外光谱，预测样品成分的一类精密科学仪器，一般由光源、分光系统、样品池、检测器和数据处理器五部分构成。按照分光方式，可分为滤光片型近红外光谱仪、扫描型近红外光谱仪、傅里叶变换近红外光谱仪、固定光路多通道检测近红外光谱仪和声光可调滤光器近红外光谱仪等类型。目前应用的领域包括农产品与食品、石油化工产品、生命科学与医药、聚合物合成与加工、化学品分析、纺织品行业、轻工行业、环境分析等。在饲料工业中，目前近红外光谱技术不仅能测定饲料中的常规成分，如水分、粗蛋白、粗纤维、粗脂肪，而且能测定饲料中的微量成分，如氨基酸、维生素、有毒有害物质（棉酚、植酸等），还可进行饲料营养价值评定，如消化能、代谢能、可利用氨基酸、有机物消化率等，也可用于在线品质控制。此外，其在饲料原料的真伪鉴别方面也存在很大的应用潜力。

图 1–14　近红外光谱仪

1. 操作步骤

（1）开启仪器电源，打开电脑。双击桌面的近红外光谱仪专用软件图标，登录到软件系统主界面；确定光源灯打开后，预热 30~60 min，使仪器稳定。

（2）保持电脑联网，当仪器提醒同步 RINA 时选择同步下载最新的模型。

（3）性能测试。

1)在“诊断”选项的下拉菜单中选中“性能测试”，单击“运行”按钮，开始性能测试。性能测试考察三类指标：波长(Wavelength)、带宽(Bandwidth)和噪声(Noise)。

2)若全部显示“PASS”，则仪器检测全部通过。注意单独查看“噪声光谱”选项，查看光谱的具体情况，若发现在1 400 nm和1 800 nm附近有明显的吸收峰，则注意控制环境的湿度和空气流动；若存在其他的异常现象，则扫描样品前注意排查原因。

3)任何一项显示“FAIL”，一般主要是由于仪器预热不充分，需要继续预热15 min以上，直到三项均显示“PASS”，否则须进行其他诊断，通过高级诊断(增益测试、线性化、自检)以排除仪器故障。

(4)标准品测定

①检查标准槽正常之后，点击“Check Cell”，扫描标准样品。

②点击“历史”选项，查看每天扫描得到的标准样品的各项指标。其结果如果和近期的结果一致，则进一步证明仪器工作正常；如果结果有突变，要查找原因。正常情况下粗脂肪、干物质的变化范围不超过±0.1%，粗蛋白、粗纤维的变化范围不超过±0.3%。

③若仪器一直处于运行状态，超过1 h后，须再次扫描标准样品后才能扫描样品。

(5)样品扫描

①装样：用软毛刷把样品杯清理干净后，将粉碎后的样品混匀装入样品杯，用刮尺将样品表面刮平，盖上样品杯盖。注意使样品杯中样品分布均匀，无明显裂缝。

②在产品树目录中选中模型进行平行样扫描。注意平行样的水分、粗蛋白质扫描值偏差不大于0.2%。

(6)结果判定

根据样品扫描结果的光谱GH值、NH值和T统计值进行判定：无光谱报警和T报警，结果则通过；出现光谱报警和T报警或其中之一，应对样品进行掺假镜检分析和湿化学检验。GH报警：待分析样品距离定标集样品空间分布中心位置＞3.0；NH报警：待分析样品距离定标集中与其最近的样品的距离＞1.2；T报警：待分析样品近红外结果T统计值的绝对值＞2.5。

(7)数据的录入和统计

①所有经扫描并且进行湿化学检测的样品数据，及时录入扫描软件，便于数据模型扩充。

②当模型升级后，旧模型的数据需要及时统计数据，导出cal/nir文件或者excel文件作为备份，以备其他需要时进行查看。

(8)关闭近红外光谱仪专用软件操作界面(关闭光源灯)，等仪器光源冷却后(15 min以上)，再关闭仪器电源。

2. 注意事项

（1）室内需要有空调和抽湿机，保持室内温度 18~26 ℃，相对湿度 10%~60%；室内应无明显空气对流，避免阳光照射。

（2）设备放置于稳固的实验台上，远离震动源。

（3）待测样品的粒径大小、均匀度和基体与用于定标的样品尽可能相同。

（4）一天内环境温度变化超过 10 ℃时，则需要多次进行仪器性能测试和标准样品的测试。

（5）关机后清理台面及仪器，用洗耳球将仪器的扫描凹槽清理干净。将一个空的扫描槽装入扫描凹槽内，用来阻挡干扰光线。

二、高效液相色谱仪

液相色谱仪（图 1-15）根据固定相是液体还是固体，可分为液-液色谱（LLC）及液-固色谱（LSC）。高效液相色谱仪系统由储液器、泵、进样器、色谱柱、检测器、记录仪等几部分组成，具有高效、快速、灵敏等特点。其工作原理是利用物质在两相中分配系数的微小差异，当两相做相对移动时，使被测物质在两相之间进行反复多次分配，这样使原来的微小分配差异产生了很好的分离效果，使各组分分离开来。

图 1-15　高效液相色谱仪

1. 操作步骤

（1）过滤流动相，根据需要选择不同的滤膜。

（2）对抽滤后的流动相进行超声脱气 10~20 min。

(3)打开HPLC工作站(包括计算机软件和色谱仪),连接好流动相管道,连接检测系统。

(4)进入HPLC控制界面主菜单,点击“manual”,进入手动菜单。

(5)仪器长时间没有使用,或者换了新的流动相,需要先冲洗泵和进样阀。冲洗泵,有两种方法。一是使用干灌注:点击仪器面板上“Menu/status”按钮,选择Direct Function,然后点击“dry prime”,选择欲灌注的通道,并逆时针方向旋开灌注/排放阀,直接在泵的出水口,用针头抽取,吸入大约10 mL灌注液或直到管路中不再有气泡为止。二是使用湿灌注:点击仪器面板“Menu/status”按钮,选择Direct Function,然后点击“wet prime”,选择欲灌注的通道。冲洗进样阀,需要在manual菜单下,先点击“purge”,再点击“start”,冲洗速度一般为3~5 mL·min^{-1}。

(6)调节流量,初次使用新的流动相,可以先试一下压力,流速越大,压力越大,一般不要超过2 000 psi(1 psi=6.895 kPa)。

(7)设计走样方法。双击电脑桌面上的Empower快捷图标,出现Empower登录窗口,输入用户名与密码,点击“OK”进入Empower工作站。进入软件的Pro界面,点击图标,打开配置系统对话框,点击图标,查看系统配置。确保要使用的系统是在线状态,如果是离线状态,请点击右键→启用(启用前先保持其他不用的系统离线,双通道工作站不能两个系统同时在线)。点击图标,进入运行样品界面,使用向导选取现有的各种走样方法以建立样品组和样品组方法。若需建立一个新的方法,选择新建按钮,弹出仪器方法编辑器,选取需要的配件,包括进样阀、泵、检测器等。选完后,点击“文件”,选择“另存为”,输入仪器方法名称,点击“保存”。一个完整的走样方法包括:

①进样前的稳流,一般为2~5 min;

②基线归零;

③进样阀的loading-inject转换;

④走样时间,随不同的样品而不同。

(8)根据不同的项目方法,选用合适的流速和流动相比例,走基线,观察基线的情况。

(9)进样和进样后操作。使用向导建立样品组和样品组方法后,基线已经平衡好后,点击图标,进行分析。进样的所有样品均需要过滤。方法走完,待样品分析完后,冲洗系统(可在冲洗柱子时直接关闭检测器电源)。

(10)系统冲洗完毕后将流速分阶梯调为0,关闭工作站,关闭仪器电源,关闭计算机。

2.注意事项

(1)流动相均需色谱纯度,水要用20 mol·L^{-1}的去离子水。

（2）色谱柱是非常脆弱的，第一次做时，先不要让液体过柱子。

（3）所有过色谱柱的液体均需严格的过滤。

（4）压力不能太大，最好不要超过2000 psi。

（5）不能使用浓硫酸、浓硝酸、二氯乙酸、丙酮、二氯甲烷、氯仿、二甲基亚砜等作为流动相。

（6）流动相溶剂选择HPLC为准的溶剂，使用前必须用过滤器（0.45 μm以下）除去微粒或尘埃。

（7）流动相溶剂必须进行脱气。若不脱气，则在溶剂混合或压力、温度变化时容易产生气泡，会引起泵的错误动作和产生检测器信号噪声。

（8）以硅胶作载体的化学键合相填充剂的稳定性受流动相pH的影响，使用时应详细阅读该色谱柱的说明书，在规定的pH范围内使用。使用时，可在泵与进样器之间连接一硅胶柱，以保护分析柱。当使用pH大或含盐的流动相时，尽可能缩短使用时间，用后立即冲洗。

（9）分析结束后，从色谱流路系统，到泵、进样器、色谱柱至检测器流通池，均应充分冲洗，特别是含盐的流动相，更应注意先用水、再用不同浓度的甲醇-水溶液依次充分冲洗。

三、气相色谱仪

根据使用目的不同，气相色谱仪（图1-16）可分为分析用气相色谱仪、制备用气相色谱仪和控制监测用气相色谱仪（又称流程色谱仪）三大类。分析用气相色谱仪主要由主机、控制器、记录及数据处理三部分组成。

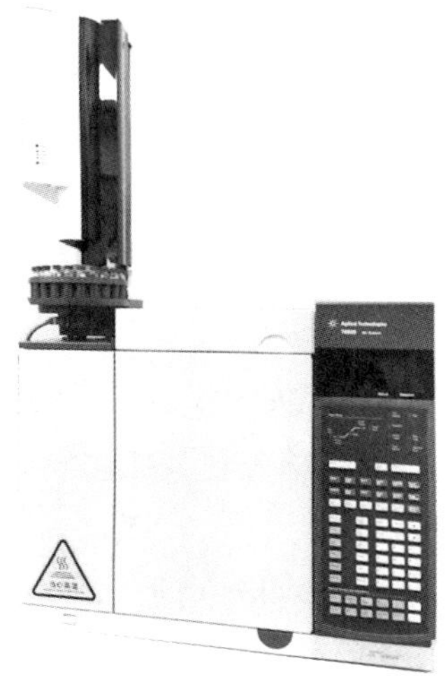

图1-16　气相色谱仪

1.操作步骤

（1）打开稳压电源。

（2）打开高纯氮气、高纯氢气，气体输出压力调至0.2 MPa以上。打开空气压缩机。

（3）打开气相色谱仪电源，仪器显示开机正常后，开启计算机，双击化学工作站图标，进入化学工作站软件。

（4）编辑采集方法，按测定条件要求设置好柱温箱、进样口温度、检测器温度等相关参数，保存编辑方法。点击“方法”“采集方法”，选择相应方法下载至仪器。

（5）仪器升温，电子控制流量，自动点火，待基线平稳。

（6）点击“序列”，按测定样品要求填写序列（样品瓶、采集方法、样品名称、数据文件等内容），待序列编辑完毕后，点击右下方“运行”，仪器自动进样。

（7）待序列运行完毕，点击“单个样品”，填写运行信息，“采集方法”一栏选择“降温”，点击“运行”。

（8）关闭方法选择“降温后关气”，运行完毕后，关闭联机软件，在控制面板中点击关闭连接。

（9）关闭高纯氮气、氢气总阀门，关闭空气发生器。

（10）待序列采集完毕后，双击数据处理图标，点击“开始”，选择数据文件后双击打开序列，点击“打开方法”，将序列与方法关联，调整积分事件参数的设置，对谱图进行积分，保存并打印谱图报告。

（11）若出现谱图中各组分分离度不佳或难以定性，可改变方法或更换柱子再确定。若出现峰形变小、峰拖尾等异常，应采取更换衬管、垫圈等办法解决。

2.注意事项

（1）仪器应放置在无震动、无灰尘和腐蚀气体、通风良好的实验室内。

（2）应保持室内温度在15~35 ℃，相对湿度≤85%。

（3）仪器使用时应严格按以上操作，做好日常维护保养工作，做好相应记录，并搞好仪器及周边卫生。

（4）操作中如遇到突然停电，应立即关闭仪器，打开柱温箱，使其温度降低。

（5）经常检查气源管路，防止外泄；检查各气瓶总阀门压力，在压力不低于0.1 MPa时及时更换气瓶，并做好各气瓶标识。

（6）做好进样口日常维护：定期更换进样口玻璃衬管、进样垫、O形圈等，一般控制在每进样200~300针后更换。检查分流平板的洁净度，需要时，以溶剂清洗分流平板或更换。使用干净的进样针，经常检查进样针，定期清洗和更换进样针。

(7)新的色谱柱需要先老化后才可用于分析。定期对分析柱进行排杂处理。

(8)定期清洗FID检测器,清洗或更换喷嘴。如遇点火不佳的现象,检查是否为点火线圈引起,必要时更换点火线圈。

(9)操作人员应严格按照本规程操作,做好日常维护。每天对仪器进行检查以确保仪器的正常运转。碰到异常现象应及时进行排除,排除不了的及时报告相关部门处理。

(10)定期对仪器进行维护,对坏损的部件要及时更换,并对仪器进行一次全面的保养和检修,确定仪器处于正常的运转状态。

(11)在检定有效周期内,对仪器进行一次期间检查。按照仪器使用的操作步骤,采用标准溶液或实验室间对比的形式对仪器的检定参数进行校正,以确保其准确性。

四、冷冻干燥机

冷冻干燥机(图1-17)是利用冷冻干燥技术去除水分的设备。冷冻干燥技术是将含水物质先冻结成固态,而后使其中的水分从固态升华为气态,以除去水分而保存物质的方法。

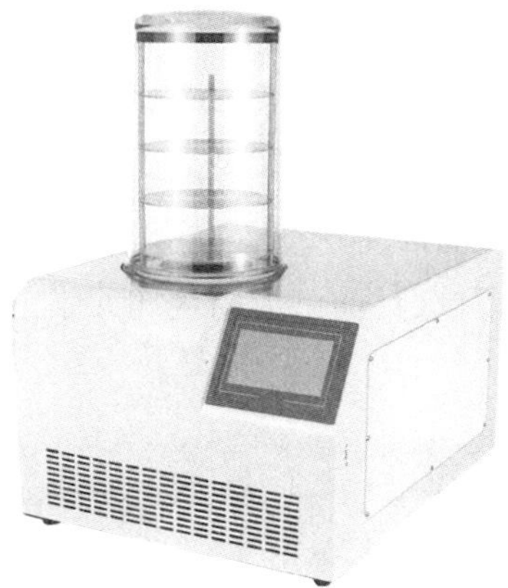

图1-17　冷冻干燥机

1.操作步骤

(1)打开电源并开机。

(2)将样品盘放入预冻架上,并置于冷阱中,温度计探头置于上层样品盘上,盖上密封盖。点击屏幕“制冷机”开关,预冻3 h。

(3)预冻结束后,将样品盘从冷阱中取出,迅速装进干燥架,将干燥架置于冷阱上方,罩上有机玻璃罩,干燥罩与下端“O”形密封圈接触。

(4)检查充气门是否拧紧。点击屏幕“真空计”,若显示真空度为110 kPa,再点击“真空泵”,真空泵开启运行,真空度迅速下降至20 Pa以下为正常。

(5)经过一定时间的干燥运行后,查看样品曲线,视感样品已干燥,慢慢旋开充气阀门，使冷冻干燥机内压强回升至110 kPa。点击“真空泵”，关闭真空泵；点击“真空计”，关闭真空计。

（6）干燥结束后取下有机玻璃罩，从干燥架上取出样品盘。点击“制冷剂”，关闭压缩机。

（7）冷阱中的水分融化后从充气阀门流出。

2. 注意事项

（1）启动前对照铭牌检查电源电压、相数、频率是否符合规定，电源线接线是否牢固，系统各配管连接部分是否锁紧，检查机台的制冷系统压力是否正常。检查自动排水阀前端的球阀是否打开，干燥机入口温度是否超过规定值。

（2）尽可能扩大制备样品的表面积，样品中不应包括含有酸碱物质和挥发性的有机溶剂。

（3）要保证样品完全冻结成冰。

（4）操作时必须戴上保温手套。

五、原子吸收分光光度计

原子吸收分光光度计又称原子吸收光谱仪（图1-18），根据物质基态原子蒸气对特征辐射吸收作用而进行金属元素分析。它能够灵敏可靠地测定微量或痕量元素，具有灵敏度高、选择性好、干扰少、分析方法简单快速等优点，现已广泛地应用于工业、农业、生化、地质、冶金、食品、环保等各个领域，目前已成为金属元素分析的强有力工具之一，而且在许多领域已作为标准分析方法。

图1-18　原子吸收光谱仪

1. 操作步骤

（1）开机

1）启动仪器前，接通通风装置，检查仪器外部各种连接是否正确；装上待测元素空心阴极灯。

2）打开计算机，打开主机，进入工作站软件Seaman AAS窗口。开启Z-2000总电源（开稳压电源，待电压稳定在220 V），后点击软件“工具”，再点击“连线”连接电脑。

3）火焰法：安装好燃烧头（火焰原子化燃烧器）、雾化器，打开乙炔钢瓶的阀门，调节次级阀至0.09 MPa。当乙炔气体总压力低于0.6 MPa时应立即停止使用。

4）进入工作界面，编辑方法。

①在“Measurement mode”项选择Flame，在“Sample introduction”项选择Manual，然后编辑操作人员及分析日期。

②点击“➡”进入元素周期表，在Element-order模块中把需要检测的元素打“√”。

③点击“➡”进入光学参数，根据方法条件编辑灯电流、狭缝宽度、波长、测试模式等。

④点击“➡”进入火焰参数，选择火焰类型和燃烧头类型，输入各种气体流量。

⑤点击“➡”进入校正曲线模块，输入标准系列浓度。

⑥点击“➡”进入样品模式，编辑样品序列和测量项目。

⑦点击“➡”保存数据文件，再点击“Verify”确认方法，进入监视窗口。

⑧点击，激活元素空心阴极灯，预热15~30 min，再开启空气压缩机，将出口压力调至160 kPa。点击进行气体检漏。

⑨检漏完毕，调节好燃烧头的高度，打开冷却循环水。按下点火开关点燃火焰，观察火焰的颜色及连续性，若出现断焰则关火，用干净卡纸小心擦拭燃烧头缝隙后再点火。点击界面上的“ready”键，把进样毛细管放入超纯水吸水约5 min后开始测试。

（2）测试

1）让进样毛细管吸入超纯水，并调零。

2）将进样毛细管依次放入标准系列和待测样中，待吸光度显示稳定后，按下“start”按钮进行测量，每次测完将毛细管插入去离子水中，回到零点，依次测定。

3）检测完一个元素后按“Next”，进行下一个元素的检测。

（3）关机

1）火焰系统：吸超纯水至少15 min以清洗雾化器系统，空烧1~5 min，待系统干燥后，先关闭火焰，再关闭循环冷却水和空气压缩机开关，最后关闭乙炔总阀门，并将减压阀旋松，关闭抽风系统，用滤纸和棉签将燃烧头缝擦干净，清洁仪器。

2）离线，退出软件操作系统，关闭原子吸收Z-2000主机电源。填写相关仪器使用记录。

2. 注意事项

1)定期检查供气管路是否漏气。检查时可在可疑处涂一些肥皂水,看是否有气泡产生,千万不能用明火检查漏气。

2)在空气压缩机的送气管道上,应安装气水分离器,经常排放气水分离器中积存的冷凝水。冷凝水进入仪器管道会引起喷雾不稳定,进入雾化器会直接影响测定结果。

3)经常保持雾室内清洁和排液通畅。测定结束后应继续吸水 15 min,吸空气1~3 min,将其中存残的试样溶液冲洗出去。

4)燃烧器风口积存盐类,会使火焰不稳定而分叉(图1-19),影响测定结果。若堵塞(实验中火焰分叉断焰),用卡片将狭缝处刮干净,需定期清洗燃烧头和雾化器(一周洗一次)。

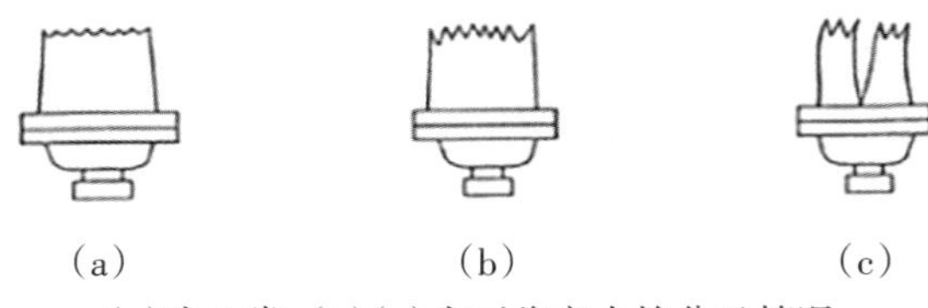

(a)为正常,(b)(c)为不稳定火焰分叉情况

图1-19　火焰情况

5)测定溶液应经过过滤或彻底澄清,防止堵塞雾化器。金属雾化器的进样毛细管堵塞时,可用软细铜丝疏通。若玻璃雾化器的进样毛细管堵塞,可用洗耳球从前端吹出堵塞物,也可以用洗耳球从进样端抽气,同时从喷嘴处吹水,洗出堵塞物。

6)长期使用的仪器,因内部积尘太多有时会导致电路故障,必要时可用洗耳球吹净或用毛刷刷净,有条件的可用吸尘器吸出灰尘。处理积尘时务必切断电源。

7)仪器应放置在无震动、灰尘和腐蚀性气体,通风良好的实验室内。应保持室内温度在 15~35 ℃,相对湿度≤75%。长期不使用的仪器应保持干燥,潮湿季节应每半个月定期通电。

8)为了达到准确精密的测量,电源电压应保持(220±22)V 并接地良好。操作人员不得用湿手接触电源开关;操作人员应严格按照规程操作,使用后应做好使用登记,并搞好仪器及周边卫生。及时检查废液桶并进行处理。

9)实验时,应严格按照操作程序验漏后才能点火。

六、氨基酸分析仪

氨基酸分析仪(图1-20)利用待测样品中各氨基酸的结构、酸碱性、等电点、极性及与树脂亲和力的差异,通过采用不同pH、不同离子浓度的缓冲液在磺酸型阳离子分离柱上进行洗脱,洗脱后的样品在混合器中与茚三酮混合,然后在反应柱中于135 ℃进行显色反应，生成在570 nm处有最大吸收的蓝紫色产物。羟脯氨酸与茚三酮反应生成黄色产物，其最大吸收在波长440 nm。

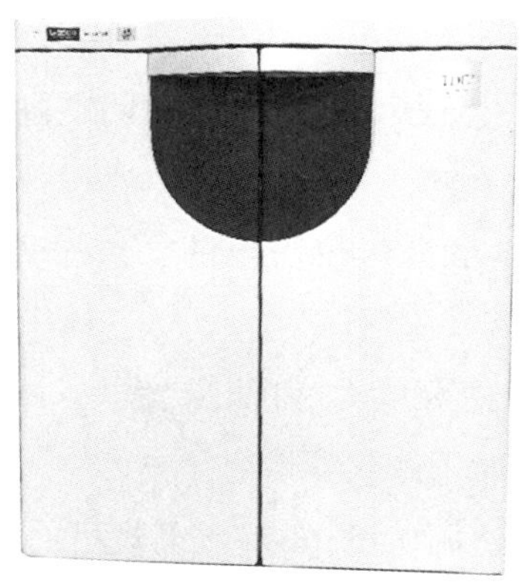

图1-20　氨基酸分析仪

1.操作步骤

（1）打开电脑，打开主机电源，双击桌面全自动氨基酸分析仪软件系统，进入程序并联机。

（2）点击泵1后设置泵1，流量为0.2 mL·min^{-1}，“Buffer”中B_1为100%。点击“pump 1 SW”，打开泵1。泵打开后，泵的背景颜色由灰色变成黄色。

（3）点击泵2后设置泵2，流量为0.15 mL·min^{-1}，“Reagent”中R_3为100%。点击“pump 2 SW”，打开泵2。泵打开后，泵的背景颜色由灰色变成黄色。

（4）设置自动进样器“Sampler wash”不少于3次。

（5）设置自动进样器“Pump wash”不少于3次。

（6）点击柱温，选择ON，设置柱温57 ℃，柱温箱打开后背景颜色由灰色变成黄色。

（7）点击反应柱，选择ON，设置柱温135 ℃，反应柱打开后背景颜色由灰色变成黄色。

（8）点击灯，设置为ON，背景颜色由灰色变成黄色。

（9）编辑方法，将方法另存为L8900分析方法，文件名及路径均可自选。

（10）依次点击“File-sequence-sequence Wizard”，进入后，选中For acquisition。其余参数为默认。

（11）依次点击进入序列表后，通过复制、编辑，最终编辑好Sequence，第一行为再生程序（RG），进样体积为0，Run type 选择 unknown，进样次数为1次；第二行为空白，进样体积为0，进样次数为2；第三行是标样，进样体积为20，进样次数为2次。第四行起为样品，另存Sequence（注：每24个样品中间插一针空白，24个后插1个RG、1个空白、1个标样；中间空白用于扣除基线）。

(12)数据采集,点击“Control Single Run”,运行Stand-By方法,运行Test。

(13)数据采集完成后机器自动进入清洗流程,清洗一个小时后自动关泵,再关灯、关柱温箱。

(14)点击“Disconnect”,断开连接,关闭程序,关闭主机电源。

2.注意事项

(1)氮气压力:全自动氨基酸分析仪需要的二级压力为0.05~0.1 MPa,内部压力约(30±2) kPa,压力不宜过高。

(2)建立设备参数记录,对两泵压力、灯能量、氮气一级和内部压力、漏液、脱气机状态、标样峰面积等进行记录,及时了解仪器情况。

(3)为避免堵塞,流动相应使用0.45 μm或更高规格的0.22 μm滤膜进行过滤。

(4)若仪器计划长期不用,建议取下除铵柱、色谱柱、反应柱,大流速冲洗仪器管路,并在管路中灌注40%的异丙醇。

(5)进样浓度范围为0.4~10 $nmoL\cdot mL^{-1}$,由于灵敏度较高,过高的浓度会影响分析结果,堵塞反应器。样品浓度应在标样峰高的30%~200%。

(6)电脑严禁更改设置,严禁安装其他程序,严禁上网,避免染上病毒。

(7)安装后请勿移动仪器。震动等原因可能会影响精确调整的光学系统,并且存在灵敏度降低、波长偏移等风险。

(8)更换光源灯时,应关闭“POWER”开关,60 min后,待灯冷却再进行更换。

(9)排液阀:缓冲液泵(泵1)的排液阀打开的情况下,请勿打开茚三酮泵(泵2)。否则,茚三酮溶液可能会回流色谱柱,造成色谱柱性能劣化。

(10)自动进样器上电时,请勿强行移动注射器移动机构的挂钩。

(11)不可直接暴露于空调设备的气流中。

(12)安装泵头时绝对不能强行安装,两边螺丝需要交替紧固,安装完成后需要在自动进样器的清洗模块中冲洗泵3次。

七、质谱仪

质谱仪(图1-21)是在高真空系统中将样品加热,使它变为气体分子,然后在电离室用电子来轰击这些气体分子,使其电离成带电离子,大多数情况下带一正电荷,这些带正电荷的离子被加速电极加速,以一定速度进入质量分析器,在磁场下不同质荷比m/z的离子发生偏转,质量小的离子比质量大的离子偏转角度大,这样就可按质荷比的大小互相分开。离子的离子流强度或丰度相对于离子质荷比变化的关系称为质谱。用质谱仪来进行成分和结构分析的方法称为质谱法。质谱可以分析化合物准确的相对分子质量和分子中的部分结构。

质谱法的特点是:①根据质谱图提供的信息可以进行多种有机物及无机物的定性和定量分析、复杂化合物的结构分析、样品中各种同位素比的测定及固体表面的结构和组成分析等;②分析样品可以是气体、液体或固体;③灵敏度高,可达 10^{-12}~10^{-9} g,样品用量少,一次分析仅需几微克样品;④分析速度快,完成一次全谱扫描一般仅需数秒;⑤准确度高,分辨率高;⑥可实现与各种色谱-质谱的在线联用。质谱仪主要包括真空系统、离子源、质量分析器、离子检测器和进样系统。

图1-21　质谱仪

质谱仪工作原理:样品通过液相色谱分离后的各个组分依次进入质谱检测器,各组分在离子源(电喷雾)被电离,产生带有一定电荷、质量数不同的离子。不同离子在电磁场中的运动行为不同,质量分析器按不同质荷比把离子分开,得到依质荷比顺序排列的质谱图。通过对质谱图的分析处理,可以得到样品的定性和定量结果。

1.操作步骤

(1)检查电路连接是否正确,确保UPS已开启,开启氮气发生器等供气设备,开启机械泵电源,以上操作开启30 min后打开质谱主机电源,开启电脑,打开“Analyst”软件,激活硬件,选择Q1模式,观察真空度(1.0×10^{-5}torr)是否正常。

(2)压力达到要求后,依次打开液相部分的在线脱气机、自动进样器和柱温箱等,连接液相流出管路与质谱仪的离子源接口。

(3)准备相应的水系和有机系流动相,启动“Analyst software”,点击“Companion software”插件下的ACQUITY Console,进入后在System模块下点击“Binary Solvent Manager”,点击“Control”选中Prime A/B solvent进行A或者B通道灌注;点击“Sample Manager FTN”

选中该模块下的Column进行采样温度的设定，Sample可以设置样品室的温度。完成上述操作后，根据采样所需的流动相比例进行逐步平衡。

（4）点击“Acquire”模块，建立Acquisition Method，设定质谱条件，点击“ACQUITY Method Editor”进行液相条件的设置（二元泵、自动进样器、柱温箱等参数）。

（5）编辑“Acquisition Batch”，选择“Acquisition Method”，设定进样瓶位置、进样量和数据文件名，并提交样品至Queue列表中。

（6）在“Analyst software”中选择平衡方法并提交，待仪器充分平衡后，点击“Start”键开始实验数据采集。

（7）待实验完成后，将质谱设置为Standby状态，转入液相部分的清洗。

（8）数据处理：双击桌面图标“SCIEX OS”进入操作系统，在Processing下选择Analytics，进入数据处理界面。

（9）建立数据处理方法：点击“Process Method”下拉列表，再点击“New”，点击“Browse”浏览数据文件，选择需要处理的数据，点击“Select Folder”。在Available列表中选择对应的数据，提交单一数据至Selected列表中；点击“Components”，在列表IS中勾选内标组分（若无内标可省略），并在IS Name中将相应内标勾选入对应组分表格内，点击“Integration”，浏览内标出峰时间与对应组分是否符合（若无内标可省略），积峰是否符合要求，Integration Algorithm运算规则是否正确。点击“Flagging Rules”，在列表Apply Rule中勾选Ion Ratio Acceptance并点击“Ion Ratio Acceptance”进入，选择Variable Tolerance，最后点击“Save”。

（10）点击“Results”下拉列表，选择New新建数据处理，在Available列表中选择要处理的数据提交至Selected，在Select a processing method中点击“Browse”，浏览（9）中建立的数据处理方法，选择并点击“Open”，最后点击“Process”。

（11）点击“Components and Groups”，在All Analytes中选中某一组分并于Sample Type更改样品信息，标准曲线需要在Actual Concentration中输入相应的浓度即可计算得到Calculated Concentration实际浓度，在More下拉中选择Table display settings，在列表中找到Expected Ion Ratio、Ion Ratio、Ion Ratio Confidence并勾选，点击“OK”。

（12）若需要添加或删除样品，点击“More”，下拉列表中点击“Add sample”或“Remove selected sample”。

（13）点击“Reporting”下拉选择Create report and save Results Table，在Template name中选择所需的报告格式、Report format中选择报告保存的类型以及在Report title中浏览报告保存路径，最后点击“Create”。

(14)仪器关机：液相部分清洗结束后，在Analyst软件中去激活硬件，关闭液相部件，关闭Analyst软件，关闭电脑主机，关闭质谱主机电源，等待20 min，关闭机械泵电源，关闭氮气发生器等供气设备开关。

2.注意事项

(1)实验过程中，切勿用肥皂泡检查气路，包括自己的气路在检查时也一定要与质谱接口断开(非常重要，很多质谱都因为学生采用肥皂泡检漏使得四级杆污染无法继续使用)。

(2)质谱室环境温度建议低于24 ℃。室温过高，特别是超过30 ℃会导致质谱仪热保护关机。

(3)一般情况下，质谱要保持正常运行状态，除非15 d以上不用仪器，方可关闭。因为质谱需要一定时间(24 h以上)稳定，频繁开关质谱也会加速真空管污染。在预知停电的情况下，请提前关掉质谱。

(4)泵油的更换：要经常观察泵油颜色(每周观察1~2次)，当变成黄褐色时应立即更换。如果仪器使用频繁且气体比较脏时，则要求至少半年更换一次，加入泵油量不超过最上层液面。

(5)质谱仪的空气过滤网和液相流动相的过滤头应定期进行清洗(每个月清洗一次)。

(6)每周应对离子源外部锥孔进行拆卸清洗。

(7)三个月清洗一次质谱喷针。

(8)在仪器运输过程中，如果有油泵需要放出泵油(若干净可进行收集以后继续使用)、卸掉RF射频头，单独运输。

八、酶标仪

酶标仪(图1-22)是对酶联免疫检测(EIA)实验结果进行读取和分析的专业仪器。分为半自动和全自动两大类，但其工作原理基本上都是一致的，其核心都是一个比色计，即用比色法来进行分析。

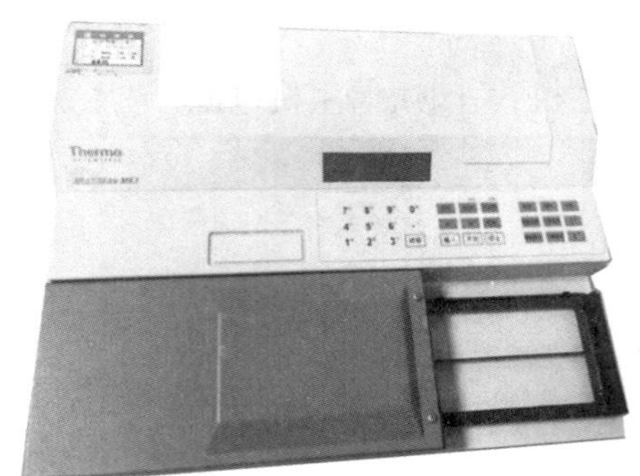

图1-22　酶标仪

1.操作步骤

(1)打开酶标仪主机电源开关,仪器将显示自检。等候1 min预热。

(2)打开电脑和打印机电源。

(3)打开检测工作软件。进入点样板布局设定,单击“Area denifition”,进入设定点样板布局界面;选择需要检测的区域,也可全选区域后保存方法(所有点格由灰色变成黄色)。

(4)设置检测参数,单击“Steps”中的Measure对检测参数进行设定。在Measurement mode模式中选择Continus,在Measurement type类型中选择Single,检测波长Filter选择450 nm。

(5)参数设定完毕后,点击“Start”对酶标板进行吸光度检测。

(6)吸光度检测完毕后,点击Session中的“Save As”,将检测值保存在目标文件夹中。

(7)检测完毕,关闭打印机电源开关及酶标仪电源开关,并记录酶标仪使用记录。

(8)将吸光值导入相应的分析软件中分析。

(9)依次关闭软件、电脑、打印机、主机电源。

2.注意事项

(1)仪器应放置在低于40 dB、无磁场和干扰电压的位置,避免阳光直射。

(2)操作时,保持环境空气清洁,环境温度应在15~40 ℃,环境湿度在15%~85%,操作电压应保持稳定。

(3)使用加液器加液,加液头不能混用。

(4)洗板要洗干净。如果条件允许,使用洗板机洗板,避免交叉污染。

(5)在测量过程中,请勿碰酶标板,以防酶标板传送时挤伤操作人员的手。

(6)请勿将样品或试剂撒到仪器表面或内部,操作完成后请洗手。

(7)如果仪器接触过污染性或传染性物品,请进行清洗和消毒。

(8)保持光学系统的清洁,仪器不工作时,请盖上防尘盖。

九、氧弹量热仪

氧弹量热仪(图1-23)又叫氧弹热量计,有自动量热仪、微机全自动量热仪等,量热系统由氧弹、内筒、外筒、温度传感器、搅拌器、点火装置、温度测量和控制系统等构成。

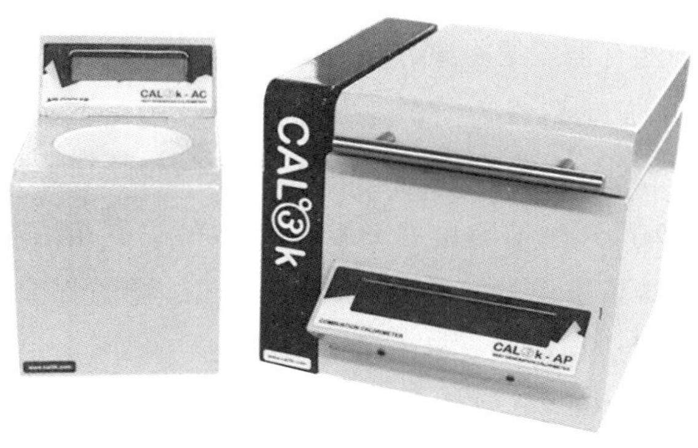

图1-23　氧弹量热仪

1.操作步骤

(1)打开量热仪主机、打印机及水循环器电源开关,接通水冷却器电源插头,打开氧气调压阀开关,调整氧气压力至450 psi。

(2)等待量热仪显示主菜单后,点击"Calorimeter Operation"键,进入子菜单,点击"Heater and pump"键使其由Off状态变为On。此时,Jacket Temperature开始升高,当外桶温度升高至(30±0.5)℃且达到平衡状态后,Start键和Start Pretest键将会由灰暗变为高亮,此时就可以进行测试和预测试。

(3)每天开机后进行第一次样品测试前,应首先运行Start Pretest以检查仪器各部分状况。装上氧弹弹头,盖上仪器盖子,点击"Start Pretest"键即可进行预测试,整个预测过程中应无报错信息。

(4)将称好的样品放在坩埚中,将坩埚放置在氧弹弹头的坩埚支架上,安装好点火棉线并保证其与样品充分接触,安装氧弹弹头,盖上量热仪盖子,按下Start键开始测试,量热仪会提示操作者输入样品编号、氧弹号、样品质量、助燃剂质量等参数。

(5)测试开始后,显示屏下部状态栏将会依次显示Fill、Preperiod、Fire、Postperiod、Cool/Rinse几种状态,直至测试结束后恢复为Idle状态,同时状态条也将由红色恢复为绿色,此时测试结束,打印机会自动打印出测试结果。

(6)测试结束后,打开量热仪盖子,取下氧弹弹头,放置于铁架台上,取下坩埚,用纱布擦干弹头,就可以进行下一个样品的测试了。

(7)每天测试工作结束后,用专用镊子将弹筒底部的过滤筛取出,冲洗上面残留的燃烧产物，然后用去离子水或纯净水冲洗后放回弹筒底部，关掉氧弹量热仪主机、打印机、水循环器电源，拔掉水冷却器电源插头，关闭氧气阀门开关。

2.注意事项

(1)氧弹量热仪应放置在专门的实验室内，室温以15~30 ℃为宜，每次测试室温变化不应超过1 ℃。室内不能有强烈的冷源、热源及空气对流。

(2)氧气调压阀出口压力应设为450 psi，最高不可超过590 psi，如发现氧气泄漏或氧压过高则不可点火，应立即按“Abort”键中止测试，将故障排除后方可重新进行测试。

(3)样品燃烧所释放的热量不能超过33.6 kJ，一般情况下样品质量不能超过1.1 g；当测试不熟悉的样品时，样品质量不能超过0.7 g；对含硫试样的测试应保证硫含量不超过50 mg，对含氯试样的测试应保证氯含量不超过100 mg。

(4)安装点火棉线前注意要擦干点火丝及点火电极、坩埚支架，同时点火棉线一定要与测试样品充分接触以保证点火成功。应定期用橡皮清洁量热仪盖子与氧弹弹头的点火电极，以保证点火电极接触良好。

(5)测量开始前一定要将量热仪盖子盖好，然后再点击“Start”键，当测量开始后，显示屏底部状态条将会由绿色变为红色，而当测试结束后，状态条又会由红色变为绿色，只有此时才可以打开量热仪盖子。严禁在测试过程中打开量热仪盖子。

(6)测试过程中禁止进行量热仪的其他操作，如浏览菜单、修改参数、更换纯净水等，以免影响量热仪正常工作。听到点火提示声音后半分钟内应适当远离量热仪。

(7)定期检查水循环器水箱及水冲洗罐的水量，水循环器水量以低于水箱侧面水管3 cm左右为宜，而水冲洗罐水量以保证能进行正常冲洗为宜。

(8)每天测试开始前应使用去离子水或纯净水润湿弹头与弹体之间的密封圈以保证密封及良好的润滑，每个工作日后应清洗氧弹底部的过滤筛以清除燃烧灰烬。

(9)每天测试结束后关掉所有仪器的电源开关，尤其应注意拔掉水冷却器的电源插头，每天应检查水路、气路管线是否有泄漏、堵塞、折死等现象，以保证仪器正常工作。

(罗辉，西南大学)

(邱代飞、吴仕辉，广东海大集团股份有限公司)

第二部分

基础性实验

第一章　样品准备

饲料样品的采集、制备和保存

样品是待检饲料原料或产品的一部分。饲料样品的采集、制备和保存是饲料分析中极为重要的步骤，对后续的测定影响很大。

【样品的采集】

样品的采集是饲料分析的第一步。从待测饲料原料或产品中按规定称取一定数量、具有代表性样品的过程称为采样。能否采集到代表性的样品，是决定后续测定结果是否正确的关键步骤。

1.采样的基本要求

(1)样品必须具有代表性

受检饲料容积和质量往往都很大，而分析时所用样品仅为其中很小一部分，所以，样本采集方法的正确与否决定着分析样品的代表性如何，直接影响分析结果的准确性。因此，在采样时，应根据分析方法的要求，遵循正确的采样技术，并详细注明饲料样品的情况，使采集的样品具有足够的代表性，将采样引起的误差减至最低限度。

(2)样品必须有一定的数量

不同的饲料原料和产品要求采集的样品数量不同，主要取决于以下几个因素。

1)饲料原料和产品的水分含量。水分含量高，则采集的样品应多，以便干燥后的样品数量能够满足各项分析测定要求；反之，水分含量少，则采集的样品可相应减少。

2)原料或产品的颗粒大小和均匀度。原料颗粒越大、均匀度越差,则采集的样品数量就越多。

3)待测指标的数量。待测指标越多,则采集的样品数量就越多。

4)平行样品的数量。同一样品的平行样品数越多,则采集的样品数量就越多。

2.采样工具

采样工具的种类很多,但必须符合以下要求:能够采集饲料中的任何粒度的颗粒,无选择性差异;对饲料样品无污染,如不增加样品中微量金属元素的含量,不引入外来生物或霉菌毒素。目前使用的采样工具主要有探针采样器、锥形取样器、液体采样器、自动采样器及其他采样工具(如剪刀、刀、铲、短柄或长柄勺等)。

3.采样的步骤和基本方法

(1)采样的步骤

1)采样前记录。采样前,必须记录原料或产品的相关资料,如生产厂家、生产日期、批号、种类、总量,包装堆积形式、运输情况、贮存条件和时间、有关单据和证明,包装是否完整,有无变形、破损、霉变等。

2)采集原始样品。原始样品也叫初级样品,是从生产现场如田间、牧地、仓库、青贮窖、试验场等一批受检的饲料或原料中最初采取的样品。原始样品应尽量从大批(或大数量)饲料或大面积牧地上,按照不同深度和广度的部位分别采取一部分,然后混合而成。原始样品一般不得少于2 kg。

3)采集次级样品。次级样品也叫平均样品,是将原始样品混合均匀或简单地剪碎混匀并从中取出的样品。平均样品一般不少于1 kg。

4)采集分析样品。分析样品也叫试验样品。次级样品经过粉碎、混匀等制备处理后,从中取出的一部分即为分析样品,用作样品分析用。分析样品的数量根据分析指标和测定方法的要求而定。

(2)采样的基本方法

采样的基本方法有两种:几何法和四分法。

1)几何法。取样前先把待测的饲料看成一种规则的几何立体形状,如立方体、圆柱、圆锥等,取样时就可将该立体形状假想分为若干体积相等的部分(虽然不便实际去做,但至少可以在想象中将其分开)。这些部分必须在全体样品中分布均匀,即不只在表面或只是在一面。从这些部分中取出体积相等的样品,这些部分的样品称为支样,再把这些支样混合即得样品。几何法常用于采集原始样品和批量不大的原料。

2)四分法。如图2-1所示。将样品平铺在一张平坦而光滑的方形纸或塑料布、帆布、漆布等布面上(大小视样品的多少而定),提起一角,使饲料流向对角,随即提起对角使其回流,将四角如此轮流反复提起,使饲料反复移动混合均匀,然后将饲料堆成等厚的圆堆,用药铲、刀子或其他适当器具,在饲料样品圆堆上划一个“十”字,将样品分成4等份,任意弃去对角的2份,将剩余的2份混合,继续按前述方法混合均匀、缩分,直至剩余样品数量与测定所需要的用量相接近时为止。

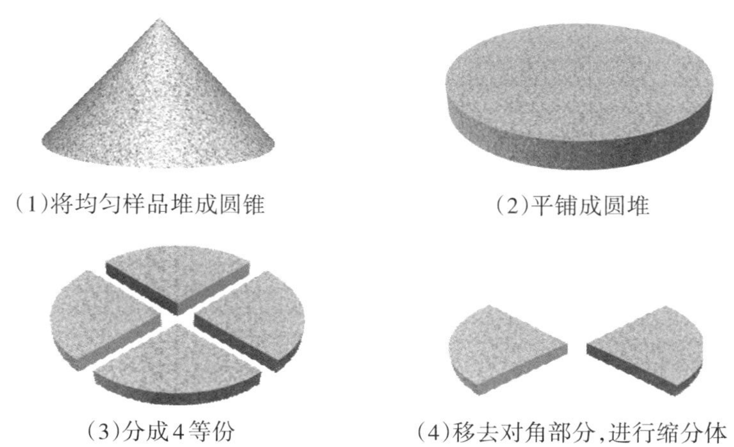

(1)将均匀样品堆成圆锥　(2)平铺成圆堆

(3)分成4等份　(4)移去对角部分,进行缩分体

图2-1　四分法示意图

大量的籽实、粉末也可在洁净的地板上堆成圆锥,然后,用铲将堆移至另一处,移动时将每一铲饲料倒于前一铲饲料之上,这样使籽实、粉末由锥顶向下流动到周围,如此反复移动3次以上,即可混合均匀。最后,将饲料堆成圆锥,将顶部压平使之呈圆台状,再从上部中间分割为十字形的4等份,弃去对角线的两部分,缩减1/2,然后,如上法缩减至适当数量为止。四分法常用于小批量样品和均匀样品的采样,或从原始样品中获取次级样品和分析样品。

也可采用分样器或四分装置代替上述手工操作,如常用的圆锥分样器和具备分类系统的复合槽分样器。

4.不同饲料样品的采集

不同饲料样品的采集因饲料(或原料)的性质、状态、颗粒大小或包装方式不同而异。

(1)粉状和颗粒饲料

1)散装。散装的原料应在机械运输过程中的不同场所(如滑运道、传送带等处)取样。如果在机械运输过程中未能取样,则可用探针取样,但应避免因饲料原料不均而造成的取样错误。

取样时,用探针从距边缘0.5 m的不同部位分别取样,然后混合,即得原始样品;也可在卸车时用长柄勺、自动选样器或机器选样器等，间隔相等时间，截断落下的饲料流取样，然后混合得原始样品。取样点的分布和数目取决于装载的数量。

2）袋装。用抽样锥随意从不同袋中分别取样，然后混合，即得原始样品。每批采样的袋数取决于总袋数、颗粒大小和均匀度，有不同的方案，取样袋数至少为总袋数的10%，也可以按$\sqrt{\frac{总袋数}{2}}$计算得出。总袋数在100袋以下时，取样袋数不少于10袋；总袋数每增加100袋，取样需增加3袋。

大袋的颗粒饲料在采样时，可采取倒袋和拆袋相结合的方法，倒袋数和拆袋数的比例为1:4，将倒袋和拆袋采集的样品混合即得原始样品。

3）仓装。一种方法是原始样本在饲料进入包装车间或成品库的流水线或传送带上、贮塔下、料斗下、秤上或工艺设备上时进行采集。用长柄勺、自动或机械式选样器，间隔时间相同，截断落下的饲料流。间隔时间应根据产品移动的速度来确定，同时要考虑到每批选取的原始样品的总质量。另一种方法是针对贮藏在饲料库中的散状产品的原始样品，根据料仓高度和表面形状设置采样点，将各点样品混匀即得原始样品。

（2）液体或半团体饲料

1）液体饲料。桶装或瓶装的植物油等液体饲料应从不同的包装单位（桶或瓶）中分别取样，然后混合。取样的桶数取决于总桶数（见表2-1）。取样时，将桶内饲料搅拌均匀（或摇匀），然后将空心探针缓慢地自桶口插至桶底，然后堵压上口，提出探针，每桶应取3点，将液体饲料注入样品瓶内混匀。

对散装（大池或大桶）的液体饲料按散装液体高度分上、中、下三层布点取样。采样时，将探针关闭，插入采样部位后，打开探针让饲料进入筒内，提出探针即得料样。原始样品的数量取决于饲料总量（见表2-1和表2-2）。原始样品混匀后，再采集1 kg作次级样品备用。

表2-1　桶装液体饲料取样方案

总桶数	取样桶数
7桶以下	不少于5桶
10桶以下	不少于7桶
10~50桶	不少于10桶
51~100桶	不少于15桶
101桶及以上	不少于15%的总桶数

表2-2　散装液体饲料取样方案

总量	取样量
500 t以下	不少于1.5 kg
501~1 000 t	不少于2.0 kg
1 000 t以上	不少于4.0 kg

2）固体油脂。对在常温下呈固体的动物性油脂的采样，可参照固体饲料采样方法，但原始样品应通过加热熔化混匀后，才能采集次级样品。

3）黏性液体。黏性浓稠饲料如糖蜜，可在卸料过程中采用抓取法，即定时用勺等器具随机采样。原始样品总量1 t应至少采集样品1 L。原始样品充分混匀后，即可采集次级样品。

（3）块饼类饲料

块饼类饲料的采样依块饼的大小而异。

大块状饲料应从不同的堆积部位选取不少于五大块，然后从每块中切取对角的小三角形（图2-2），将全部小三角形块捶碎混合后得原始样品，然后再用四分法取分析样品200 g左右。

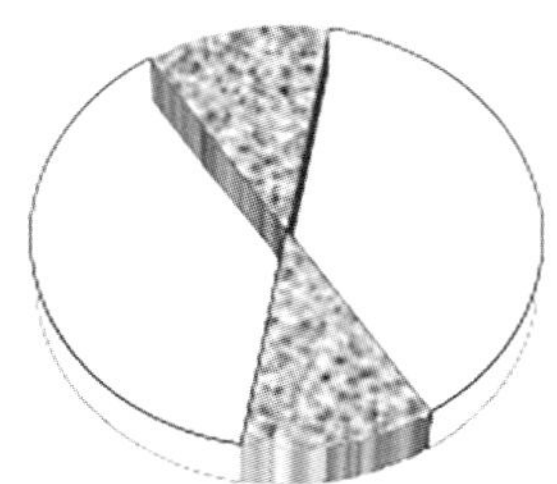

图2-2　块饼类饲料采样示意图

小块的油粕，要选取具有代表性者数十块（25~30块），粉碎后充分混合得原始样品，再用四分法取分析样品200 g左右。

（4）副食及酿造加工副产品

此类饲料包括酒糟、醋糟、粉渣和豆渣等。在贮藏池、木桶或贮堆中分上、中、下3层取样。根据贮藏容器的大小每层取5~10个点，每点取200 g放入瓷桶内充分混合得原始样品，然后从中随机取分析样品约1 500 g，用200 g测定其初水分，其余样品在60~65 ℃恒温干燥箱中干燥后供制风干样品用。

对豆渣和粉渣等含水较多的样品，在采样过程中应注意避免汁液损失。为避免腐败变质，也可加少量的氯仿和苯酚等防腐剂。

（5）块根、块茎和瓜类

该类饲料含水量大，体积大小不均。采样时，通过采集多个单独样品来消除个体间的差异。采样个数根据样品的种类、成熟的均匀性以及所需测定的营养成分而定，见表2-3。

表2-3 块根、块茎和瓜类取样量

饲料种类	样品数/个
一般块根、块茎饲料	10~20
马铃薯	50
胡萝卜	20
南瓜	10

采样时，从田间或贮藏窖内随机分点采集新鲜完整的原始样品约15 kg，按大、中、小分堆称重并求出比例，按比例取5 kg次级样品，清洗干净并拭去水分，在此过程中勿损伤外皮。然后，从各个块根的顶端至根部纵切具有代表性的对角1/4、1/8、1/16……直至得到适量的分析样品（约1 kg），迅速切碎后混合均匀，取300 g左右测定初水分，其余样品置于阴凉通风处风干2~3 d，然后在60~65 ℃的恒温干燥箱中烘干备用。

（6）新鲜青绿饲料及水生饲料

新鲜青绿饲料包括天然牧草、蔬菜类、作物的茎叶和藤蔓等。一般取样是在天然牧地或田间，在大面积的牧地上应根据牧地类型划区分点采样，每区选5个以上的点，每点为1 m^2的范围，在此范围内离地面3~4 cm处割取牧草，除去不可食草，将各点样品剪碎，混合均匀得原始样品。然后，按四分法取得分析样品500~1 000 g，取300~500 g用于测定初水分，一部分立即用于测定胡萝卜素等，其余在60~65 ℃的恒温干燥箱中烘干备用。

栽培的青绿饲料应视田块的大小，按上述方法等距离分点，每点采一至数株，切碎混合后取分析样品。该方法也适用于水生饲料，但注意采样后应晾干样品外表水分，然后切碎取分析样品。

（7）青贮饲料

青贮饲料的样品一般在圆形窖、青贮塔或长方形壕内采样。取样前应除去覆盖的泥土、秸秆以及发霉变质的表层料。同仓装饲料，应根据青贮窖的深度和表面形状设置采样点。取原始样品质量500~1 000 g。

（8）粗饲料

这类饲料包括秸秆及干草类。根据几何法在存放秸秆或干草的堆垛中选取5个以上不同部位的点采样，每点采样200 g左右。采样时应保持原料中茎叶的比例，尽量避免叶子的脱落，确保获取完整或具有代表性的样品。然后将采集的原始样品剪成1~2 cm长，充分混合后取分析样品约300 g，粉碎过筛。少量难粉碎的秸秆渣应尽可能地捶碎弄细后，全部混入分析样品中，切记不能丢弃。

【样品的制备】

样品的制备是指将原始样品或次级样品经过一定的处理成为分析样品的过程。样品的制备方法包括烘干、粉碎和混匀，制备成的样品可分为半干样品和风干样品。

1.风干样品的制备

风干样品是指自然含水量不高的饲料，一般含水量在15%以下，如玉米、小麦等作物籽实、糠麸，青干草、配合饲料等。

（1）制备设备

常用样品制备的粉碎设备（见常用仪器）有植物样本粉碎机、小型万能粉碎机和旋风磨。其中最常用的有植物样本粉碎机和小型万能粉碎机。植物样本粉碎机易清洗，不会过热及使水分发生明显变化，能使样品经研磨后完全通过适当筛孔。小型万能粉碎机粉碎效率高，使用方便，易清理。旋风磨粉碎效率亦较高，但在粉碎过程中水分有损失，需注意校正。需要注意的是，粉碎设备的筛网的大小不一定与检验用的大小相同，而粉碎粒度的大小直接影响分析结果的准确性。

（2）制备过程

次级样品用饲料样品粉碎机粉碎，通过1.00~0.25 mm孔筛即得分析样品。主要分析指标对样品粉碎粒度要求见表2-4。注意：不易粉碎的粗饲料如秸秆渣等在粉碎机中会剩余极少量而难以通过筛孔，这部分绝不可抛弃，应尽力弄碎（如用剪刀仔细剪碎）后一并均匀混入样品中，以免引起分析误差。将粉碎完毕的样品200~500 g装入磨口广口瓶内保存备用，并注明样本名称、制样日期和制样人等。

表2-4　主要分析指标对样品粉碎粒度的要求

指标	分析筛规格/目	筛孔直径/mm
水、粗蛋白、粗脂肪、粗灰分、钙、磷、盐	40	0.42
粗纤维、体外胃蛋白酶消化率	40	0.42
氨基酸、微量元素、维生素、脲酶活性、蛋白质溶解度	60	0. 25

2.半干样品的制备（含初水分测定）

（1）半干样品的制备过程

半干样品是由新鲜的饲料如青绿饲料、多汁的糟渣、青贮饲料或动物性副产物等制备而成。这些新鲜样品含水量高，占样品质量的70%~90%，不易粉碎和保存。除少数指标如胡萝卜素的测定需使用新鲜样品外，一般在测定饲料的初水含量后制成半干样品，以便保存，供分析使用。

初水是指新鲜样品在60~65 ℃的恒温干燥箱中烘8~12 h(可根据实际情况缩短或延长),除去部分水分,然后回潮使其与周围环境条件的空气湿度保持平衡,在这种条件下所失去的水分称为初水分。去掉初水分之后的样品为半干样品。

半干样品的制备包括烘干、回潮和称重3个过程。最后,半干样品经粉碎机磨细,通过1.00~0.25 mm孔筛,即得分析样品。将分析样品装入磨口广口瓶中,在瓶上贴上标签,注明样品名称、采样地点、采样日期、制样日期、分析日期和制样人,然后保存备用。

(2)初水分的测定

1)瓷盘称重。在普通天平上称取瓷盘的质量。

2)称样品重。用已知质量的瓷盘在普通天平上称取新鲜样品200~300 g。

3)灭酶活。将装有新鲜样品的瓷盘放入103 ℃烘箱中烘15 min,目的是使新鲜饲料中存在的各种酶失活,以减少其对饲料养分分解造成的损失。

4)烘干。将瓷盘迅速放在65 ℃烘箱中烘一定时间,直到样品干燥而容易磨碎为止。烘干时间一般为8~12 h,烘干时间取决于样品含水量和样品数量。

5)回潮和称重。取出瓷盘,放置在室内自然条件下冷却4 h,然后用普通天平称重。

6)再烘干。将瓷盘再次放入60~65 ℃烘箱中烘2 h。

7)再回潮和称重。取出瓷盘,同样在室内自然条件下冷却24 h,然后用普通天平称重。

如果两次质量之差超过0.5 g,则将瓷盘再放入烘箱,重复6)和7),直至两次称重之差不超过0.5 g为止,最小的质量即为半干样品的质量。半干样品粉碎至一定细度即为分析样品。

8)样品的初水分按照下列公式计算:

$$\omega=\frac{m_0-m_1}{m_0}\times 100\%$$

式中:ω为样品中初水分的含量,%;m_0为新鲜样品的质量,g;m_1为半干样品的质量,g。

【样品的登记与保管】

1.样品的登记

制备好的风干样品或半干样品均应装在洁净、干燥的广口磨口瓶内作为分析样品备用。瓶外应有标签,标明样品名称、采样和制样时间、采样和制样人等。此外,应有专门的样品登记本,详细记录与样品相关的资料,要求登记的内容如下。

1)样品名称(包括一般名称、学名和俗名)和种类(必要时须注明品种、质量等级)。

2)生长期(成熟程度)、收获期、茬次。

3)调制和加工方法及贮存条件。

4)外观性状及混杂度。

5)采样地点和采集部位。

6)生产厂家、批次和出厂日期。

7)重量。

8)采样人和制样人姓名。

2.样品的保管

(1)保存条件

样品应避光保存,并尽可能低温保存,以不超过25 ℃为宜,并做好防虫措施。对需长期保存的样品可用锡铝纸软包装,抽真空充氮气(高纯氮气)后密封,在-18 ℃冷库中保存备用。

(2)保存时间

样品保存时间的长短应有严格规定,这主要取决于原料更换的快慢、水分含量、样品的用途及买卖双方谈判情况(如水分含量过高、蛋白质不足是否符合规定)。此外,某些饲料在饲喂后可能出现问题,故该饲料样品应长期保存,备作复检用。但一般条件下饲料原料样品应保存2周,成品样品应保存1个月(或与对客户的保质期相同)。有时为了特殊目的,饲料样品需保存1~2年。专门从事饲料质量监督检验机构的样品保存期一般为3~6个月。

饲料样品应由专人采集、登记、粉碎与保管。

【思考题】

(1)采样的目的和原则是什么?

(2)采样的基本方法有哪些?

(3)制备分析样品过程中,样品要粉碎过筛,是否可以弃去筛上物?为什么?

(4)什么是半干样品、风干样品?如何进行样品的制备?

(5)如何进行样品的初水分测定?

【实验拓展】

饲料样品的储存

饲料样品在储存过程中由于受到温度、湿度、加工、霉菌、昆虫和自身所含酶降解等因素影响，其品质会随着储存时间的推移而发生改变。除矿物质不会有明显的变化外，其他营养成分，如水分、蛋白质、粗纤维、脂肪、淀粉、可消化粗蛋白、可消化氨基酸、消化能、代谢能等均有不同程度的变化。例如，玉米胚中所含的脂肪在储存过程中易发生氧化酸败；豆粕是大豆加工后的副产物，由于没有种皮的保护，在储存过程中对环境中的水分、温度等因素也很敏感，容易发生劣变。为了确保饲料样品能够高度还原饲料的真实状况，采取适宜的饲料样品储存方法非常重要。

（1）常温储存。常温储存是对通过晾晒或机械干燥等方式将水分降至安全水分以下的饲料样品，不进行任何特殊处理而直接存放的一种储存方式。这种储存方式简单易行，成本低廉，但是易受储存环境影响，储存效果较差。

（2）低温储存。低温储存是降低饲料储存温度、使饲料长期处于低温的一种储存方式。低温储存能够抑制害虫和微生物的生长繁殖并减弱植物性饲料自身的呼吸强度，有效地抑制饲料样品在储存期间的品质劣变，达到安全储存的目的。

（3）化学储存。化学储存是采用化学试剂（如磷化铝）熏蒸杀灭环境微生物和降低饲料自身呼吸作用以达到储存目的的一种储存技术，但由于其本身的毒性和对环境的危害而被许多国家禁用。

（4）气调储存。气调储存采用脱氧剂，人工充二氧化碳、氮气，以及抽真空等方式，在密闭空间内改变正常大气中的氮气、氧气和二氧化碳比例，是降低植物性饲料自身生理代谢、抑制微生物和害虫滋生的一种储藏技术。常用的气调储存技术包括使用脱氧剂、抽真空、充氮气和充二氧化碳等。

（王文娟，西南大学）

第二章　常规成分测定

饲料中水分的测定

饲料是由水分和干物质组成的，不同饲料原料或配合饲料的水分含量不同。水分含量是饲料品质的重要指标，直接关系到饲料中的有效成分含量。饲料品质的评价必须以去除水分后的干物质为基础进行营养成分的比较。

饲料中的水分分为游离水、吸附水和结合水三种形式。游离水也称为自由水或初水分，是吸附在饲料表面的水分，饲料样品在一定温度下（通常为60~65 ℃）加热一定时间失去游离水后的样品为风干样品（或半干样品）；吸附水是吸附在蛋白质、淀粉及细胞膜上的水分；结合水是与饲料的糖和盐类相结合的水。含有吸附水和结合水的饲料样品为风干样品，风干样品在一定温度下（103 ℃）加热一定时间失去吸附水和结合水后的样品为绝干样品。新鲜饲料中含有大量的游离水、少量的吸附水及结合水，称为总水分。不同种类的原料，水分的含量变化比较大。饲料水分含量过高，饲料容易发霉变质，不利于保存；饲料水分含量过低，则会增加生产成本；饲料水分含量变化太大还影响制粒效果，导致产品质量不稳定。

实际分析中可根据具体情况选择合适的测定方法。对于一般饲料原料和产品，通常采用烘箱干燥法测定水分。该方法也是我国目前采用的推荐性国家标准（GB/T 6435—2014）。下面详细介绍烘箱干燥法测定饲料中水分含量的方法。

【实验目的】

了解烘箱测定水分的基本原理；掌握使用烘箱分析饲料水分含量的基本操作步骤及方法。

【实验原理】

根据样品性质选择特定条件对试样进行干燥，通过试样干燥损失的质量计算水分的含量。样品干燥损失的质量不仅包含饲料中的吸附水，还有少量其他易挥发性物质。

【实验材料】

1.试样

水产配合饲料。

2.设备及试剂

(1)实验室用样品粉碎机或研钵。

(2)分析筛：孔径0.42 mm(40目)。

(3)分析天平：感量0.000 1 g。

(4)称样皿：玻璃器皿或铝制器皿，直径40 mm以上，高度25 mm以下，或能使样品铺开约0.3 $g\cdot cm^{-3}$规格的其他耐腐蚀金属称量皿(减压干燥法需耐负压的材质)。

(5)电热式恒温烘箱：可控制温度为(103±2) ℃。

(6)干燥器：用氯化钙(干燥级)或变色硅胶作干燥剂。

【实验方法】

若试样是水分含量高的鲜样，或无法粉碎时，应预先干燥处理，同半干样品的制备。

将洁净的称量皿放入(103±2) ℃的烘箱中，将称量瓶盖倾斜盖在称量瓶上，确保称量皿和盖子之间有缝隙。烘(30±1) min后，盖严瓶盖，取出，放入干燥器中，冷却至室温。称重(m_1)，准确至0.000 1 g。

称取5 g(m_2)饲料于已知质量的称量皿中，准确至0.000 1 g，并摊平。将称量瓶盖向上倾斜盖在称量皿上，在(103±2) ℃烘箱中烘(4±0.1) h(温度达103 ℃时开始计时)，盖严称量皿盖，取出，在干燥器中冷却至室温，称重(m_3)，准确至0.000 1 g。再于(103±2) ℃烘箱中干燥(30±1) min，取出，于干燥器中冷却，称重，准确至0.000 1 g。

如果两次称量值的变化小于或等于试料质量的0.1%，以第一次称量的质量(m_3)按公式(1)计算水分含量;若两次称量值的变化大于试料质量的0.1%,则将称量瓶再次放入干燥箱中于(103±2) ℃干燥(2±0.1) h,移至干燥器中冷却至室温,称其质量,准确至1 mg。若此次干燥后的质量与第二次称量值的变化小于或等于试料质量的0.2%,以第一次称量的质量(m_3)按公式(1)计算水分含量;大于0.2%时,按减压干燥法测定水分。

【实验结果分析】

1.计算

试样中水分的质量分数w(水分)按下式计算。

$$w(\text{水分})=\frac{m_2-(m_3-m_1)}{m_2}\times 100\% \tag{1}$$

式中:m_1为称量皿质量,g;m_2为试样质量,g;m_3为称量皿和干燥后试样的质量,g。

2.分析

每个试样应取2个平行样进行测定,以其算术平均值作为测定结果。结果精确到0.1%。

2个平行样测定结果,水分含量<15%的样品绝对差值不大于0.2%,水分含量≥15%的样品绝对差值不大于1.0%,否则重做。

3.注意事项

(1)如果按前所述方法进行过预先干燥处理(指多汁的鲜样),则按下式计算原来试样中的水分含量。

w(原试样中总水分)=w(预干燥减重)+[1-w(预干燥减重)]×w(风干试样水分)

(2)加热时试样中有挥发性物质可能与试样中水分一起损失,例如青贮料中的挥发性脂肪酸(VFA)。

(3)某些含脂肪高的试样,烘干时间长反而会增加质量,这是脂肪氧化所致,应以质量增加前那次的称量结果为准。

(4)含糖分高的、易分解或易焦化的试样,应使用减压干燥法(70 ℃,80 kPa以下,烘干5 h)测定水分。

【思考题】

(1)新鲜样品、半干样品和风干样品有何异同?

(2)简述水分测定的常用方法、原理及其注意事项。

(3)评价饲料营养品质为什么要以干物质为基础?

【实验拓展】

水分测定的其他常用方法

1. 红外线干燥法

此方法主要利用红外辐射器发出的辐射热能来干燥物料。目前,多采用红外线快速水分测定仪进行。与传统的烘箱加热法相比,红外加热可以在最短时间内达到最大加热功率。在高温下样品被快速干燥,大大缩短了测量时间,一般样品只需几分钟即可完成测定。但对于不同的物料,测定温度和时间不同,需要与传统的烘干法进行比对后才能使用,同时数据变异较大。该方法主要用于生产过程的实时监控,一般对物料没有特殊要求。

2. 真空干燥法(减压干燥法)

利用低压下水的沸点降低的原理,将样品置于减压低温真空干燥箱(一般为13 kPa,80 ℃)内加热至恒重,在一定的温度及减压的情况下失去物质的总质量即为样品中的水分含量。该方法可减少饲料干燥过程中挥发性化合物的损失。通常可根据实际情况选择合适的压力和温度。

3. 卤素水分测定仪(卤素灯水分测定仪)

采用卤素灯作为加热源,该卤素灯一般为环状,确保样品得到均匀加热。在灯泡内注入碘或溴等卤素气体,当灯丝发热时,钨原子被蒸发后向玻璃管壁方向移动,当接近玻璃管壁时,钨蒸气被冷却到大约800 ℃并和卤素原子结合在一起,形成卤化钨(碘化钨或溴化钨)。卤化钨向玻璃管中央继续移动,又重新回到灯丝上,由于卤化钨是一种很不稳定的化合物,其遇热后又会重新分解成卤素蒸气和钨,这样钨又在灯丝上沉积下来,弥补被蒸发掉的部分。在干燥过程中,水分仪持续测量并即时显示样品丢失的水分含量;干燥程序完成后,最终测定的水分含量值被锁定显示。该仪器升温速度快且加热均匀,能快速干燥样品,测定结果准确,耗时短(5~15 min),操作简单,目前已在国内外用于医药、粮食、饲料、烟草、化工、食品、纺织等行业中水分含量的测定,同时能满足固体、颗粒、粉末、胶状体及液体含水率的测定要求。

(王文娟,西南大学)

饲料中粗灰分的测定

饲料粗灰分的测定是鉴定饲料及饲料原料品质优劣的重要依据之一，对指导饲料及饲料原料加工，提高饲料品质具有重要意义。饲料中的粗灰分是指饲料样品经550 ℃灼烧完全后余下的残留物质，主要包括矿物元素的氧化物和盐、二氧化硅以及泥沙等。粗灰分根据其在水、酸溶液中的溶解性，分为水溶性灰分与水不溶性灰分、酸溶性灰分与酸不溶性灰分。水溶性灰分大部分是钾、钠、钙、镁等氧化物和可溶性盐；水不溶性灰分除泥沙外，还有铁、铝等的氧化物和碱土金属的碱式磷酸盐。酸不溶性灰分大部分为污染掺入的泥沙和原来存在于动植物组织中经灼烧生成的二氧化硅。

饲料粗灰分的测定通常采用马弗炉灼烧法。下面将参考推荐性国家标准《饲料中粗灰分的测定》(GB/T 6438—2007)对该方法进行介绍。

【实验目的】

了解马弗炉测定灰分的基本原理；掌握使用马弗炉分析饲料灰分含量的基本操作步骤及方法。

【实验原理】

在550 ℃灼烧试样后所得残渣，用质量分数表示即为试样中粗灰分的含量。

【实验材料】

1.试样

水产饲料。

2.设备及试剂

(1)实验室用样品粉碎机或研钵。

（2）分析筛：孔径0.42 mm（40目）。

（3）分析天平：感量0.000 1 g。

（4）马弗炉：电加热，有温度计且可控制炉温在550~600 ℃。

（5）电陶炉或加热板。

（6）坩埚：30 mL，瓷质。

（7）干燥器：用氯化钙（干燥级）或变色硅胶为干燥剂。

【实验方法】

（1）将坩埚和盖子一起放入马弗炉中，盖子倾斜盖在坩埚上，确保盖子和坩埚之间留有缝隙，于（550±20）℃下灼烧30 min，取出，在空气中冷却约1 min，放入干燥器中冷却至室温，称重。再重复灼烧，冷却、称重，直至两次质量之差小于0.000 5 g，得到恒重。

（2）在已知质量的坩埚中称取2~5 g试样（灰分质量应在0.05 g以上），在电陶炉或加热板上低温炭化至无烟为止。

（3）炭化后将坩埚移入马弗炉中，于（550±20）℃下灼烧3 h取出，在空气中冷却约1 min，放入干燥器中冷却30 min，称重。再同样灼烧1 h，冷却、称重，直至连续两次质量之差小于0.001 g，得到恒重。

【实验结果分析】

1.计算

试样中粗灰分的质量分数w（ash）按下式计算：

$$w(\text{ash})=\frac{m_2-m_0}{m_1-m_0}\times100\%$$

式中：m_0为空坩埚的质量，g；m_1为坩埚加试样的质量，g；m_2为灰化后坩埚加灰分质量，g。

2.重复性

每个试样应取2个平行样进行测定，以其算术平均值作为结果。

粗灰分含量在5%以上时，允许相对偏差为1%；粗灰分含量在5%以下时，允许相对偏差为5%。

3.注意事项

（1）新坩埚编号。将带盖的坩埚洗净烘干后，用钢笔蘸0.5%的氯化铁墨水溶液（称0.5 g$FeCl_3\cdot6H_2O$溶于100 mL蓝墨水中）编号，然后于高温炉中550 ℃灼烧30 min即可。

(2)样品开始炭化时,应打开部分坩埚盖,便于气体流通;控制温度,防止火力过大而使部分样品颗粒被逸出的气体带走。

(3)为了避免样品氧化不足,不应把样品压得过紧,样品应松松地放在坩埚内。

(4)灼烧温度不宜超过600 ℃,否则会引起磷、硫等盐的挥发。

(5)灼烧后残渣颜色与试样中各元素含量有关,铁含量高时为红棕色,锰含量高时为淡蓝色。有明显黑色炭粒时,为炭化不完全,应延长灼烧时间。

(6)如果供试品不易灰化,可将坩埚放冷,加热水或10%硝酸铵溶液2 mL,使残渣湿润,然后置水浴上蒸干,残渣照前法灼烧,至坩埚内容物完全灰化。

【思考题】

(1)坩埚编号为什么要用氯化铁墨水溶液?可以用记号笔或标签纸吗?为什么?

(2)坩埚经高温灼烧后,能立即放入玻璃干燥器中冷却吗?为什么?

(3)饲料经高温电炉灼烧后所得的灰分可能呈现出不同的颜色,试解释其原因。

(4)饲料中粗灰分测定结果偏低时,是否会影响到饲料中有机物的测定结果?如何影响?

【实验拓展】

灰分测定的其他常用方法

1.微波灰化法

微波灰化法是利用微波的热穿透效应,直接把能量辐射到反应物上,使极性分子产生每秒25亿次以上的分子旋转和碰撞,迅速提高反应物温度,激发分子高速旋转和振动,处于反应的准备状态或亚稳态,促使进一步电离或氧化还原反应。该方法结合高温加热和微波技术,整个过程按照预先设定的升温程序在微波灰化炉内一次性完成。与传统的国标方法相比,减少了复杂、烦琐的操作步骤,大大缩短了工作时间,节省了劳动力,并使灰化效果更佳,降低了二次灰化的概率,与马弗炉比较具有更高的安全性。

2.近红外光谱分析

近红外光谱技术(简称NIRS)是20世纪70年代兴起的有机物质快速分析技术。该技术源于有机物中含氢基团(如—OH,—CH,—NH,—SH等)振动光谱的倍频及合频吸收,以漫反射方式获得在近红外区的吸收光谱。粗灰分可能由于其中的金属与有机物中的基团(如—COOH,—SH或—NH_2)进行配位作用,形成特征信息而对近红外光谱产生响应。通过主成分分析、偏最小二乘法、人工神经网等化学计量学的手段,建立光谱与粗灰分含量间的线性或非线性模型，从而实现利用近红外光谱信息对粗灰分含量的快速计算。该方法只需对样品进行粉碎，具有操作简便、快速、相对准确等特点，但其估测准确性易受饲料样品的粒度和均匀度等诸多因素的影响。在实际检测中应使定标及被测样品制样条件一致，保证样品的粒度分布均匀，减少由于粒度变异引起的误差。

（王文娟，西南大学）

饲料中粗蛋白的测定

蛋白质在鱼、虾营养中非常重要，蛋白质营养价值的高低对饲料质量起着决定性作用。蛋白质营养价值高，饲料的质量也高。粗蛋白含量是衡量饲料原料和动物产品营养价值的一个重要指标，准确测定动物饲料及其产品中的粗蛋白含量是动物饲养和营养的核心内容之一。本方法参照《饲料中粗蛋白的测定 凯氏定氮法》(GB/T 6432—2018)，主要介绍凯氏定氮法的原理、基本步骤、结果计算与分析评价。

【实验目的】

理解饲料中粗蛋白的测定原理与方法；掌握饲料中粗蛋白测定的基本步骤，并测定各种样本的粗蛋白含量。

【实验原理】

饲料中的含氮物质包括蛋白质和各种含氮化合物（主要有游离氨基酸、酰胺、硝酸盐及铵盐等），两者总称为粗蛋白。凯氏定氮法的基本原理是用硫酸分解试样中的蛋白质与含氮化合物，使所有含氮物都转变成氨气，氨气被浓硫酸吸收，反应转变为硫酸铵。硫酸铵在浓碱的作用下释放出氨气。通过蒸馏，氨气随水汽顺着冷凝管流入硼酸溶液，与之结合生成四硼酸铵，后者用盐酸标准液滴定，即可测定出释放的氨氮量。根据氮量，乘以特定系数（一般为6.25），即可得出饲料样品中粗蛋白含量。上述过程中的化学反应如下。

（1）$2CH_3CHNH_2COOH+13H_2SO_4 = (NH_4)_2SO_4+6CO_2\uparrow+12SO_2\uparrow+16H_2O$

（2）$(NH_4)_2SO_4+2NaOH = 2NH_3\uparrow+2H_2O+Na_2SO_4$

（3）$4H_3BO_3+NH_3 = NH_4HB_4O_7+5H_2O$

（4）$NH_4HB_4O_7+HCl+5H_2O = NH_4Cl+4H_3BO_3$

【实验材料】

1.仪器及设备

(1)分析天平:感量0.000 1 g。

(2)消煮炉或电陶炉、加热板。

(3)消煮管或凯氏烧瓶:250 mL。

(4)凯氏蒸馏装置:常量直接蒸馏式或半微量水蒸气蒸馏式。

(5)定氮仪:以凯氏原理制造的各类型半自动、全自动定氮仪。

2.试剂及配制

除非另有说明,仅使用分析纯试剂。

(1)硼酸:化学纯。

(2)氢氧化钠:化学纯。

(3)硫酸:化学纯。

(4)硫酸铵。

(5)蔗糖。

(6)混合催化剂:称取0.4 g五水硫酸铜、6.0 g硫酸钾或硫酸钠,研磨混匀,或购买商品化的凯氏定氮催化剂片。

(7)硼酸吸收液:称取20 g硼酸,用水溶解并稀释至1 000 mL。

(8)氢氧化钠溶液:称取40 g氢氧化钠,用水溶解,待冷却至室温后,用水稀释至100 mL。

(9)盐酸标准滴定溶液:$c(HCl)=0.1\ mol \cdot L^{-1}$或$0.02\ mol \cdot L^{-1}$,按《化学试剂 标准滴定溶液的制备》(GB/T 601—2016)进行配制和标定。

(10)甲基红乙醇溶液:称取0.1 g甲基红,用乙醇溶解并稀释至100 mL。

(11)溴甲酚绿乙醇溶液:称取0.5 g溴甲酚绿,用乙醇溶解并稀释至100 mL。

(12)混合指示剂溶液:将甲基红乙醇溶液和溴甲酚绿乙醇溶液等体积混合。该溶液室温避光保存,有效期3个月。

3.实验样品

按照《饲料 采样》(GB/T 14699.1—2005)抽取有代表性的水产饲料样品,用四分法缩减取样,按照《动物饲料试样的制备》(GB/T 20195—2006)制备试样,粉碎,全部通过0.42 mm(40目)试样筛,混匀,装入密闭容器中备用。

【实验方法】

1.试样消煮

(1)凯氏烧瓶消煮

称取试样0.5~2 g(含氮量5~80 mg,准确至0.000 1 g),置于凯氏烧瓶中,加入6.4 g混合催化剂,混匀,加入12 mL硫酸和2粒玻璃珠,将凯氏烧瓶置于电陶炉上,开始于约200 ℃加热,待试样焦化、泡沫消失后,再提高温度至约400 ℃,直至呈透明的蓝绿色,然后继续加热至少2 h。取出,冷却至室温。

(2)消煮管消煮

称取饲料试样0.5~2 g(含氮量5~80 mg,准确至0.000 1 g)。置于消煮管中,加入6.4 g混合催化剂,混匀,加入12 mL硫酸和2粒玻璃珠,加入2片凯氏定氮催化剂片或6.4 g混合催化剂、12 mL硫酸,于420 ℃消煮炉(图2-3)上消化1 h。取出,冷却至室温。

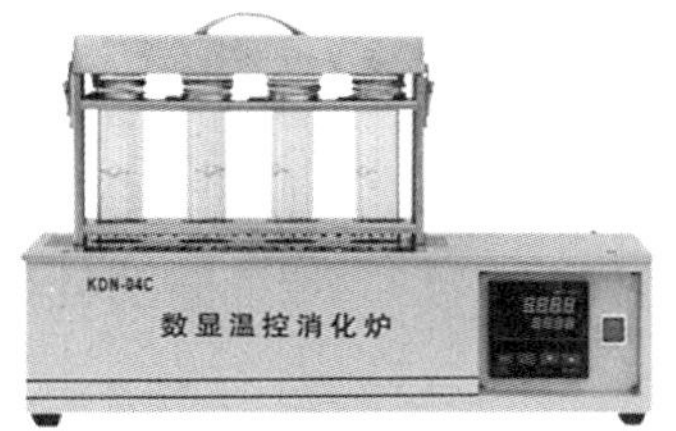

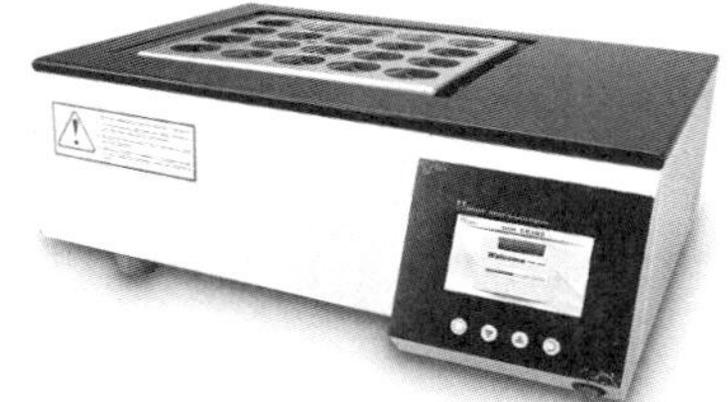

图2-3　消煮炉

2.氨的蒸馏

(1)半微量法(仲裁法)

待试样消煮液冷却,加入20 mL水,转入100 mL容量瓶中,冷却后用水稀释至刻度,摇匀,作为试样分解液。将半微量蒸馏装置(图2-4)的冷凝管末端浸入装有20 mL硼酸吸收液和2滴混合指示剂的锥形瓶中。蒸气发生器的水中应加入甲基红指示剂数滴、硫酸数滴,在蒸馏过程中保持此液为橙红色,否则需补加硫酸。准确移取试样分解液10~20 mL并注入蒸馏装置的反应室中,用少量水冲洗进样入口,塞好入口玻璃塞,再加入10 mL氢氧化钠溶液,小心提起玻璃塞使之流入反应室,将玻璃塞塞好,且在入口处加水密封,防止漏气。蒸馏4 min,降下锥形瓶使冷凝管末端离开吸收液面,再蒸馏1 min,至流出液pH为中性。用水冲洗冷凝管末端,洗液均需流入锥形瓶内,然后停止蒸馏。

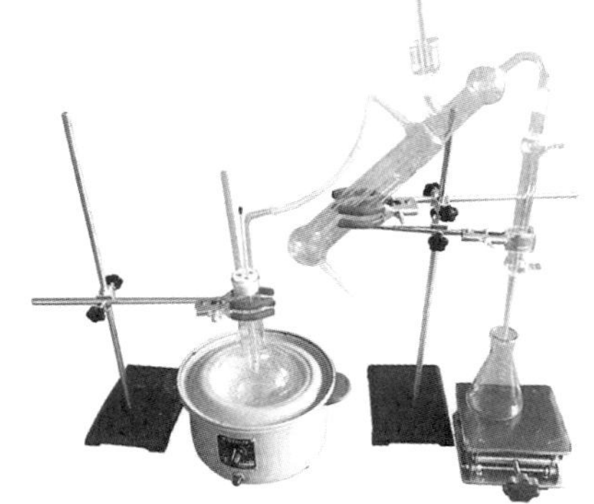

图2-4　凯氏半微量蒸馏装置

(2)全量法

待试样消煮液冷却，加入60~100 mL蒸馏水，摇匀，冷却。将蒸馏装置的冷凝管末端浸入装有25 mL硼酸吸收液和2滴混合指示剂的锥形瓶中。然后小心地向凯氏烧瓶中加入50 mL氢氧化钠溶液，摇匀后加热蒸馏，直至馏出液体积约为100 mL。降下锥形瓶，使冷凝管末端离开液面，继续蒸馏1~2 min，至流出液pH为中性。用水冲洗冷凝管末端，洗液均需流入锥形瓶内，然后停止蒸馏。

3.滴定

半微量法蒸馏或全量法蒸馏后的吸收液立即用0.1 mol·L^{-1}或0.02 mol·L^{-1}的盐酸标准滴定溶液滴定，溶液由蓝绿色变成灰红色时为滴定终点。

4.蒸馏步骤查验

精确称取0.2 g硫酸铵(精确至0.000 1 g)，代替试样，按上述步骤进行操作，测得硫酸铵含氮量应为(21.19±0.2)%，否则应检查加碱、蒸馏和滴定各步骤是否正确。

5.空白测定

精确称取0.5 g蔗糖(精确至0.000 1 g)，代替试样，按上述试样消煮测定的步骤进行空白测定，消耗0.1 mol·L盐酸标准滴定溶液的体积不得超过0.2 mL，消耗0.02 mol·L^{-1}盐酸标准滴定溶液的体积不得超过0.3 mL。

【实验结果分析】

1.结果计算

试样中粗蛋白含量以质量分数w计，按以下公式计算：

$$w=\frac{\left(V_2-V_1\right)\times c\times\frac{14}{1\,000}\times 6.25}{m\times\frac{V'}{V}}\times 100\%$$

式中：V_2为滴定试样所消耗盐酸标准滴定溶液的体积，mL；V_1为滴定空白所消耗盐酸标准滴定溶液的体积，mL；c为盐酸标准滴定溶液的浓度，mol·L^{-1}；m为试样质量，g；V为试样消煮液总体积，mL；V'为蒸馏用消煮液体积，mL；14为氮的摩尔质量，g·mol^{-1}；6.25为氮换算成粗蛋白的平均系数。

每个试样取两个平行样进行测定，以其算术平均值为测定结果，计算结果精确至小数点后两位。

2.重复性

在重复性条件下，两次独立测定结果与其算术平均值的绝对差值与该平均值的比值应符合以下要求：粗蛋白含量大于25%时，比值不超过1%；粗蛋白含量在10%~25%时，比值不超过2%；粗蛋白含量小于10%时，比值不超过3%。

3.实验注意事项

（1）消化时如不容易呈透明溶液，可将定氮瓶放冷后，慢慢加入30%的过氧化氢（H_2O_2）2~3 mL，促使氧化。

（2）如硫酸缺少，过多的硫酸钾会引起氨的损失，这样会形成硫酸氢钾，而不与氨作用。因此，当硫酸过多地被消耗或样品中脂肪含量过高时，要增加硫酸的量。

（3）向蒸馏瓶中加入浓碱时，往往出现褐色沉淀物，这是由于分解促进碱与加入的硫酸铜反应，生成氢氧化铜，经加热后又分解生成氧化铜的沉淀。有时铜离子与氨作用，生成深蓝色的结合物$[Cu(NH_3)_4]^{2+}$。

（4）这种测算方法的本质是测出氮的含量，再作蛋白质含量的估算。只有在被测物的组成是蛋白质时才能用此方法来估算蛋白质的含量。

【思考题】

（1）在蒸馏过程中是否可以使用两套仪器，为什么？

（2）滴定时是否需要不停摇晃三角瓶，为什么？

（3）样品测定粗蛋白含量是否可以大于100%，为什么？

（4）简述在蒸气发生器中加入甲基红指示剂和硫酸数滴的作用。

【实验拓展】

1.杜马斯燃烧法测定饲料中粗蛋白质含量

杜马斯燃烧法是GB/T 24318—2009推荐的另一种测定饲料原料粗蛋白质含量的方法。在有氧环境下，样品在燃烧管中燃烧加热（约900 ℃），所生成的干扰成分被一系列适当的吸收剂去除，样品中含氮物质被定量转化成分子氮后被热导检测器检测。根据样品含氮量，精密称量固体饲料样品0.1~0.3 g，包在杜马斯仪器专用的锡箔方片（或无氮纸）中，待测。仪器在测定条件下，按照说明书放入待测物质进行测定。根据仪器及待测物的不同，待测样品将在800~1200 ℃的标准化条件下进行定量燃烧。生成的气体被净化、除杂并用氦气作为载气传送后，氮氧化物在850 ℃的还原管内被还原、吸附，根据不同组分，分别依次通过TCD检测器被检测。在仪器中，根据样品的质量和校正曲线形成的检测信号，自行计算给出样品的总氮含量。再用氮换算为蛋白质的系数，计算出试样粗蛋白的含量。该法定氮速度快、精确、成本低、无污染、自动化程度高，在欧美国家广泛应用，正在逐步替代凯氏定氮法。

2. 饲料中真蛋白的测定

饲料样品在水溶液中加入过量的硫酸铜，在碱性条件下，粗蛋白被氢氧化铜沉淀，此沉淀物不溶于热水，而非蛋白氮则易溶于水，用热水洗涤沉淀除去水溶性含氮物，沉淀部分再用凯氏定氮法测定其含氮量，计算出饲料中真蛋白含量。

准确称取粉碎过40目分样筛的试样约0.5~1 g（精确至0.000 1 g）置于250 mL烧杯中，加50 mL蒸馏水，用玻璃棒充分搅拌均匀，加热煮沸，加入10%硫酸铜溶液20 mL及2.5%氢氧化钠溶液20 mL，搅拌均匀，微沸一段时间，室温下放置2 h。过滤，并用少量70~80 ℃热水冲烧杯和洗沉淀5次以上，直至洗出液为硫酸根离子（用5%氯化钡溶液5滴和数滴盐酸检查滤液，直至不生成白色硫酸钡沉淀为止）。将沉淀连同漏斗一起放入（80±2）℃的干燥箱中干燥4 h，将滤纸和沉淀物一起放入250 mL的凯氏烧瓶中，再用凯氏定氮法测定饲料中真蛋白含量。

（姜俊，四川农业大学）

饲料中粗脂肪的测定

饲料中的脂肪是一类不溶于水而能溶于非极性溶剂的生物有机分子。其化学本质是脂肪酸和醇所形成的脂类及其衍生物。用脂溶性溶剂(乙醚、石油醚、氯仿等)浸提出来的物质除脂肪外,还包括可溶于乙醚的其他有机物质,如游离脂肪酸、有机酸、蜡质、脂溶性维生素、色素等,故称为粗脂肪。测定饲料粗脂肪的方法常用的有油重法、残余法、浸泡法等。目前我国颁布的推荐性国家标准为《饲料中粗脂肪的测定》(GB/T 6433—2006),本实验主要介绍该标准中的残余法。

【实验目的】

掌握饲料中粗脂肪测定方法,并用以测定各类饲料中粗脂肪含量。

【实验原理】

用乙醚反复浸提索氏脂肪抽提器中的饲料样品,使其中的脂类物质溶于乙醚,并收集于盛醚瓶中,然后将所有的浸提溶剂加以蒸发回收,直接称量盛醚瓶中的脂类物质量,即可计算出样品中的脂肪含量。

【实验材料】

1.试剂

无水乙醚或石油醚(分析纯)。

2.仪器及设备

(1)实验室用样品粉碎机。

(2)分析筛:孔径0.42 mm(40目)。

(3)分析天平:感量0.01 mg。

(4)电热恒温水浴锅:室温至100 ℃。

(5)恒温烘箱:(103±5) ℃。

(6)索氏脂肪抽提器。

(7)滤纸或滤纸筒:中速,脱脂。

3. 实验样品

按照GB/T14699.1–2005抽取有代表性的水产饲料样品,用四分法缩减取样,按照国家标准GB/T 20195–2006制备试样,粉碎,全部通过0.42 mm试样筛,混匀,装入密闭容器中备用。

【实验方法】

(1)索氏脂肪提取器(图2–5)应干燥无水。将抽提瓶放在(103±2) ℃烘箱中烘干60 min,干燥器中冷却30 min,称重。再烘干30 min,同样冷却称重,两次质量之差小于0.000 8 g时得到恒重。

(2)滤纸筒、脱脂滤纸应干燥无水。将滤纸筒、脱脂滤纸放在(103±2) ℃烘箱中烘干60 min,干燥器中冷却30 min,称重,再烘干30 min,同样冷却称重。两次质量之差小于0.000 1 g时得到恒重。

(3)称取试样1~5 g(准确至0.000 2 g),放入滤纸筒中,或用脱脂滤纸包好并标号,再放入103 ℃烘箱中烘干120 min(或称测水分后的干试样,折算成风干样重),滤纸筒应高于提取器虹吸管的高度,滤纸包长度应以可全部浸泡于乙醚(或石油醚)中为准。

(4)用长镊子将滤纸筒或包放入抽提管,在抽提瓶中加无水乙醚(或石油醚)60~100 mL(抽提瓶容积的2/3),在60~75 ℃的水浴(用蒸馏水)上加热,使乙醚(或石油醚)回流,控制乙醚(或石油醚)回流次数为每小时约10次,共回流约50次(含油高的试样约70次),或用滤纸点滴检查抽提管流出的乙醚,挥发后不留下油迹为抽提终点。

(5)当脂肪浸提干净后取出小包,置于干净表面皿上晾干20~30 min,然后装入同号码称量瓶中,置(103±2) ℃烘箱中烘干120 min,干燥器中冷却30 min称重,再烘干30 min,同样冷却称重。两次质量之差小于0.000 2 g为恒重。称量瓶及样本包抽脂后失去的质量即为脂肪重。

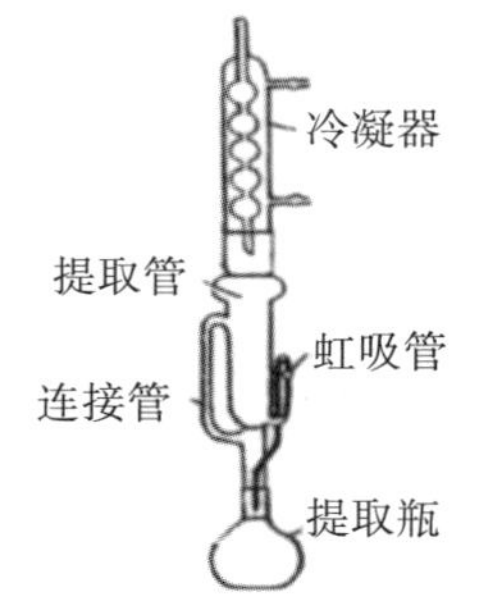

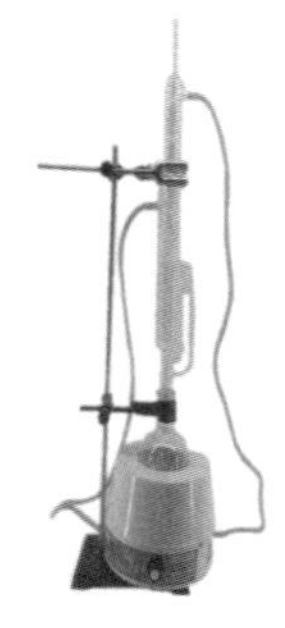
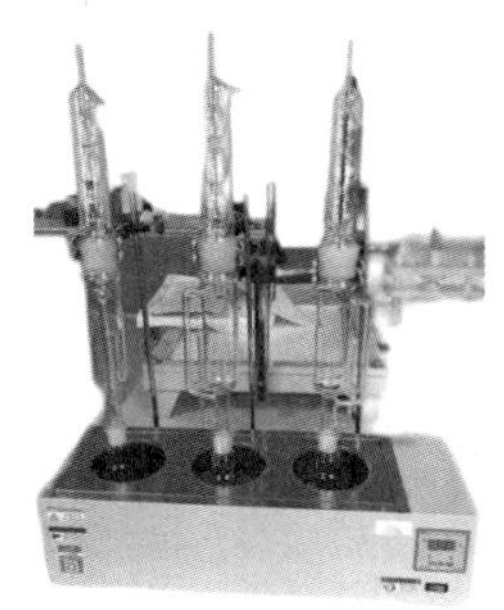
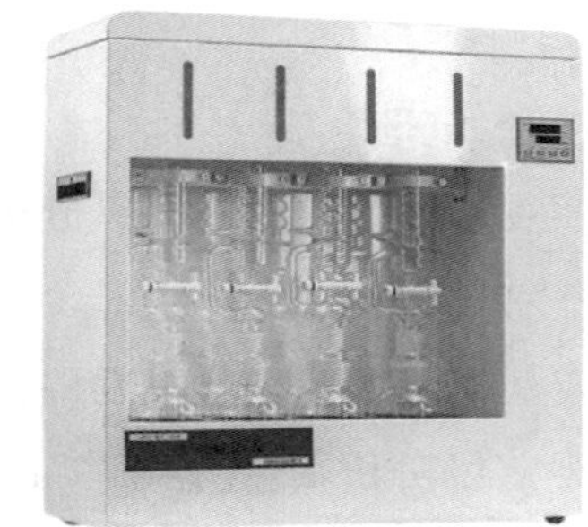

图2–5 索氏脂肪抽提器及应用场景

【实验结果分析】

1. 结果计算

试样中粗脂肪含量以质量分数w计，按以下公式计算：

$$w=\frac{m_1-m_2}{m}\times 100\%$$

式中：m为试样质量，g；m_1为装有试样的滤纸包或滤纸筒浸提前的质量，g；m_2为装有试样滤纸包或滤纸筒浸提烘干后的质量，g。

2. 重复性

每个试样取两个平行样进行测定，以其算术平均值为测定结果。粗脂肪含量在10%以上，允许相对偏差为3%；粗脂肪含量在10%以下，允许相对偏差为5%。

【思考题】

(1)简述索氏抽提器的提取原理及应用范围。

(2)潮湿的样品可否采用乙醚直接提取？为什么？

(3)使用乙醚做脂肪提取溶剂时，应注意的事项有哪些？为什么？

【实验拓展】

1. 近红外光谱法快速测定饲料中的粗脂肪含量

近红外光谱法是利用有机物中含有C—H、N—H、O—H、C—C等化学键的泛频振动或转动，以漫反射方式获得在近红外区的吸收光谱，通过主成分分析、偏最小二乘法、人工神经网等现代化学和计量学的手段，建立物质光谱与待测成分含量间的线性或非线性模型，从而实现用物质近红外光谱信息对待测成分含量的快速计量。饲料中粗脂肪的测定的定标样品数为95个，以改进的偏最小二乘法(MPLS)建立定标模型，模型的参数为：SEP=0.14%、Bias=0.07%、MPLS独立向量(Term)=8；光谱的数学处理：一阶导数，每隔16 nm进行平滑运算，光谱的波长范围为1 308~2 392 nm。

2. 乙醚抽脂操作的注意事项

(1)抽提剂乙醚是易燃、易爆物质，应注意通风并且不能有火源。

(2)样品滤纸包的高度不能超过虹吸管，否则上部脂肪不能提尽而造成误差。

(3)样品和醚浸出物在烘箱中干燥时，时间不能过长，以防止不饱和脂肪酸受热氧化而增加质量。

(4)乙醚若放置时间过长,会产生过氧化物。过氧化物不稳定,当蒸馏或干燥时会发生爆炸,故使用前应严格检查,并除去过氧化物。

(5)反复加热可能会因脂类氧化而增重,质量增加时,以增重前的质量为恒重。

(姜俊,四川农业大学)

水产饲料中粗纤维的测定

在动物营养学上，将碳水化合物分为两大类，即无氮浸出物和粗纤维。无氮浸出物是指能够被单胃动物所消化的碳水化合物，不能被消化的碳水化合物则称之为粗纤维。粗纤维是植物细胞壁的主要成分，包括纤维素、半纤维素、木质素和果胶等。纤维性物质在稀酸或稀碱中相对稳定，但与硫酸或盐酸共热时可水解为葡萄糖。

适宜的纤维素能够改善动物的肠道形态结构、消化道微生物区系，提高免疫力和抗应激能力，进而改善生产性能和健康。因此，测定饲料中的纤维素种类及其含量，对开展动物营养研究及配制饲料具有重要意义。

根据纤维素的性质，测定时首先将其与淀粉、蛋白质等物质分离，然后进行定量。常用的测定方法：酸碱消煮法、中性洗涤剂法、酸性洗涤剂法等。饲料中粗纤维的测定通常采用酸碱消煮法（简称酸碱法）进行。目前我国颁布的推荐性国家标准为《饲料中粗纤维的含量测定　过滤法》（GB/T 6434—2006）。本节对此方法进行介绍。

【实验目的】

掌握饲料中粗纤维的测定方法，并用以测定各类饲料中纤维的含量。

【实验原理】

用固定量的酸和碱，在特定条件下消煮样品，再用醚、丙酮除去醚可溶物，经高温灼烧扣除矿物质的量，剩余量即为粗纤维的量。粗纤维不是一个确切的化学实体，只是在公认强制规定的条件下测出的概略养分，其中以纤维素为主，还有少量半纤维素和木质素等。

【实验材料】

1. 试样

粗纤维含量大于10 $g \cdot kg^{-1}$(1%)的饲料。

2. 仪器和设备

(1)粉碎设备:能将样品粉碎,使其能完全通过筛孔为0.42 mm(40目)的筛。

(2)分析天平:感量0.1 mg。

(3)滤埚:材质为石英、陶瓷或硬质玻璃,带有烧结的滤板,滤板孔径40~100 μm。初次使用前,将新滤埚小心逐步加温,温度不超过525 ℃,并在(500±25) ℃下保持数分钟;也可使用具有同样性能的不锈钢滤埚,其不锈钢筛板的孔径为90 μm。

(4)干燥箱:能通风,可控制温度在(130±2) ℃。

(5)干燥器:用氯化钙(干燥级)或变色硅胶为干燥剂。

(6)马弗炉:用电加热,可以通风,温度可调控,在475~525 ℃条件下,保持滤埚周围温度准确至±25 ℃。

(7)消煮器:高型烧杯(500 mL)。

(8)电加热器:电陶炉或加热板,可调节温度。

(9)抽滤装置:真空泵(带抽滤瓶)和真空泵油。

3. 试剂及配制

(1)盐酸溶液:$c(HCl) = 0.5\ mol \cdot L^{-1}$。

(2)硫酸溶液:$c(H_2SO_4)=(0.13±0.005)\ mol \cdot L^{-1}$。

(3)氢氧化钾溶液:$c(KOH)=(0.23±0.005)\ mol \cdot L^{-1}$。

(4)丙酮。

(5)滤器辅料:海沙或硅藻土。使用前,海沙用沸腾的盐酸[$c(HCl)=4\ mol \cdot L^{-1}$]处理,用水洗至中性,在(500±25) ℃下至少加热1 h。

(6)防泡剂:如正辛醇。

(7)石油醚:沸点范围为40~60 ℃。

【实验方法】

(1)酸处理。称取1 g试样(若脂肪含量大于10%,须预先脱脂;碳酸盐含量超过5%,需要预先除去碳酸盐),准确至0.000 2 g,放入烧杯中,加入(0.13±0.005) $mol \cdot L^{-1}$硫酸溶液150 mL、1滴正辛醇和2颗玻璃珠,立即加热,使其尽快沸腾,且连续微沸(30±1) min,注意保持硫酸浓度和体积不变。试样不应该离开溶液沾到瓶壁上。随后过滤,残渣用沸腾蒸馏水洗至中性后抽干。

（2）碱处理。将残渣转移至酸消煮用的同一烧杯中，准确加入（0.23±0.005）$mol \cdot L^{-1}$氢氧化钾溶液150 mL、1滴正辛醇和2颗玻璃珠，立即加热，使其尽快沸腾，且连续微沸（30±1）min，注意保持氢氧化钾浓度和体积不变。

（3）抽滤。将（2）中经处理后的样品液用铺有滤器辅料的滤锅过滤，先用25 mL硫酸溶液洗涤，将残渣无损失地转移到坩埚中，用沸腾蒸馏水洗至中性（红色石蕊试纸检验不变色），再用丙酮洗涤，抽干。

（4）烘干、灰化。将滤锅放入烘箱，在（130±2）℃烘箱下烘干2 h，取出后在干燥器中冷却至室温，称重。再于（500±25）℃高温炉中灼烧2 h，取出后在干燥器中冷却至室温，称重。直至连续2次称重的差值不超过2 mg。

【实验结果分析】

1.计算

试样中粗纤维质量分数w(CF)按下式计算：

$$w(\mathrm{CF})=\frac{m_1-m_2}{m}\times 100\%$$

式中：m为试样（未脱脂）质量；m_1为（130±2）℃烘干后滤埚及试样残渣质量；m_2为（500±25）℃灼烧后滤埚及试样残灰质量。

2.重复性

每个试样应取2个平行样测定，以其算术平均值为测定结果。

粗纤维含量在10%以下，允许相对偏差为0.4%；粗纤维含量在10%以上，允许相对偏差为4%。

3.注意事项

（1）先酸处理后碱处理，否则，饲料中的碳水化合物和氢氧化钾形成胶体状化合物，难以过滤。

（2）在酸碱处理过程中，应使其在2 min内沸腾，并准确微沸30 min。

（3）处理后静置时间不能太长，以免引起误差。

【思考题】

（1）简述饲料粗纤维测定所规定的公认条件。如果这些条件有变动，所测定的结果是否可以作为纤维含量？试说明其原因。

（2）测定中为什么用丙酮冲洗残渣？为什么要抽净丙酮？

(3)饲料中粗纤维的测定结果是否会影响无氮浸出物的测定结果？为什么？

【实验拓展】

范氏纤维分析方案

传统的粗纤维测定方法存在严重的缺点，测得的结果仅包括部分纤维素、少量半纤维素和木质素；所测得的粗纤维含量要低于实际含量，而计算得出的无氮浸出物含量又高于实际含量。范氏纤维分析方案(图2-6)则能弥补这些不足，可以准确地获得植物性饲料中所含的半纤维素、纤维素、木质素以及酸不溶灰分的含量。

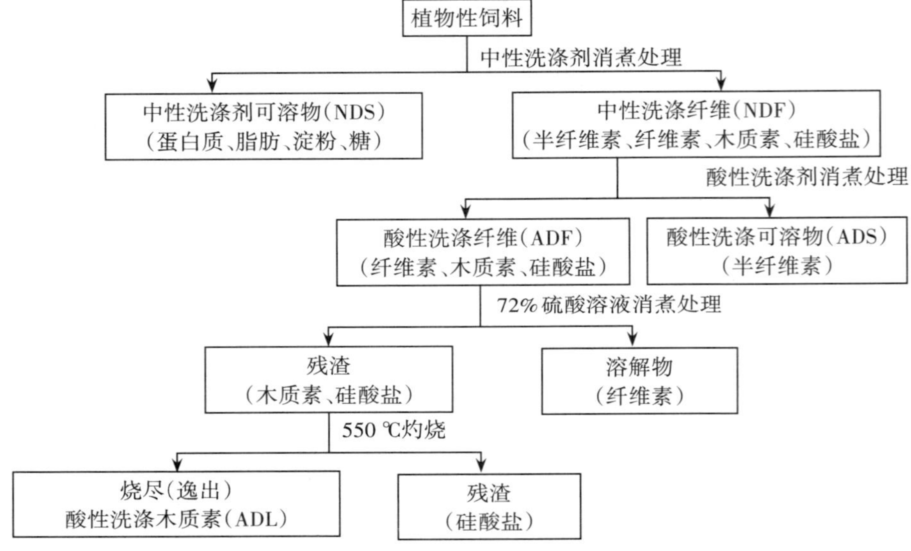

图2-6　范氏纤维分析方案

(王文娟，西南大学)

第三章　矿物元素测定

饲料中钙的测定

钙是水产动物必需的矿物元素。在现代动物养殖条件下，钙已成为配合饲料必须考虑的添加量较大的营养元素。鱼类能有效地通过鳃、皮肤等从水中吸收相当数量的钙。例如，当斑点叉尾鮰生长在含14 mg·kg^{-1}钙的水中时，饲料中不含钙也不会出现任何缺乏症，但将斑点叉尾鮰养殖在不含钙的水中时，饲料中的钙含量必须提高到0.45%以上才能正常生长。当鱼类生活在一般含钙的水中时，饲料中不必另外添加钙盐，但是，在水中无钙的情况下，鲤饲料中的钙则应保持在0.7%以上。钙具有重要的生理功能，水产动物对钙的摄入量不足或者过量都将严重影响动物生长。因此，饲料中的钙含量是重要的检测指标。本方法参照《饲料中钙的测定》(GB/T 6436—2018)，主要介绍高锰酸钾法。

【实验目的】

掌握高锰酸钾法测定饲料中钙含量的原理和方法，并用以测定各种样本的钙含量。

【实验原理】

样本中的有机质经硝酸和高氯酸消化(或用硝酸、高氯酸和浓硫酸消化)或样本经灰化后用酸处理溶解，溶液中含有钙盐。钙盐与草酸铵作用，形成白色沉淀，其化学反应如下：

$$CaCl_2+(NH_4)_2C_2O_4 = CaC_2O_4\downarrow (白色)+2NH_4Cl$$

然后用硫酸溶解草酸钙，再用标准高锰酸钾溶液滴定与钙结合的草酸，根据高锰酸钾的用量计算样本中的钙量。其化学反应式如下：

$$CaC_2O_4+H_2SO_4 = CaSO_4+H_2C_2O_4$$

$$2KMnO_4+5H_2C_2O_4+3H_2SO_4 = 10CO_2\uparrow+2MnSO_4+8H_2O+K_2SO_4$$

【实验材料】

1.实验仪器

(1)实验室用样品粉碎机或研钵。

(2)分析天平:感量0.000 1 g。

(3)高温炉:可控温度在(550±20) ℃。

(4)坩埚:瓷质50 mL。

(5)容量瓶:100 mL。

(6)滴定管:酸式,25 mL或50 mL。

(7)玻璃漏斗:直径6 cm。

(8)移液管:10 mL,20 mL。

(9)烧杯:200 mL。

(10)凯氏烧瓶:250 mL或500 mL。

(11)分析筛或有机微孔滤膜:孔径0.42 mm(40目)。

(12)定量滤纸:中速,7~9 cm。

2.试剂及配制

除非另有说明,本标准所有试剂均为分析纯和符合《分析实验室用水规格和试验方法》(GB/T 6682-2008)规定的三级水。试验中所用溶液在未注明用何种溶剂配制时,均指水溶液。

(1)浓硝酸。

(2)高氯酸:70%~72%。

(3)盐酸溶液:$V+V$,1+3。

(4)硫酸溶液:$V+V$,1+3。

(5)浓氨水溶液:$V+V$,1+1。

(6)稀氨水溶液:$V+V$,1+50。

(7)草酸铵溶液(42 g·L^{-1}):称取42 g草酸铵于溶解水中,稀释至1 000 mL。

(8)甲基红指示剂:将0.1 g甲基红溶于100 mL 95%乙醇中。

(9)高锰酸钾标准溶液[$c(1/5\ KMnO_4)$=0.05 mol·L^{-1}]:称取高锰酸钾1.6 g,溶于800 mL蒸馏水中,煮沸10 min,再用水稀释至1 000 mL,冷却静置1~2 d,过滤后保存在棕色瓶中。

【实验方法】

1.采样

抽取有代表性的饲料样品，用四分法缩减取样；粉碎至全部过0.42 mm（40目）孔筛，混匀装于密封容器，备用。

2.试样分解液的制备

（1）干法

称取试样0.5~5 g于坩埚中，精确至0.000 1 g，在电炉上小心炭化，再放入高温炉于550 ℃下灼烧3 h，在坩埚中加入盐酸溶液10 mL和浓硝酸数滴，小心煮沸，将此溶液转入100 mL容量瓶中，冷却至室温，用水稀释至刻度，摇匀，为试样分解液。

（2）湿法

称取试样0.5~5 g于250 mL凯氏烧瓶中，精确至0.000 2 g，加入浓硝酸10 mL，小火加热煮沸，至二氧化氮黄烟散尽，冷却后加入高氯酸10 mL，小心煮沸至溶液无色，不得蒸干，冷却后加水50 mL，且煮沸以驱逐二氧化氮，冷却后移入100 mL容量瓶中，用水定容至刻度，摇匀，为试样分解液。

警示：小火加热煮沸过程中如果溶液变黑需立刻取下，冷却后补加高氯酸，小心煮沸至溶液无色；加入高氯酸后，溶液不得蒸干，蒸干可能发生爆炸。

3.测定

（1）准确移取试样分解液10~20 mL（含钙量20 mg左右）于200 mL烧杯中，加水100 mL，甲基红指示剂2滴，滴加浓氨水溶液至溶液呈橙色，若滴加过量，可加盐酸溶液调至橙色，再多加2滴使其呈粉红色（pH为2.5~3.0），小心煮沸，慢慢滴加热草酸铵溶液10 mL，且不断搅拌，如溶液变橙色，则应补加盐酸溶液使其呈红色，煮沸2~3 min，放置过夜使沉淀陈化（或在水浴上加热2 h）。

（2）用定量滤纸过滤，用稀氨水溶液洗沉淀6~8次，至无草酸根离子（接滤液数毫升并加硫酸溶液数滴，加热至80 ℃，再加高锰酸钾标准溶液1滴，呈微红色且30 s不褪色）。

（3）将沉淀和滤纸转入原烧杯中，加硫酸溶液10 mL，水50 mL，加热至75~80 ℃，用高锰酸钾标准溶液滴定，溶液呈粉红色且30 s不褪色为终点。

同时进行空白溶液的测定。

【实验结果与分析】

1.计算

试样中钙的质量分数X按下式计算：

$$X=\frac{(V_2-V_0)\times c\times 0.02}{m}\times\frac{V}{V_1}\times 100\%$$

式中：m为试样的质量，g；V为试样分解液总体积，mL；V_1为滴定时移取试样分解液的体积，mL；V_2为试样消耗高锰酸钾标准溶液的体积，mL；V_0为空白消耗高锰酸钾标准溶液的体积，mL；c为高锰酸钾标准溶液的浓度，$mol\cdot L^{-1}$；0.02为与1.00 mL高锰酸钾标准溶液[$c(1/5KMnO_4)=1.000\ mol\cdot L^{-1}$]相当的以克表示的钙的质量。

测定结果用平行测定的算术平均值表示，结果保留三位有效数字。

2.重复性

含钙量10%以上时，在重复性条件下获得的两次独立测定结果的绝对差值不大于这两个测定值的算术平均值的3%；含钙量在5%~10%时，在重复性条件下获得的两次独立测定结果的绝对差值不大于这两个测定值的算术平均值的5%；含钙量1%~5%时，在重复性条件下获得的两次独立测定结果的绝对差值不大于这两个测定值算术平均值的9%；含钙量1%以下时，在重复性条件下获得的两次独立测定结果的绝对差值不大于这两个测定值算术平均值的18%。

【实验拓展】

1.乙二胺四乙酸二钠络合滴定法测定饲料中的钙含量

将试样中的有机物破坏，钙变成溶于水的离子，用三乙醇胺、乙二胺、盐酸羟胺和淀粉溶液消除干扰离子的影响，在碱性溶液中以钙黄绿素为指示剂，用乙二胺四乙酸二钠标准溶液滴定钙，可快速测定钙的含量。本方法检测更加快捷，具体参照《饲料中钙的测定》(GB/T 6436-2018)，其适用范围、检出限和定量限与高锰酸钾法相当。

2.水产品中钙的测定

将各类水产动物(如鲤鱼、草鱼、鲢鱼、鳙鱼、黄鳝、泥鳅、乌鳢等)于70 ℃烘至恒重(风干状态)，粉碎，过40目筛，并按四分法取样。按以上国标法可对各类水产品的钙含量进行测定，比较各类水产品的钙含量大小，认识不同品种商品鱼的钙含量差异。进一步掌握水产品等非饲料材料中钙含量测定时的样品制备方法和测定方法。

【思考题】

(1)在什么情况下需测定水产饲料中的钙含量?

(2)样本溶液中为何需先加草酸铵,后加盐酸?

(3)为什么需用氨水溶液冲洗草酸钙沉淀直到无草酸根离子为止?

(4)各种水产动物的钙含量是否相同?为什么?

(李华涛,内江师范学院)

实验8

饲料中磷的测定

磷是水产动物必需的矿物元素。鱼类对水中的磷吸收量很少，远不能满足需要，因此，在饲料中必须添加磷。在现代水产养殖条件下，磷已成为配合饲料必须考虑的、添加量较大的营养元素。据报道，对于体质量6 g的斑点叉尾鮰，无论饲料中的钙含量分为0.5%还是0.75%，其对磷的需要量皆在0.42%~0.53%之间。在投喂含0.7%植物性磷的饲料时，虹鳟对无机磷的需要量为0.29%，罗非鱼为0.8%~1.0%。水产动物磷的需要量不仅水产动物种间差异明显，同种动物的结果还受研究方法、动物大小、磷源、投饲方式以及所选择的剂量-效应关系等影响。目前的研究表明，虹鳟有效磷最适需要量的变动范围为0.37%~0.80%，大多数水产动物磷的需要量在0.45%~1.50%之间。磷具有重要的生理功能，水产动物对磷的摄入量不足或者过量都将严重影响动物健康。因此，磷是水产饲料中必须检测的重要指标。本测定方法参照《饲料中总磷的测定 分光光度法》(GB/T 6437—2018)。

【实验目的】

掌握分光光度法测定饲料中总磷含量的原理和方法，并用以测定各种样本的磷含量。

【实验原理】

水产饲料试样中的总磷经消解，在酸性条件下与钒钼酸铵生成黄色的钒钼黄[$(NH_4)_3PO_4NH_4VO_3\cdot16MoO_3$]络合物。钒钼黄的吸光度值与总磷的浓度成正比。在波长400 nm下测定试样溶液中钒钼黄的吸光度值，再与标准系列比较进行定量。

【实验材料】

1. 实验仪器

(1)分析天平：感量0.000 1 g。

（2）紫外-可见分光光度计：带1 cm比色皿。

（3）高温炉：可控温度在±20 ℃。

（4）电热干燥箱：可控温度在±2 ℃。

（5）可调温电陶炉或电热板：1 000 W。

2. 试剂及配制

本方法所用试剂和水，在没有注明其他要求时，均指分析纯试剂和GB/T 6682—2008中规定的三级水。试验中所用溶液在未注明用何种溶剂配制时，均指水溶液。

（1）浓硝酸。

（2）高氯酸。

（3）盐酸溶液：$V+V$，1+1。

（4）磷标准贮备液（50 $\mu g \cdot mL^{-1}$）：取105 ℃干燥至恒重的磷酸二氢钾，置干燥器中，冷却后，精密称取0.219 5 g，溶解于水，定量移入1 000 mL容量瓶中，加硝酸3 mL，加水稀释至刻度，摇匀，即得。置聚乙烯瓶中4 ℃下可储存1个月。

（5）钒钼酸铵显色剂：称取偏钒酸铵1.25 g，加水200 mL加热溶解，冷却后再加入250 mL硝酸，另称取钼酸铵25 g，加水400 mL加热溶解，在冷却的条件下，将两种溶液混合，用水稀释至1 000 mL，避光保存，若生成沉淀，则不能继续使用。

【实验方法】

1. 试样制备

抽取有代表性的饲料样品，用四分法缩减取样约200 g；粉碎至过0.42 mm（40目）孔筛，混匀装于磨口瓶中，备用。

2. 试样前处理

（1）干灰化法

称取试样2~5 g于坩埚中，精确至1 mg，在电炉上小心炭化，再放入高温炉于550 ℃下灼烧3 h，取出冷却，在坩埚中加入10 mL盐酸溶液和浓硝酸数滴，小心煮沸约10 min，冷却后将此溶液转入100 mL容量瓶中，用水稀释至刻度，摇匀，即为试样溶液。

（2）湿法消解法

称取试样0.5~5 g于凯氏烧瓶中，精确至1 mg，加入浓硝酸30 mL，小火加热至黄烟逸尽，冷却后加入高氯酸10 mL，继续加热至高氯酸冒白烟，不得蒸干，溶液基本无色，冷却后加水30 mL，加热煮沸，冷却后移入100 mL容量瓶中，用水定容至刻度，摇匀，即为试样溶液。

(3)盐酸溶解法(适用于微量元素预混料)

称取试样0.2~1 g,精确到1 mg,置于100 mL烧杯中,缓缓加入盐酸溶液10 mL,使其全部溶解,冷却后转入100 mL容量瓶中,加水稀释至刻度,摇匀,即为试样溶液。

3.磷标准工作液的制备

分别准确移取磷标准贮备液0,1.0,2.0,5.0,10.0,15.0 mL于50 mL容量瓶中(即相当于含磷量为0,50,100,250,500,750 μg),各容量瓶中分别加入钒钼酸铵显色剂10 mL,用水稀释至刻度,摇匀,常温下放置10 min以上,以0 mL磷标准溶液为参比,用1 cm比色皿,在400 nm波长下用分光光度计测各溶液的吸光度。以磷含量为横坐标,吸光度为纵坐标,绘制工作曲线。

4.测定

准确移取试样溶液1~10 mL(含磷量50 ~750 μg)于50 mL容量瓶中,加入钒钼酸铵显色剂10 mL,用水稀释至刻度,摇匀,常温下放置10 min以上,用1 cm比色皿,在400 nm波长下用分光光度计测定试样溶液的吸光度,通过工作曲线计算试样溶液的磷含量。若试样溶液磷含量超过磷标准工作曲线范围,应对试样溶液进行稀释。

【实验结果与分析】

1.计算

试样中磷的质量分数ω按下式计算:

$$\omega=\frac{m_1\times V}{m\times V_1\times 10^6}\times 100\%$$

式中:m_1为通过工作曲线计算出的试样分解液中的磷含量,μg;V为试样分解液的总体积,mL;V_1为测定时所移取试样溶液的体积,mL;m为试样质量,g;10^6为换算系数。

每个试样取两个平行样进行测定,以其算术平均值为测定结果,所得结果精确至小数点后两位。

2.重复性

在同一实验室,由同一操作者使用相同设备,按相同的测试方法,并在短时间内对同一饲料样品进行两次独立测试。当试样中总磷含量小于或等于0.5%时,两次独立测试结果的绝对差值不得大于这两次测定值的算术平均值的10%;当试样中总磷含量大于0.5%时,两次独立测试结果的绝对差值不得大于这两次测定值的算术平均值的3%。以大于这两次测定值的算术平均值的百分数的情况不超过5%为前提。

【思考题】

(1)测磷时最后形成“钼蓝”的溶液需静置10 min以上后再比色,为什么?

(2)经灰化法或消化法制备的样本液如果呈现浑浊,是否会影响磷的比色结果?

(3)各种水产动物的磷含量是否相同?为什么?

【实验拓展】

1.饲料中植酸磷的测定

对于饲料中的植酸磷,可用三氯乙酸法进行测定。用3%的三氯乙酸作浸提液提取植酸盐,加入铁盐生成植酸铁沉淀,与氢氧化钠反应转化为可溶性植酸钠和棕色氢氧化铁沉淀,然后用钼黄法测出植酸磷含量。

(1)称取饲料样本3~6 g(含植酸磷在5~30 mg范围内)于干燥的250 mL具塞三角瓶中,准确加入30 $g·L^{-1}$三氯乙酸溶液50 mL,浸泡2 h,机械振荡浸提30 min,离心(或用干漏斗、干滤纸、干烧杯进行过滤)。

(2)准确吸取上层清液10 mL于50 mL离心管中,迅速加入三氯化铁溶液(1 mL相当于2 mg Fe)4 mL,置于沸水浴中加热45 min,冷却后,4000 $r·min^{-1}$离心10 min,除去上层清液,加入30 $g·L^{-1}$三氯乙酸溶液20~25 mL进行洗涤(沉淀必须搅散),水浴加热煮沸10 min,冷却后4 000 $r·min^{-1}$离心10 min,除去上层清液,如此重复2次,再用20~25 mL水洗涤1次。

(3)洗涤后的沉淀加入3~5 mL水及60 $g·L^{-1}$氢氧化钠溶液3 mL,摇匀,用水稀释至30 mL左右,置沸水中煮沸30 min,趁热用中速滤纸过滤,滤液用100 mL容量瓶盛接,再用热水60~70 mL,分数次洗涤沉淀。

(4)滤液经冷却至室温后,稀释至刻度,准确吸取5~10 mL滤液(含植酸磷0.1~0.4 mg)于100 mL三角瓶中,加入硝酸和高氯酸混合酸(2+1, $V+V$)3 mL,于电陶炉(或加热板)上低温消化至冒白烟,至剩余约0.5 mL溶液为止(切忌蒸干),冷却后用30 mL水,分数次洗入50 mL容量瓶中,加入硝酸溶液(1+l,$V+V$)3 mL,显色剂10 mL,用水稀释至刻度,混匀,静置20 min后,用分光光度计在波长420 nm处测定吸光度。

(5)查对磷标准曲线,并计算植酸磷的含量。

2.近红外光谱法测定饲料中磷的含量

《饲料中粗灰分、钙、总磷和氯化钠快速测定 近红外光谱法》(DB36/T 1127-2019)推荐了近红外光谱仪能快速测定饲料中总磷的含量。其原理为利用有机物中含有C—H、N—H、O—H、C—C等H化学键的泛频振动或转动,以漫反射方式获得在近红外区的吸收光谱，用主成分分析、偏最小二乘法、人工神经网等现代化学和计量学的手段，建立物质光谱和饲料中磷含量间的线性或非线性模型，从而实现物质近红外光谱信息对饲料中磷含量的快速测量。

3.水产品中磷含量的测定

将各类水产动物（如鲤鱼、草鱼、鲢鱼、鳙鱼、黄鳝、泥鳅、乌鳢等）于70 ℃烘至恒重（风干状态），粉碎、过0.42 mm（40目）筛，并按四分法取样。按以上方法可对各类水产品中的磷含量进行测定，比较各类水产品中磷含量大小，认识不同品种商品鱼的磷含量差异。

（李华涛，内江师范学院）

饲料中铁、锌、铜、锰等矿物元素的测定

研究发现，有15种微量元素是动物所必需的。比较常见的有锌、铁、铜、锰、钴、碘、硒、钼、铬等。微量元素具有重要的生理功能，如作为骨骼、牙齿、甲壳及其他机体组织的成分，作为酶的辅基或激活剂，参与构成机体某些特殊功能的物质，维持体液的渗透压和酸碱平衡，维持神经和肌肉的正常敏感性。此外，特定的金属元素（Fe、Mn、Cu、Co、Zn、Mo、Se等）与特异性蛋白结合形成金属酶，具有独特的催化作用。水产动物对不同微量元素的需要量是不同的，水产动物对微量元素的摄入量不足或者过量都将影响动物健康。因此，微量元素是饲料中重要的检测指标。本测定方法参照《饲料中钙、铜、铁、镁、锰、钾、钠和锌含量的测定 原子吸收光谱法》（GB/T 13885—2017）。

【实验目的】

掌握应用原子吸收光谱法测定饲料中Ca、Cu、Fe、K、Mg、Mn、Na和Zn含量的方法，并用以测定各种样本中的Ca、Cu、Fe、K、Mg、Mn、Na和Zn含量。

【实验原理】

试样在高温电阻炉（550±15）℃下灰化之后，用盐酸溶液溶解残渣并稀释定容，然后导入原子吸收分光光度计的空气-乙炔火焰中，测量每个待测元素的吸光度，并与对应元素标准曲线的吸光度进行比较定量。

原子吸收分光光度法（简称AAS）是基于从光源（空心阴极灯）辐射出的具有待测元素特征谱线的光（光波）通过试样所产生的原子蒸气时，被蒸气中待测元素的基态原子所吸收而减弱，由辐射光强度减弱的程度，即可求出样品中待测元素的含量。实际操作即由透射光进入单色器，经分光后再射到检测器上，产生直流电信号，经放大器放大后，从读数器（或记录器）读出（记录出）吸光度。在实际分析工作中的一定实验条件下，吸光度与待测元素浓度的关系服从朗伯-比尔定律。因此，只需测量样品溶液的吸光度与相应的标准溶液的吸光度，作出标准曲线，便可根据标准溶液的已知浓度计算出样品中待测元素的浓度。

【实验材料】

所有的容器，包括配制标准溶液的吸管，在使用前用盐酸溶液（0.6 mol·L^{-1}）冲洗。如果使用专用的灰化坩埚和玻璃器皿，每次使用前不需要用盐酸溶液煮沸。实验室常用设备和专用设备如下。

1.实验仪器

（1）分析天平：感量0.1 mg。

（2）坩埚：材质为铂金、石英或瓷质不含钾、钠，内层光滑没有被腐蚀，上部直径为4~6 cm，下部直径2~2.5 cm，高约5 cm。使用前用盐酸溶液（6 mol·L^{-1}）煮沸。

（3）硬质玻璃器皿：使用前用盐酸溶液（6 mol·L^{-1}）煮沸，并用水冲洗干 净。

（4）电热板或电陶炉。

（5）高温电阻炉：温度能控制在（550±15）℃。

（6）原子吸收分光光度计：波长范围符合下述测量条件的规定；带有空气-乙炔火焰和背景校正功能。

（7）Ca、Cu、Fe、K、Mg、Mn、Na、Zn空心阴极灯或无极放电灯。

（8）定量滤纸。

2.试剂及配制

除非另有说明，分析时均使用符合国家标准的分析纯试剂。

（1）水：符合GB/T 6682-2008，三级。

（2）浓盐酸（HCl）。

（3）盐酸溶液，6 mol·L^{-1}。

（4）盐酸溶液，0.6 mol·L^{-1}。

（5）硝酸镧溶液：溶解133 g的$La(NO_3)_3\cdot 6H_2O$于1 L水中，也可以使用其他镧盐配制成镧浓度相同的溶液。

（6）氯化铯溶液：溶解100 g氯化铯（CsCl）于1 L水中，也可以使用其他铯盐配制铯浓度相同的溶液。

（7）Cu、Fe、Mn、Zn的标准贮备溶液：取100 mL水、125 mL盐酸于1 L容量瓶中，混匀，称取下列试剂于容量瓶中溶解并用水定容：

392.9 mg硫酸铜($CuSO_4 \cdot 5H_2O$);

702.2 mg硫酸亚铁铵[$(NH_4)_2SO_4 \cdot FeSO_4 \cdot 6H_2O$];

307.7 mg硫酸锰($MnSO_4 \cdot H_2O$);

439.8 mg硫酸锌($ZnSO_4 \cdot 7H_2O$)。

此贮备溶液中Cu、Fe、Mn、Zn的含量均为100 $\mu g \cdot mL^{-1}$。

(注:也可以使用市售的标准溶液。)

(8)Cu、Fe、Mn、Zn的标准溶液:准确移取20.0 mL的贮备溶液加入100 mL容量瓶中,用水稀释定容。此标准溶液中Cu、Fe、Mn、Zn的含量均为20 $\mu g \cdot mL^{-1}$。该标准溶液使用当天配制。

(9)Ca、K、Mg、Na的标准贮备溶液:称取下列试剂于1 L容量瓶中:

1.907 g氯化钾(KCl);

2.028 g硫酸镁($MgSO_4 \cdot 7H_2O$);

2.542 g氯化钠(NaCl)。

另称取2.497 g碳酸钙($CaCO_3$)放入烧杯中,加入50 mL盐酸溶液(6 $mol \cdot L^{-1}$)。

注意:当心产生的二氧化碳。

在电热板(或电陶炉)上加热6 min,冷却后将溶液转移到含有K、Mg、Na盐的容量瓶中,用盐酸溶液(0.6 $mol \cdot L^{-1}$)定容。此贮备溶液中Ca、K、Na的含量均为1 $mg \cdot mL^{-1}$,Mg的含量为200 $\mu g \cdot mL^{-1}$。

(注:可以使用市售的标准溶液。)

(10)Ca、K、Mg、Na的标准溶液:准确移取25.0 mL贮备原液加入250 mL容量瓶中,用盐酸溶液(0.6 $mol \cdot L^{-1}$)定容。此标准溶液中Ca、K、Na的含量均为100 $\mu g \cdot mL^{-1}$,Mg的含量为20 $\mu g \cdot mL^{-1}$。配制的标准溶液贮存在聚乙烯瓶中,可以在1周内使用。

(11)镧、铯空白溶液:取5 mL硝酸镧溶液、5 mL氯化铯溶液和5 ml盐酸溶液(6 $mol \cdot L^{-1}$)加入100 mL容量瓶中,用水定容。

【实验方法】

1.试样制备

抽取有代表性的饲料样品,用国标法采样;试样粉碎粒度应通过0.42 mm(40目)分析筛。

2.检查是否含有机物

用平勺取一些试料在火焰上加热。如果试料融化没有烟,即不存在有机物。如果试料颜色有变化,并且不融化,即试料含有机物。

3. 试料

根据估计含量称取1~5 g试样，精确到1 mg，放入坩埚中。含有机物的试料，从下面步骤4开始操作。不含有机物的试料，直接从下面步骤5开始操作。

4. 干灰化

将坩埚放在电热板上加热，直到试料完全炭化（要避免试料燃烧）。将坩埚转到550 ℃预热15 min以上的高温电阻炉中灰化3 h。冷却后用2 mL水湿润坩埚内试料。如果有炭粒，则将坩埚放在电热板上缓慢小心蒸干，然后放到高温电阻炉中再次灰化2 h，冷却后加2 mL水湿润坩埚内试料。

（注：含硅化合物可能影响复合预混合饲料灰化效果，使测定结果偏低。此时称取试料后宜从步骤5开始操作。）

5. 溶解

取10 mL盐酸溶液（6 $mol \cdot L^{-1}$），开始慢慢一滴一滴地加入，边加边旋动坩埚，直到不冒泡为止（可能产生二氧化碳），然后再快速加入，旋动坩埚并加热直到内容物接近干燥，在加热期间避免内容物溅出。用5 mL盐酸溶液（6 $mol \cdot L^{-1}$）加热溶解残渣后，分次用约5 mL的水将试料溶液转移到50 mL容量瓶。冷却后用水稀释定容并用滤纸过滤。

6. 空白溶液

每次测量，均按照步骤3、4或5制备空白溶液。

7. Cu、Fe、Mn、Zn的测定

（1）测量条件

调节原子吸收分光光度计的仪器测试条件，使仪器在空气-乙炔火焰测量模式下处于最佳分析状态。Cu、Fe、Mn、Zn的测量波长如下。

Cu：324.8 nm；

Fe：248.3 nm；

Mn：279.5 nm；

Zn：213.8 nm。

（2）标准曲线

用盐酸溶液（0.6 $mol \cdot L^{-1}$）稀释Cu、Fe、Mn、Zn的标准溶液，配制一组适宜的标准工作溶液。测量盐酸溶液（0.6 $mol \cdot L^{-1}$）的吸光度和标准溶液的吸光度。用标准溶液的吸光度减去盐酸溶液（0.6 $mol \cdot L^{-1}$）的吸光度，以吸光度校正值分别对Cu、Fe、Mn、Zn的含量绘制标准曲线。

（注1：原子吸收分光光度计多具有自动绘制曲线的功能。

注2：非线性绘制曲线不是必需的。如果曲线呈现高次函数形状，非线性绘制曲线的方法能提高测定数据的准确性。）

(3)试料溶液的测定

在同样条件下,测量试料溶液(步骤5)和空白溶液(步骤6)的吸光度,试料溶液的吸光度减去空白溶液的吸光度,由标准曲线求出试料溶液中元素的浓度,按下述公式计算含量。必要时用盐酸溶液($0.6\ mol\cdot L^{-1}$)稀释试料溶液和空白溶液,使其吸光度在标准曲线线性范围之内。

(注1:原子吸收分光光度计多具有自动计算试料溶液中元素浓度的功能。

注2:背景校正不是必需的。如果存在背景值,采用背景校正能提高测定数据的准确性。)

8.Ca、Mg、K、Na的测定

(1)测量条件

调节原子吸收分光光度计的仪器测试条件,使仪器在空气-乙炔火焰测量模式下处于最佳分析状态。Ca、K、Mg、Na 的测量波长如下:

Ca:422.6 nm;

K:766.5 nm;

Mg:285.2 nm;

Na:589.6 nm。

(2)标准曲线

用水稀释Ca、K、Mg、Na标准溶液,每100 mL标准溶液加5 mL的硝酸镧溶液、5 mL氯化铯溶液和5 mL盐酸溶液($6\ mol\cdot L^{-1}$),配制一组适宜的标准工作溶液,测量镧/铯空白溶液的吸光度,测量标准溶液吸光度并减去镧/铯空白溶液的吸光度。以校正后的吸光度分别对Ca、K、Mg、Na的含量绘制标准曲线。

(注1:原子吸收分光光度计多具有自动绘制曲线的功能。

注2:非线性绘制曲线不是必需的。如果曲线呈现高次函数形状,非线性绘制曲线的方法能提高测定数据的准确性。)

(3)试料溶液的测定

用水定量稀释试料溶液(方法5)和空白溶液(方法6),每100 mL溶液加5 mL硝酸镧溶液,5 mL氯化铯溶液和5 mL盐酸溶液($6\ mol\cdot L^{-1}$)。

在相同条件下,测量试料溶液和空白溶液的吸光度。用试料溶液的吸光度减去空白溶液的吸光度。如果必要,用镧/铯空白溶液再稀释试料溶液和空白溶液,使其吸光度在标准曲线线性范围之内。

(注1:原子吸收分光光度计多具有自动计算试料溶液中元素浓度的功能。

注2:背景校正不是必需的。如果存在背景值,采用背景校正能提高测定数据的准确性。)

【实验结果与分析】

1.计算

试样中Ca、Cu、Fe、Mn、Mg、K、Na和Zn元素以质量分数ω计，数值以$mg \cdot kg^{-1}$或$g \cdot kg^{-1}$表示，按下式计算，按照表2-5修约。

$$\omega=\frac{(c-c_0)\times 50\times N}{m\times D}\times 1\ 000$$

式中：c为试料溶液中元素的浓度，$\mu g \cdot mL^{-1}$；c_0为空白溶液元素的浓度，$\mu g \cdot mL^{-1}$；N为稀释倍数；m为试样质量，g；D为常数值，以$mg \cdot kg^{-1}$表示时为10^3，以$g \cdot kg^{-1}$表示时为10^6。

表2-5　结果计算的修约

含量	修约到
5~10 $mg \cdot kg^{-1}$	0.1 $mg \cdot kg^{-1}$
10~100 $mg \cdot kg^{-1}$	1 $mg \cdot kg^{-1}$
100 $mg \cdot kg^{-1}$~l $g \cdot kg^{-1}$	10 $mg \cdot kg^{-1}$
1~10 $g \cdot kg^{-1}$	100 $mg \cdot kg^{-1}$
10~100 $g \cdot kg^{-1}$	1 $g \cdot kg^{-1}$

2.重复性与再现性

同一操作人员在同一实验室，用同一方法使用同样设备对同一试样在短期内所做的两个平行样结果之间的差值，超过表2-6或表2-7重复性限r的情况，不大于5%。

不同分析人员在不同实验室，用不同设备使用同一方法对同一试样所得到的两个单独试验结果之间的绝对差值，超过表2-6或表2-7再现性限R的情况，不大于5%。

表2-6　预混料的重复性限(r)和再现性限(R)

元素	含量/($mg \cdot kg^{-1}$)	r	R
Ca	3 000~300 000	0. 07×$\bar{w}$	0. 20×$\bar{w}$
Cu	200~20 000	0. 07×$\bar{w}$	0. 1 3×$\bar{w}$
Fc	500~30 000	0. 06×$\bar{w}$	0. 2 1×$\bar{w}$
K	2 500~30 000	0. 09×$\bar{w}$	0. 26×$\bar{w}$
Mg	1 000~100 000	0. 06×$\bar{w}$	0. 1 4×$\bar{w}$
Mn	1 50~15 000	0. 08×$\bar{w}$	0. 28×$\bar{w}$
Na	2 000~250 000	0. 09×$\bar{w}$	0. 26×$\bar{w}$
Zn	3 500~15 000	0. 08×$\bar{w}$	0. 20×$\bar{w}$

注：$\bar{w}$ 为 两个平行样结果的平均值($mg \cdot kg^{-1}$)。

表 2-7　其他饲料的重复性限(r)和再现性限(R)

元素	含量/($mg \cdot kg^{-1}$)	r	R
Ca	5 000~50 000	$0.07\times\bar{w}$	$0.28\times\bar{w}$
Cu	1 0~100	$0.27\times\bar{w}$	$0.57\times\bar{w}$
Fe	1 00~200	$0.09\times\bar{w}$	$0.16\times\bar{w}$
K	5 000~30 000	$0.09\times\bar{w}$	$0.28\times\bar{w}$
Mg	1 000~10 000	$0.06\times\bar{w}$	$0.16\times\bar{w}$
Mn	15~500	$0.06\times\bar{w}$	$0.40\times\bar{w}$
Na	1 000~6 000	$0.15\times\bar{w}$	$0.23\times\bar{w}$
Zn	25~500	$0.11\times\bar{w}$	$0.19\times\bar{w}$

注：$\bar{w}$ 为 两个平行样结果的平均值($mg \cdot kg^{-1}$)。

【思考题】

(1)原子吸收光谱法测定时基态原子是怎样形成的？

(2)除了原子吸收光谱法，还可以采用什么方法对饲料中的微量元素进行测定？

(3)各水产动物的铁、锌、铜、锰等微量元素的含量是否相同？为什么？

【实验拓展】

1. 微波消解法处理样品、原子吸收光谱法测定饲料中的微量元素

原子吸收光谱法测定饲料中的微量元素时，样品的消解方法主要有干法灰化法和湿法消解法。干法灰化法虽然操作简便，但消化时间长，有机物干扰测定，样品难以消解完全。常规的湿法消解的效果虽然和微波消解相近，但试剂用量大，且常需要使用混合酸，造成的环境污染较严重。利用微波与混酸结合的方法消解样品，不仅酸的消耗量少，会大大降低环境污染，而且样品消解反应在高压密闭容器内进行，试样消解完全，空白值低。因此，微波消解法具有快速、灵敏、准确和操作简便等特点。

准确称取经粉碎的待测试样 0.25 g，置于聚四氟乙烯微波消化罐中，加入 5.0 mL 浓 HNO_3浸泡过夜，加 H_2O_2 0.8 mL，轻轻摇匀，安装好外壳保护套，锁紧容器，连接温度探头，按一定程序进行微波消解。消解结束后自动冷却，取出各罐，将各罐内试样消解液转移到 50 mL的容量瓶中，用适量水洗涤消化罐，洗液并入容量瓶中。将标准系列溶液和消解液导入原子吸收分光光度计，绘制各元素的标准工作曲线，并由标准曲线求得消解液中各测定元素的浓度。

2. 电感耦合等离子体原子发射光谱法(ICP-AES)测定饲料中多种微量元素

ICP-AES是20世纪70年代发展起来的一种分析方法。随着计算机技术的发展和CCD、CID等固体阵列检测技术的开发应用,出现了全谱直读等离子体发射光谱仪,使得ICP-AE的抗干扰能力、分析速度、成像范围、灵敏度、准确度等大大提高,适用于同时测定饲料中多种微量矿物元素。

准确称取样品2.0~3.0 g(浓缩饲料约2.0 g,配合饲料约3.0 g)置于坩埚中,于电陶炉或加热板上小心炭化至无烟,再移入500 ℃马弗炉中灰化4 h,至样品呈灰白色,取出冷却后,加入10 mL硝酸溶液(1+3,*V*+*V*),置于电陶炉上小心加热至沸,冷却,用水转移至50 mL容量瓶中,定容并摇匀。过滤,取滤液用等离子体发射光谱仪测定并计算试样中各种微量元素的含量。

3. 水产品中铁、锌、铜、锰等微量元素的测定

将各类水产动物(如鲤鱼、草鱼、鲢鱼、鳙鱼、黄鳝、泥鳅、乌鳢等)于70 ℃烘至恒重(风干状态),粉碎、过40目筛,并按四分法取样。按上述方法可对各类水产品中铁、锌、铜、锰等微量元素含量进行测定,比较各类水产品的微量元素含量大小,认识不同品种商品鱼的微量元素含量差异。进一步掌握进行水产品等非饲料材料中微量元素测定时的样品制备和测定方法。

(李华涛,内江师范学院)

第四章　氨基酸及脂肪酸测定

饲料中氨基酸的测定

氨基酸是羧酸碳原子上的氢原子被氨基取代后的化合物，它是组成蛋白质的基本结构单位，也是蛋白质的分解产物。在自然界中，氨基酸共有300多种，组成生物体蛋白质的氨基酸约有20种，根据能否在动物体内合成又分为必需氨基酸和非必需氨基酸两类。由于氨基酸种类与含量是评价饲料蛋白质营养价值的根本指标，因此，测定饲料中的氨基酸具有非常重要的意义。

总氨基酸（肽键结合和游离的）和游离氨基酸（天然和添加的）测定方法，包括常规酸水解法、氧化酸水解法、碱水解法和酸提取法。常规酸水解法适用于饲料原料、配合饲料、浓缩饲料、精料补充料和添加剂预混合饲料中含硫氨基酸（胱氨酸、半胱氨酸、蛋氨酸）和色氨酸以外的其他氨基酸（天门冬氨酸、苏氨酸、丝氨酸、谷氨酸、脯氨酸、甘氨酸、丙氨酸、缬氨酸、异亮氨酸、亮氨酸、酪氨酸、苯丙氨酸、赖氨酸、组氨酸、精氨酸）含量的测定。该方法应用范围较广，可操作性强。本方法参照《饲料中氨基酸的测定》（GB/ T 18246-2019），主要介绍常规酸水解法测定饲料中的氨基酸含量。

【实验目的】

了解氨基酸自动分析仪的基本工作原理，掌握用氨基酸自动分析仪测定氨基酸的基本方法。

【实验原理】

饲料中蛋白质在110 ℃、6 mol·L^{-1}盐酸溶液作用下水解成氨基酸，经离子交换色谱分离和茚三酮柱后衍生化，脯氨酸于440 nm波长处测定，其他氨基酸于570 nm波长处测定。

【实验材料】

1.实验仪器

（1）氨基酸自动分析仪：具备阳离子交换柱、茚三酮柱后衍生装置及570 nm和440 nm光度检测器。

（2）天平：感量0.1 mg和0.01 mg。

（3）真空泵。

（4）喷灯。

（5）恒温干燥箱：温度可达（110±2）℃。

（6）离心机：转速不低于4 000 r·min^{-1}。

（7）旋转蒸发器或浓缩器：可在室温至65 ℃间调温，控温精度±1 ℃，真空度可低至3.3×10^{3} Pa。

2.试剂及配制

除特殊说明外，本标准所用试剂均为分析纯。

（1）水：应符合GB/T 6682-2008一级水的规定。

（2）盐酸：优级纯。

（3）盐酸水解溶液（6 mol·L^{-1}）：将500 mL盐酸与500 mL水混合，加1 g苯酚，混匀。

（4）柠檬酸钠缓冲溶液[pH=2.2，$c(Na^{+})$=0.2 mol·L^{-1}]：称取柠檬酸三钠19.6 g于1 000 mL容量瓶中，加水溶解后加入盐酸16.5 mL、硫二甘醇5.0 mL、苯酚1 g，用水定容并过滤。

（5）氨基酸标准储备溶液：含17种常规蛋白水解液分析用氨基酸（天门冬氨酸、苏氨酸、丝氨酸、谷氨酸、脯氨酸、甘氨酸、丙氨酸、胱氨酸、缬氨酸、蛋氨酸、异亮氨酸、亮氨酸、酪氨酸、苯丙氨酸、赖氨酸、组氨酸和精氨酸），各组分浓度均为2.50 μmol·mL^{-1}，应使用有证标准溶液。

（6）氨基酸标准工作溶液：准确移取2 mL的氨基酸标准储备溶液置于50 mL容量瓶中，以柠檬酸钠缓冲溶液定容，各氨基酸组分浓度为100 nmol·mL^{-1}，用安瓿分装密封，每支约1 mL，在2~8 ℃下保存，有效期3个月。

（7）不同pH和离子强度的柠檬酸钠缓冲溶液与茚三酮溶液：按照仪器说明书配制或购买。

（8）液氮。

3.样品

按GB/T 20195-2006进行样品制备，粉碎过0.25 mm孔径筛，混合均匀，装入密闭容器中保存，备用。

对粗脂肪含量大于或等于5%的样品，需将脱脂后的样品风干、混匀，装入密闭容器中备用。对粗脂肪小于5%的样品，可直接称样。

【实验方法】

1.样品前处理

平行做两份试验。称取试样50~100 mg（含蛋白质7.5~25 mg，精确至0.1 mg）于20 mL安瓿或水解管中，准确加入10 mL盐酸水解溶液，置液氮中冷冻，使用真空泵抽真空至7 Pa后，用喷灯封口或充氮气1 min后旋紧管盖。将安瓿或水解管放在（110±2）°C恒温干燥箱中，水解22~24 h。冷却，混匀，开管，过滤，用移液管精确吸取适量的滤液，置于旋转蒸发器或浓缩器中，60 ℃下抽真空蒸发至干，必要时，加少许水，重复蒸干1~2次。加入3~5 mL柠檬酸钠缓冲溶液复溶，使试样溶液中氨基酸浓度达到50~250 $nmol \cdot mL^{-1}$，摇匀，过滤或离心，上清液待上机测定。

2.测定

将氨基酸标准工作溶液注入氨基酸自动分析仪，以不同pH和离子强度的柠檬酸钠缓冲溶液与茚三酮溶液作为流动相和衍生剂，适当调整仪器操作程序、参数和洗脱用缓冲溶液试剂配比，应符合《氨基酸分析仪检定规程》（JJG 1064—2011）的要求，并保证苏氨酸-丝氨酸、甘氨酸-丙氨酸以及亮氨酸-异亮氨酸分离度分别不得小于85%，90%和80%，其标准溶液色谱图参见图2-6、图2-7。注入制备好的试样溶液和相应的氨基酸标准工作溶液进行测定，每5个样品（即10个单样）为一组，组间插入氨基酸标准工作溶液进行校准。以保留时间定性，单点外标法定量。试样中氨基酸的峰面积应在标准工作溶液相应峰面积的30%~200%，否则应用柠檬酸钠缓冲溶液稀释后重测。

【实验结果与分析】

试样中氨基酸含量以其质量分数w(%)计，未脱脂试样按式(1)计算，脱脂试样按式(2)计算：

$$w=\frac{n\times A_i\times V\times c\times M\times V_{St}}{A_{st}\times m\times V_i\times 10^6}\times 100\% \tag{1}$$

$$w=\frac{n\times A_i\times V\times c\times M\times V_{St}}{A_{st}\times m\times V_i\times 10^6}\times(1-F)\times 100\% \tag{2}$$

式中：n 为试样水解溶液稀释倍数；A_i 为试样溶液中对应氨基酸的峰面积；V 为试样水解溶液体积，mL；c 为标准工作溶液中对应氨基酸的浓度，nmol·mL^{-1}；M 为氨基酸的摩尔质量，g·mol^{-1}；V_{st} 为氨基酸标准溶液进样体积，μL；A_{st} 为氨基酸标准溶液中对应氨基酸的峰面积；m 为试样质量，mg；V_i 为试样溶液进样体积，μL；F 为粗脂肪含量，%。

以两个平行试样测定结果的算术平均值作为测量结果，保留两位小数。

3. 重复性

在重复性条件下，获得的两次独立测定结果与其算术平均值的绝对差值：当含量不大于0.5%时，不超过这两个测定值算术平均值的5%；含量大于0.5%时，不超过4%。

【思考题】

（1）氨基酸的测定方法都有哪些？各有哪些优缺点？

（2）简述氨基酸分析仪测定氨基酸含量的原理。

（3）简述氨基酸分析仪测定饲料中氨基酸含量的主要步骤。

【实验拓展】

1. 高效液相色谱法测定饲料中的氨基酸

与《饲料中氨基酸的测定》（GB/ T 18246—2019）规定的氨基酸分析方法相比，高效液相色谱法则具有较好的通用性。随着高效液相色谱技术的日趋成熟和普及，高效液相色谱法必将成为各检测机构测定氨基酸含量的主要方法。

蛋白质在盐酸或氢氧化钠的作用下水解成单一氨基酸，水解后的氨基酸与衍生试剂反应，形成稳定的黄色衍生物，经C18色谱柱分离，紫外检测器检测，与氨基酸标准峰比较，按外标法计算各氨基酸的含量。

准确称取一定量的试样（准确至0. 000 1 g）于直径1.8 cm、长20 cm水解管中，加10 mL盐酸溶液（或氢氧化钠溶液）进行酸水解（或碱水解）。打开水解管，将水解液过滤至50 mL容量瓶中，用少量水多次冲洗水解管，水解液移入同一容量瓶中，最后用水定容至刻度，振荡混匀。准确移取样品溶液和标准溶液各10 μL于小试管中，抽干，准确加入衍生缓冲液20 μL，用快速混匀器混匀，再加衍生试剂20 μL，混匀，用封口膜封口，放入电热鼓风干燥箱中于60 ℃衍生30 min，取出放至室温，加平衡缓冲液160 μL，混匀。混合氨基酸标准工作液和样品测定液分别以相同体积注入高效液相色谱仪，以外标法通过峰面积计算样品测定液中氨基酸的含量。

氨基酸标准溶液色谱图(570 nm)、氨基酸标准溶液色谱图(440 nm)分别见图2-7和图2-8。

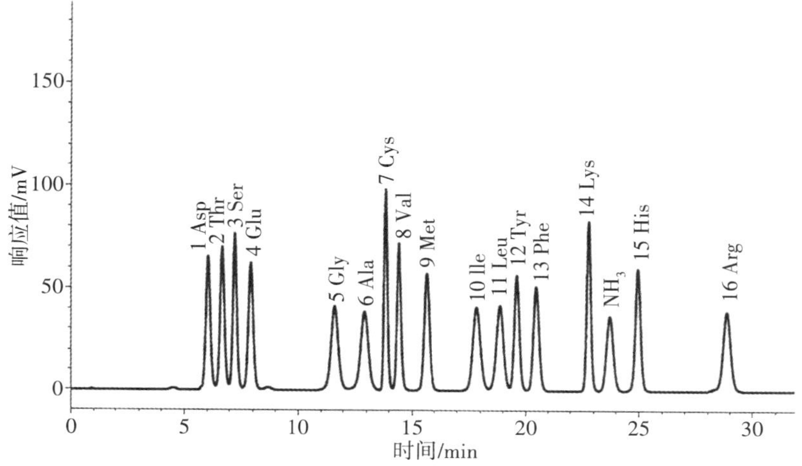

1—天门冬氨酸(Asp);2—苏氨酸(Thr);3—丝氨酸(Ser);4—谷氨酸(Glu);
5—甘氨酸(Gly);6—丙氨酸(Ala);7—胱氨酸(Cys);8—缬氨酸(Val);
9—蛋氨酸(Met);10—异亮氨酸(Ile);11—亮氨酸(Leu);12—酪氨酸(Tyr);
13—苯丙氨酸(Phe);14—赖氨酸(Lys);15—组氨酸(His);16—精氨酸(Arg)

图2-7　氨基酸标准溶液(100 nmol·mL^{-1},570 nm)色谱图

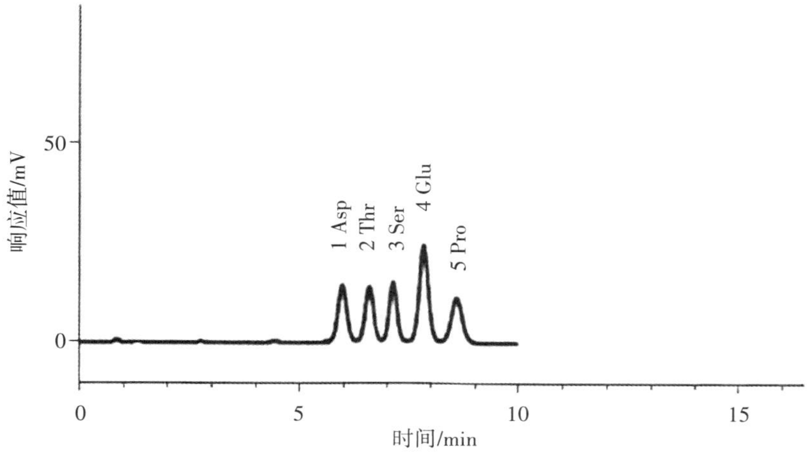

1—天门冬氨酸(Asp);2—苏氨酸(Thr);3—丝氨酸(Ser);
4—谷氨酸(Glu);5—脯氨酸(Pro)

图2-8　氨基酸标准溶液(100 nmol·mL^{-1},440 nm)色谱图

2.分光光度法测定饲料中的色氨酸

饲料中蛋白质经碱水解后，降解成多肽和游离的氨基酸。在硫酸介质和氧化剂亚硝酸钠的存在下，色氨酸与对二甲氨基苯甲醛缩合反应生成蓝色化合物，其吸光度在一定范围内与色氨酸含量成正比。

精确称取试样0.16~0.7 g（精确至0.000 1 g）于50 mL容量瓶中，在轻轻振摇中缓慢加入25 mL氢氧化钾溶液，使试样湿润且不粘壁，置于培养箱中水解16~18 h。取出水解液冷却至室温，用水定容至刻度，摇匀。取部分水解液以4 000 $r \cdot min^{-1}$转速离心15 min。取2 mL试样溶液置于10 mL具塞试管中，并将试管放入冷水盆中，加5 mL对二甲氨基苯甲醛溶液，从冷水盆中取出试管，摇匀。再从每个试样溶液中另取2 mL置于10 mL具塞试管中，加5 mL硫酸溶液作为样品空白，摇匀。从冷水盆中取出试管，在20~30 ℃下放置30 min。向每支试管内加入0.2 mL亚硝酸钠溶液，摇匀，放置25 min。以试剂空白调零，在590 nm波长处测定试样溶液的吸光度值。根据色氨酸标准工作曲线计算试样中色氨酸的含量。

（周继术，西北农林科技大学）

饲料中脂肪酸含量的测定

脂肪酸是脂肪的重要组成部分，其种类决定着脂肪的性质。脂肪酸种类繁多，凡是氢原子数为碳原子数两倍者，称为饱和脂肪酸，主要由饱和脂肪酸组成的脂肪，熔点较高，在常温下多为固态的脂；凡是分子中氢原子数低于碳原子数两倍者，称为不饱和脂肪酸，主要由不饱和脂肪酸组成的脂肪，熔点较低，在常温下多为液态的油。

脂肪酸是水产动物所必需的营养物质，具有构成组织细胞膜的组成成分、提供能量、提供必需脂肪酸以及节省蛋白质、提高饲料蛋白质利用率等作用。因此，了解油脂的脂肪酸组成，可以为油脂的营养价值提供重要的参考数据。

色谱法是一种重要的分离分析方法，它是根据不同的待分离组分在两相中作用能力不同而达到分离的目的。目前肉及肉制品中脂肪酸的测定可参考推荐性国家标准《动植物油脂 脂肪的甲酯制备》(GB/T 17376—2008)，它利用酯交换法先将油脂中的脂肪酸甲酯化后，再利用气相色谱仪测定。

气相色谱法的定量分析方法有归一化法、内标法和外标法等。目前对各类样品中脂肪酸成分的分析，大都采用峰面积归一化法进行定量。归一化法的优点是简便、准确，进样量的多少不影响定量的准确性，操作条件的变动对结果的影响也较小，对多种组分的同时测定显得尤其方便，但它要求样品中所有组分均出峰。本方法参照《饲料中脂肪酸含量的测定》(GB/T 21514—2008)，主要介绍气相色谱法检测饲料中的氨基酸含量。

【实验目的】

了解用气相色谱仪检测水产饲料脂肪酸组成的基本原理；了解气相色谱仪的结构、操作与使用方法；掌握样品的处理方法、气相色谱仪检测脂肪酸组成的定量分析方法与技术。

【实验原理】

脂肪酸甘油酯用氢氧化钠的甲醇溶液皂化,再让皂化物与三氟化硼-甲醇混合溶液反应转化为脂肪酸甲酯。或者在绝对甲醇中甲醇化钾的作用下通过酯基转移反应转化为脂肪酸甲酯,游离脂肪酸则被盐酸的甲醇溶液甲酯化。用毛细管气相色谱分离,色谱图中色谱峰用已知组成的参比样品由标准品进行鉴别,并以内标法定量。

【实验材料】

1.实验仪器

配备实验室常用仪器,特别需要具备下述仪器。

(1)圆底烧瓶:50 mL,具磨口,且配有磨口玻璃塞。

(2)沸石:不含有脂肪。

(3)回流冷凝器:有效长度为20~30 cm,配有磨口接头与烧瓶相接。

(4)精密刻度的吸量管:带有吸球,容量为10 mL,或者自动移液装置。

(5)带螺旋塞的瓶子。

(6)气相色谱仪:包括毛细管柱和与毛细管柱匹配的进样系统。进样器可以是分流、不分流或冷柱头进样器。然而,热的不分流进样器不适合乳类脂肪酸的分析,因为溶剂峰会与丁酸峰相互重叠而产生干扰。

(7)毛细管柱:柱材用惰性材料(熔融硅胶或玻璃),最好是化学键合到柱壁上。柱的尺寸和膜厚度是决定分离效率和柱容量的重要因素。该柱对C16:0和C16:1,以及C18:0和C18:1的分辨率应至少达到1.25。

(注:在多数情况下,宜应用中等极性固定相。在特殊情况下,例如顺反异构和(或)位置异构,或不能确定匹配峰的物质,使用强极性相。欲获得满意的柱效和柱容量,也要选择柱的尺寸和膜厚度。中等极性固定相通常是聚乙烯基乙二醇的酯类物质,极性固定相则用氰基丙基聚硅烷类物质。)

(8)进样系统:与进样口匹配的最大容量10 μL手动进样器,分刻度为0.1 μL,或者使用自动进样系统。

(注:推荐使用自动进样器,这样可以提高分析的重复性和再现性。)

(9)信号记录仪:配有记录仪并能将检测信号转化为色谱图的电子系统(积分仪或数据工作站)。

2. 试剂及配制

试剂和溶剂均为分析纯。

（1）水：符合GB/T 6682—2008至少三级用水标准。

（2）十七烷酸（内标物）：纯度≥99%。

（3）氢氧化钠的甲醇溶液：c（NaOH）≈0.5 mol·L^{-1}。

（4）三氟化硼的甲醇溶液：10%~15%（质量分数）。

警告：三氟化硼是有毒物质，因此建议分析人员在配制BF_3甲醇溶液时不直接使用甲醇和BF_3，要直接购买该溶液。

在甲酯的气相色谱分析过程中，某些试剂可能会产生干扰。特别是BF溶液可能会干扰分子中含有20个或22个碳原子的脂肪酸甲酯的分析。因此，建议制备油酸甲酯并进行气相色谱分析来检查试剂。试剂应该不致产生干扰脂肪酸甲酯气相色谱分析的杂峰。

（5）正己烷或正庚烷。

（6）氯化钠：饱和的水溶液。

（7）无水硫酸钠。

【实验方法】

1. 通则

因为三氟化硼有毒，整个甲基化过程最好在通风橱中进行，用后所有的玻璃仪器需要立即用水冲洗。

如果脂肪酸含有的双键多于两个，推荐使用含氧量少于5 mg·kg^{-1}的氮气，鼓泡除氧几分钟。然后，在随后的皂化过程中于冷凝器的上部维持一定流量的氮气。

在制备用于气液色谱的脂肪酸甲酯时，甲酯溶液中的溶剂不必除去。

2. 试样

称取100~250 mg制备好的试样于圆底烧瓶中，精确到0.1 mg，加入约为试料质量20%的十七烷酸作为内标（精确到0.1 mg）。称取一份相近质量的试样于另一圆底烧瓶内，做一个平行测定。

3. 皂化

加入4 mL氢氧化钠的甲醇溶液和沸石到烧瓶中，装好回流冷凝器，在回流的状态下煮沸到脂肪液滴消失，再持续30 min。

如果有干扰测定的不可皂化物，皂化后的溶液可以用水稀释，用乙醚、正己烷或石油醚萃取，弃去提取液。将剩余的脂肪酸皂化溶液酸化后，再将脂肪酸分离并甲酯化。

4. 甲酯化

用带有刻度的移液管从冷凝器的顶部加入5 mL三氟化硼的甲醇溶液，继续沸腾3 min。

5. 仪器操作条件的优化和选择

根据厂家提供的说明书优化仪器条件。

根据色谱柱制造商推荐条件优化载气流量。

检测器的温度至少为150 ℃，高于柱子程序升温的最高温度20~50 ℃。

进样口的温度根据进样器的类型确定，遵循仪器说明书的规定。

使用分流进样器时，设定分流比介于(1∶30)~(1∶100)之间。

6. 分析

(1)用正己烷溶解加有内标的试料中的脂肪酸甲酯。如果使用分流进样器，内标的含量为1%(质量分数)，如果使用不分流进样器或冷柱头柱上进样器，使其含量达0.05%(质量分数)。

用正己烷配制相应浓度的参比样品脂肪酸甲酯的溶液。

注入0.1~1 μL的试样，加有内标物质，如果有必要可注入参比样。

当用冷柱头进样时，需用正戊烷作溶剂，这样可以使链长低于10个碳原子的脂肪酸甲酯能很好地分离。注意以相同的溶剂溶解试样和参比样中的脂肪酸甲酯。

(2)根据脂肪酸的组成选择温度程序，参考“5.”中提到的标准，要求能够在尽可能短的时间内达到很好的分辨率。

如果样品中含有链长低于12个碳原子的脂肪酸，柱温程序从60 ℃开始。

如果需要，程序升温达到最高温度后，可保持恒温直到所有的成分被洗脱。

当用冷柱头进样口时，开始箱温应不超过当时压力下溶剂的沸点10 ℃(正己烷50 ℃)。

进样后立即开始升温程序，按仪器的操作说明书进行分析。

(3)峰的辨认。根据参比样中的已知脂肪酸甲酯的保留时间来判断试样中的脂肪酸甲酯。如果与参比样中的脂肪酸甲酯具有相同的保留时间，则认为是相同的脂肪酸。

【实验结果与分析】

1. 试样中十七烷基酸的校正

在试料中加入内标物质并用下式来校正试验部分中的十七烷基酸的峰面积：

$$A_{rsr}=A_{sr17:0}-\left[\frac{A_{s17:0}\left(A_{sr16:0}+A_{sr18:0}+A_{sr18:1}\right)}{\left(A_{s16:0}+A_{s18:0}+A_{s18:1}\right)}\right]$$

式中：A_{rsr}为加入内标的试料中内标物峰面积的校正值；$A_{sr17:0}$为加有内标的试料中十七烷酸峰面积；$A_{s17:0}$为未加内标的分析样品中十七烷酸峰面积；$A_{sr16:0}$为加有内标的试料中十六烷酸峰面积；$A_{sr18:0}$为加有内标的试料中十八烷酸峰面积；$A_{sr18:1}$为加有内标的试料中油酸的峰面积；$A_{s16:0}$为未加内标的分析样品中十六烷酸的峰面积；$A_{s18:0}$为未加内标的分析样品中十八烷酸峰面积；$A_{s18:1}$为未加内标的分析样品中油酸的峰面积。

如果试样中十七烷酸的相对量不超过总脂肪酸的0.5%，可以不予校正。

2. 相对校正因子的测定

碳链长度少于10个碳原子的脂肪酸的校正因子的测定。

如果不使用冷柱头进样口，有必要说明脂肪酸甲酯的挥发选择性。在此情况下，要测定整个范围的脂肪酸甲酯的相对校正因子。

校正因子的作用是将峰面积转化为质量分数。测定校正因子需用与试样分析相同条件的参比样分析的色谱图。

通过下式计算脂肪酸的校正因子：

$$k_i=\frac{m_i}{A_i}$$

式中：k_i为脂肪酸i的校正因子；m_i为参比样中脂肪酸i的质量；A_i为参比样中脂肪酸i对应的峰面积。

如果因没有参比脂肪酸而不能测定校正因子，可以使用此前有参比脂肪酸时最近一次的接近脂肪酸的校正因子。

校正因子可以用内标物C17：0的校正因子的相对值来表达，此相对校正因子k_i'的计算见下式：

$$k_i'=\frac{k_i}{k_r}$$

式中：k_i'为脂肪酸i的相对校正因子，k_i为脂肪酸i的校正因子，k_{r}为内标脂肪酸的校正因子。

3. 相对校正因子的范围

相对校正因子可能与相对响应系数的倒数值略有不同。响应可以认为是火焰离子检测器对于某种脂肪酸响应信号的大小。

直链饱和脂肪酸甲酯的相对响应因子的理论值可以通过下式计算：

$$R_i=\frac{M_{\mathrm{r}}\left(n_i-1\right)}{M_i\left(n_{\mathrm{r}}-1\right)}$$

式中：R_i为脂肪酸i的理论相对响应系数；M_{r}为内标脂肪酸（C17：0）的摩尔质量，$\mathrm{g\cdot mol^{-1}}$；n_i为脂肪酸i的碳原子数目；M_i为脂肪酸i的摩尔质量，$\mathrm{g\cdot mol^{-1}}$；n_{r}为内标脂肪酸的碳原子数目。

相对校正因子k_i'与R_i^{-1}的差异不应超过5%，如果有较大的偏差，应检查是不是产生了系统偏差。若分析时正确使用了一个或更多的参比物，较大的偏差也是允许的。

（注：最常见的系统误差来自进样器的进样针上组分的选择性挥发，或者在分流进样器中选择性分流。在这些情况下，短链的脂肪酸可以忽略。短链脂肪酸校正因子会比理论值要低一些。系统误差的另一个原因是，在烷烃有机相中短链脂肪酸甲酯的不完全萃取。）

4. 脂肪酸含量的计算

（1）单一脂肪酸的含量可以通过下式计算：

$$w_i=\frac{A_{isr}\times m_r}{A_{rsr}\times m_s}\times k_i'\times 1\ 000$$

式中：w_i为脂肪样品中脂肪酸i的质量分数，$g\cdot kg^{-1}$；A_{isr}为加内标的脂肪样品脂肪酸i的峰面积；m_r为脂肪样品中加入内标物质量，g；A_{rsr}为加内标的试样中内标物的峰面积；m_s为脂肪样品中试料的质量，g；k_i'为脂肪酸i的相对校正因子。

结果精确到1.0 $g\cdot kg^{-1}$。

（2）可流出物的计算

流出物的计算是通过单一脂肪酸测定值的加和而获得。

（3）含脂肪材料中脂肪酸的计算

单一脂肪酸含量的计算可以将脂肪材料中脂肪的含量乘以脂肪中该脂肪酸的含量。

5. 重复性与再现性

同一操作人员在相同实验室，用相同的仪器和方法在相隔短期内，对两种材料所得的两个独立实验结果的绝对相差超过表2-8数据的重复性限（r）的概率应不超过5%。

由不同实验室的不同操作者用不同的仪器，但用相同方法对两种材料所得的数据的绝对相差超过表2-8数据的再现性限（R）的概率应不超过5%。

表2-8　重复性限（r）和再现性限（R）

含脂肪酸的样品		r/（$g\cdot kg^{-1}$）	R/（$g\cdot kg^{-1}$）
B类样品需要水解	C16:0（棕榈酸：十六烷酸）	9	30
	C18:1（油酸：cis-9-十八烷酸）（含量<200 $g\cdot kg^{-1}$）	3	10
	C18:1（油酸：cis-9-十八烷酸）（含量>200 $g\cdot kg^{-1}$）	22	38
A类样品不需要水解	C16:0（棕榈酸：十六烷酸）	8	15
	C18:1 油酸：cis-9-十八烷酸）（含量<200 $g\cdot kg^{-1}$）	4	15
	C18:1（油酸：cis-9-十八烷酸）（含量>200 $g\cdot kg^{-1}$）	9	40

【思考题】

(1)由于脂肪酸具有不易汽化的特点,因此在利用气相色谱法测定前通常对脂肪酸进行甲酯化处理。最常用的甲酯化方法有哪些?

(2)脂肪酸甲酯化时,甲酯化的试剂用量对测定结果是否有影响?

(3)酯化时间对脂肪酸组成的测定是否有影响?所测油脂的最佳酯化时间为多少分钟?

【实验拓展】

薄层色谱法分离五种主要脂类成分

薄层层析法又称薄层色谱分析法,是把吸附剂和支持剂均匀涂布在玻璃或塑料板上形成薄层后进行色层分离的分析方法。将检材中不同种类的化合物分离后,根据分离的各组分的R_f值或荧光特性可确定各组分的种类。根据斑点的面积,配合薄层扫描仪可测定各组分含量。该法样品用量少,分析速度较快,设备简单。该法分离过程中对混合物的各种成分没有改变,分离后可将不易确认的组分转移进行其他检验,可作为一种处理不同种类的大量样品时迅速筛选的方法。司法鉴定中,主要用于检验各种高分子有机化合物,如有机溶剂中的墨水、染料、油漆,土壤中提取出的有机成分,以及油脂、生物碱、树脂、人造纤维、有机炸药、有机物等。

(周继术,西北农林科技大学)

第五章 能量测定

饲料总能的测定

水产饲料是水产养殖动物的食物来源，其本质是给水产动物生理活动与代谢提供所需能量。水产饲料中的有机物完全氧化时所释放出的热量，称为该物质的燃烧热，也称为总能，它是评价水产饲料中的能量含量及其营养价值高低的基础数据，也是水产饲料中蛋白质、脂肪与糖等有机物在氧化代谢时以能量方式释放出来的一种能量状态。氧弹式量热法是饲料总能测定方法中较为经典的方法，也是简单快速的重要方法。

【实验目的】

了解氧弹式热量计测热法的基本原理；掌握使用热量计测定并分析水产饲料总能的基本操作步骤及方法。

【实验原理】

饲料的燃烧热是单位质量有机化合物完全氧化时，所能释放出的热量，称为该物质的燃烧热，也称为总能。它依据的是能量守恒定律，即将饲料制备成一定质量的测定样品，装入充有(2.53±0.51) MPa纯氧的氧弹中进行燃烧。燃烧所产生的热量被氧弹周围已知质量的蒸馏水及热量计所吸收，并由贝克曼温度计精确读出水温的上升度数。将上升的温度与热量计体系相乘，将以此获得的热量与水的热容量进行加和，即得出样品的燃烧热，即为总能。测定过程中，除试样外，其他因素(包括点火线、聚乙烯袋、滤纸等)产生的热量应予以扣除并校正。

【实验材料】

1. 实验仪器

(1)氧弹式热量计。

(2)温度计:精确到0.1 ℃。

(3)分析天平:感量0.000 1 g。

(4)压片机。

(5)气压调节器。

(6)压力表:范围从0~5 MPa,指示氧弹中的压力。

(7)实验室用粉碎机。

(8)分析筛:孔径0.42 mm(40目)。

2. 试剂及配制

(1)水:为 GB/T 6682-2008 规定的一级水。

(2)氧(气):能充填氧弹压力至3 MPa,纯度大于99.9%。

(3)点火线,包含:点火丝,镍/铬丝(直径0.16~0.20 mm),或铂丝(直径0.06~0.10 mm)。棉线,白纤维。

(4)聚乙烯膜:30 mm×5 mm 的薄膜。

(5)聚乙烯袋。

(6)定量滤纸。

(7)苯甲酸:热化学标准,经国家实验权威机构鉴定过的。除压片外不得经干燥或任何其他处理。

【实验方法】

取已制备完的试样,称量后,放置于氧弹坩埚中。将一点火丝连接至氧弹的接点。绑一已知质量的棉线或聚乙烯膜至点火丝,使棉线或聚乙烯膜的另一端接触到试样。于氧弹室外套腔内加入5~10 mL水,装好氧弹,缓慢充氧至3 MPa压力,不必替换原有的空气。如果不慎充氧超过3.3 MPa,放弃此次测试重新开始。全部测定工作分为3期:燃烧前期(即初期)、燃烧期(即主期)及燃烧后期(即末期)。

(1)燃烧前期,即燃烧初期,是燃烧之前的阶段,在5 min内连续以1 min间隔读取温度,要求在此5 min内每分钟温度变化的平均差值超过0.001 ℃为宜。该期的终温是后面燃烧主期的初始温度(t_0)。

(2)燃烧期,即燃烧主期,在此期的最初几分钟内,尽快读取初始温度,每次读取的温度尽量精确到0.001 ℃,连续读取温度,直至测试结束。主期时读取的温度不必是该期的最高温度。主期的最后温度(t_n)是后期的初始温度。

(3)燃烧后期,即末期,它是燃烧主期结束后的另一个5 min时期,在该时期内每分钟读取的温度变化值,以平均值不高于0.001 ℃为宜。燃烧后期的第一个温度是燃烧主期的最后温度(t_n)。

(4)需对氧弹的内含物是否充分燃烧进行评估,方法为:检查并释放热量计中的压力,然后打开氧弹,检查其内部所含物质,如果氧弹中含有肉眼可见的未完全燃烧的试样或乌黑的沉积物,则表明该次实验作废,需要进行重复测试。

(注:为了方便,在点火前,可用已知质量、固定长度的棉线。用于每次热值测定的该长度应与用于测定热量计的有效热容量的长度一致。如使用聚乙烯膜则同样适用。)

【实验结果与分析】

1.测试样的总能计算公式

$$Q=\frac{E\left(t_n-t_0\right)}{m}$$

式中:Q为恒定量的测试样的总能,J·g^{-1};E为热量计的有效热容量,J·℃$^{-1}$;t_0为经温度计误差校正的点火温度,℃;t_n为经温度计误差校正的终温,℃;m为测试样的质量,g。

2.重复性

在重复性条件下,两个平行测定结果的相对偏差不大于5%。

【思考题】

(1)简述氧弹式热量计测定燃烧热的基本原理。

(2)测定燃烧热的主要步骤有哪些?

(3)水产饲料与畜禽饲料总能值是否有差异?哪种饲料的总能值会更高,为什么?

【实验拓展】

代入法测定饲料总能

在没有饲料测热设备以前,饲料等物料的总能测定是比较困难的,常用公式换算的检测方法,即将饲料等物料的化学成分,按粗蛋白、粗脂肪及粗纤维与无氮浸出物的含量及其单位质量的能量释放量,如蛋白质的能量系数16.7 kJ·g^{-1}、碳水化合物的能量系数

16.7 $kJ \cdot g^{-1}$、脂肪的能量系数 37.6 $kJ \cdot g^{-1}$，代入公式进而经过计算而得。这一过程，需要测定饲料等物料的粗纤维、粗脂肪、粗蛋白质、粗灰分含量等营养水平。

（周继术，西北农林科技大学）

第六章　饲料及原料新鲜度测定

饲料中挥发性盐基氮的测定

挥发性盐基氮(total volatile basic nitrogen, VBN)是评价动物性饲料新鲜度的重要指标之一,它是指由于细菌的生长繁殖和酶的作用使蛋白质在腐败过程中分解产生氨和胺类等具有挥发性的碱性含氮物质。目前饲料行业中已使用挥发性盐基氮评估动物性饲料原料及其饲料产品的新鲜度,并已在鱼粉、肉骨粉和血球粉等饲料原料的国家标准中规定了挥发性盐基氮的限量值。各种饲料原料的国家标准中也规定了挥发性盐基氮的最高允许值。本方法参照《饲料中挥发性盐基氮的测定》(GB/T 32141—2015),主要介绍盐酸标准溶液滴定法。

【实验目的】

掌握动物源饲料原料和水产饲料挥发性盐基氮的原理和方法,测定动物源饲料原料和水产饲料的挥发性盐基氮含量。

【实验原理】

水产饲料中的挥发性盐基氮用高氯酸溶液浸提,将浸提液调至碱性。蒸馏,用硼酸吸收液吸收,再以标准盐酸溶液滴定,并计算其含量。

【实验材料】

本实验所用试剂为分析纯。

1. 实验试样

水产饲料。

2. 实验仪器

(1)粉碎机。

(2)分样筛:孔径0.42 mm(40目)。

(3)分析天平:感量0.1 mg。

(4)离心机:3 500 $r \cdot min^{-1}$。

(5)半微量定氮装置。

(6)微量酸式滴定管:最小分度值为0.01 mL。

3. 试剂及配制

(1)0.6 $mol \cdot L^{-1}$高氯酸溶液:取50 mL高氯酸加水定容至1 000 mL。

(2)40 $g \cdot L^{-1}$氢氧化钠溶液:称取40 g氢氧化钠加水溶解后,放冷,并稀释到1 000 mL。

(3)0.01 $mol \cdot L^{-1}$盐酸标准溶液:取浓盐酸0.85 mL定容至1 000 mL,摇匀,并按GB/T 601—2016的方法进行标定。

(4)10 $g \cdot L^{-1}$硼酸吸收液:称取硼酸10 g,溶于1 000 mL水中。

(5)硅油消泡剂。

(6)甲基红指示剂:称取甲基红指示剂1 g,溶解于100 mL 95%的乙醇中。

(7)混合指示剂:甲基红0.1%乙醇溶液与溴甲酚绿0.5%的乙醇溶液等体积混合,临用前配制。

【实验方法】

1. 测定前仪器的检查

2. 样品处理

用四分法取饲料样品,粉碎并通过0.42 mm孔径分析筛,混匀后装入磨口瓶中备用。

3. 样品制备

称取试样5 g(精确至0.1 mg)于锥形瓶中,再加入0.6 $mol \cdot L^{-1}$高氯酸溶液40 mL,振摇30 min,并用0.6 $mol \cdot L^{-1}$的高氯酸溶液定容,摇匀。取约30 mL试样浸提液于50 mL离心管中,3 500 $r \cdot min^{-1}$离心5 min,上清液于2~6 ℃条件下储存,可保存24 h。

4.蒸馏

吸取30 mL硼酸吸收液注入锥形瓶内，加混合指示剂2~3滴，并将锥形瓶置于半微量定氮器冷凝管下端，使其下端插入硼酸吸收液的液面下。

精密吸取浸提上清液10.00 mL，注入半微量定氮器反应室内。在蒸气发生装置中加入1%甲基红指示剂1~2滴，在样品反应装置中加入1~2滴硅油防泡剂和4%氢氧化钠溶液10 mL，然后迅速加塞，并加水以防漏气。

通入蒸气，当馏出液达到150 mL后，将冷凝管末端移开吸收液面，再蒸馏1 min，用蒸馏水冲洗冷凝管末端，洗液并入锥形瓶内，然后停止蒸馏。

5.滴定

用0.01 $mol \cdot L^{-1}$的盐酸标准溶液滴定，溶液由蓝绿色变为灰红色时为终点。同时用0.6 $mol \cdot L^{-1}$的高氯酸溶液10.00 mL代替浸提上清液进行空白试验。

【实验结果与分析】

1.计算

饲料中挥发性盐基氮的含量按照下列公式计算：

$$w(\mathrm{VBN})=\frac{(V_2-V_0)\times c\times 14.01}{m}\times\frac{V}{V_1}\times 100$$

式中：w(VBN)为样品中挥发性盐基氮的含量，$mg \cdot (100\ g)^{-1}$；V_2为滴定试样时消耗盐酸标准溶液体积，mL；V_0为试剂空白消耗盐酸标准溶液的体积，mL；c为盐酸标准滴定溶液的浓度，$mol \cdot L^{-1}$；14.01为与1.00 mL盐酸标准滴定溶液[c(HCl)=1.000 0 $mol \cdot L^{-1}$]相当的氮的质量，mg；V为试样分解液的总体积，mL；V_1为试样分解液蒸馏用移取的体积，mL；m为试样质量，g。

2.注意事项

(1)提取剂(高氯酸溶液)浓度和提取时间对挥发性盐基氮的测定结果，在实际操作中必须密切关注。

(2)样品用高氯酸溶液提取后的放置时间对挥发性盐基氮的测定结果有影响，在实际操作中样品提取液的放置时间不超过24 h。

(3)以两次平行测定结果的算术平均值为测定结果，结果保留至小数点后一位。

(4)在重复性条件下，两次独立测定结果的绝对差值不得超过算术平均值的10%。

【思考题】

(1)简述水产饲料中挥发性盐基氮的测定方法。

(2)简述影响水产饲料中挥发性盐基氮测定的因素有哪些。

(3)简述测定水产饲料中挥发性盐基氮测定的实际意义。

【实验拓展】

1.挥发性盐基氮的光谱分析方法

采用反射光谱装置测定。于10 mL反应池中加入一定量样品溶液,用水稀释至8 mL,再加入2 mL 20%的NaOH溶液,析出的挥发性盐基氮(氨)与奈斯勒试剂反应,形成红棕色的NH_2Hg_2IO固相显色体,在470 nm处测定反射率,并计算含氮量。

2.挥发性盐基氮测定的意义

挥发性盐基氮是由于酶和细菌的作用,在腐败过程中使蛋白质分解而产生氨和胺类等碱性含氮物质。此类物质具有挥发性,其含量与其新鲜度有明显相关性,且含量越高,氨基酸被破坏得就越多,特别是蛋氨酸和酪氨酸等稳定性较弱的氨基酸。挥发性盐基氮的产生必然导致氨基酸平衡失调,将会降低蛋白质和氨基酸的吸收利用,影响动物的生长性能。因此,检测饲料中的挥发性盐基氮具有重要意义。

(罗辉,西南大学)

饲料中油脂过氧化物值的测定

脂肪是水产动物机体的最重要组成部分，添加适量的脂肪是饲料的重要能量来源之一，也是水产动物所需的各种必需脂肪酸的来源之一。同时，脂肪有节约饲料蛋白质的作用，适当增加饲料中脂肪的添加可弥补优质饲料蛋白源的短缺，降低饲料成本，减少对养殖环境氮排放的压力，提高水产动物的生长速度。但是，受温度、水分、金属离子、各种酶制剂等因素的影响，在饲料的加工和储存过程中油脂往往会发生化学变化，产生不良的风味，甚至产生毒性，此现象称为油脂的氧化酸败。这种现象会导致饲料的适口性变差、不饱和脂肪酸比例下降、营养价值降低、氧化产生有毒的初级和次级产物、弱化加工适应性等，会对养殖水产动物造成危害。因此，饲料油脂过氧化物值是评价饲料的品质，也是确保水产动物健康的重要内容。本方法参照《食品安全国家标准 食品中过氧化值的测定》(GB 5009.227—2016)，主要介绍硫代硫酸钠标准溶液滴定法。

【实验目的】

了解水产饲料中油脂过氧化物值的测定原理与方法；掌握评价饲料油脂氧化程度的方法。

【实验原理】

制备的油脂试样在三氯甲烷和冰乙酸中溶解，其中的过氧化物与碘化钾反应生成碘，用硫代硫酸钠标准溶液滴定析出的碘。用过氧化物相当于碘的质量分数或1 kg样品中活性氧的毫摩尔数表示过氧化值的量。

【实验材料】

1.实验仪器

(1)碘量瓶：250 mL。

(2)滴定管:10 mL,最小刻度为0.05 mL。

(3)滴定管:25 mL或50 mL,最小刻度为0.1 mL。

(4)分析天平:感量为1 mg、0.01 mg。

(5)样品粉碎机。

(6)分析筛:0.42 mm(40目)。

(注:本方法中使用的所有器皿不得含有还原性或氧化性物质。磨砂玻璃表面不得涂油。)

2.试剂及配制

(1)冰乙酸(CH_3COOH)。

(2)三氯甲烷($CHCl_3$)。

(3)碘化钾(KI)。

(4)硫代硫酸钠($Na_2S_2O_3 \cdot 5H_2O$)。

(5)无水硫酸钠(Na_2SO_4)。

(6)可溶性淀粉。

(7)重铬酸钾($K_2Cr_2O_7$):工作基准试剂。

(8)三氯甲烷-冰乙酸混合液(体积比40:60):量取40 mL三氯甲烷,加60 mL冰乙酸,混匀。

(9)碘化钾饱和溶液:称取20 g碘化钾,加入10 mL新煮沸冷却的水,摇匀后贮于棕色瓶中存放于避光处备用。要确保溶液中有饱和碘化钾结晶存在。使用前检查:在30 mL三氯甲烷-冰乙酸混合液中添加1.00 mL碘化钾饱和溶液和2滴1%的淀粉指示剂,若出现蓝色,并需用1滴以上的0.01 mo1·L^{-1}硫代硫酸钠溶液才能消除,则此碘化钾溶液不能使用,应重新配制。

(10)1%的淀粉指示剂:称取0.5 g可溶性淀粉,加少量水调成糊状,边搅拌边倒入50 mL沸水,再煮沸搅匀后放冷备用。临用前配制。

(11)硫代硫酸钠标准溶液[$c(Na_2S_2O_3)$=0.002 mol·L^{-1}]:配制方法见附录。

【实验方法】

应避免在阳光直射下进行试样测定。称取粉碎并过40目筛的饲料试样2~3 g(精确至0.001 g),置于250 mL碘量瓶中,加入30 mL三氯甲烷-冰乙酸混合液,轻轻振摇使试样完全溶解。准确加入1.00 mL饱和碘化钾溶液,塞紧瓶盖,并轻轻振摇0.5 min,在暗处放置3 min。取出加100 mL水,摇匀后立即用硫代硫酸钠标准溶液[过氧化值估计值在0.15 g·$(100\ g)^{-1}$及以下时,用0.002 mol·L^{-1}标准溶液;过氧化值估计值大于0.15 g·$(100\ g)^{-1}$

时，用0.01 mol·L^{-1}标准溶液]滴定析出的碘，滴定至淡黄色时，加1 mL淀粉指示剂，继续滴定并强烈振摇至溶液蓝色消失为终点。同时进行空白试验。空白试验所消耗0.01 mo1·L^{-1}硫代硫酸钠溶液体积V_0不得超过0.1 mL。

【实验结果与分析】

1.用过氧化物相当于碘的质量分数表示过氧化值

$$X_1 = \frac{(V - V_0) \times c \times 0.126\,9}{m} \times 100$$

式中：X_1为水产饲料中油脂过氧化值，g·(100 g)$^{-1}$；V为试样消耗的硫代硫酸钠标准溶液的体积，mL；V_0为空白试验消耗的硫代硫酸钠标准溶液的体积，mL；c为硫代硫酸钠标准溶液的浓度，mol·L^{-1}；m为饲料试样的质量，g；0.126 9为与1.00 mL硫代硫酸钠标准滴定溶液[$c(Na_2S_2O_3)$=1.000 mol·L^{-1}]相当的碘的质量。

计算结果以重复性条件下获得的两次独立测定结果的算术平均值表示，结果保留两位有效数字。

2.用1 kg样品中活性氧的毫摩尔数表示过氧化值

$$X_2 = \frac{(V - V_0) \times c}{2 \times m} \times 1\,000$$

式中：X_2为过氧化值，mmol·kg^{-1}；V为试样消耗的硫代硫酸钠标准溶液的体积，mL；V_0为空白试验消耗的硫代硫酸钠标准溶液的体积，mL；c为硫代硫酸钠标准溶液的浓度，mol·L^{-1}；m为饲料试样的质量，g。

计算结果以重复性条件下获得的两次独立测定结果的算术平均值表示，结果保留两位有效数字。

3.重复性

在重复性条件下获得的两次独立测定结果的绝对差值不得超过算术平均值的10%。

【思考题】

(1)简述饲料油脂过氧化值的测定原理及方法。

(2)简述测定饲料油脂过氧化值的实际意义。

(3)饲料油脂氧化对水产动物有什么危害？

(4)如何有效地防止饲料油脂的氧化？

(5)影响饲料油脂过氧化值测定结果的因素有哪些？

【实验拓展】

1. 电位滴定法测定饲料油脂过氧化值

电位滴定法是GB 5009.227—2016中推荐的另一种测定油脂过氧化值的方法。将饲料中的油脂溶解在异辛烷和冰乙酸中，则样品中过氧化物与碘化钾反应生成碘，反应后用硫代硫酸钠标准溶液滴定析出的碘，用电位滴定仪确定滴定终点。用过氧化物相当于碘的质量分数或1 kg样品中活性氧的毫摩尔数表示过氧化值的量。但电位滴定仪具备较高的灵敏性，对实验室本身要求也较高。磨损、侵蚀等外因也会导致电阻变大，影响仪器的精密度。

2. 近红外光谱法测定饲料油脂过氧化值

近红外光谱技术利用有机物中含氢基团（C-H、N-H、S-H、O-H等）振动的倍频与合频吸收，通过对样品光谱与其质量参数进行关联，建立校正模型，然后调用模型和未知样品光谱来预测样品的组成和性质。采用近红外光谱技术，运用化学计量学之偏最小二乘法建立豆油过氧化值的近红外定量模型，快速测定饲料油脂过氧化值。

3. 饲料油脂氧化对水产动物的主要危害

油脂不但是水产动物重要的能量来源之一，也能为水产动物提供亚麻酸、亚油酸、二十二碳四烯酸（EPA）和二十二碳六烯酸（DHA）等必需脂肪酸，可以保证鱼类的营养需求，促进鱼类健康生长。由于水产饲料富含多不饱和脂肪酸，饲料在储藏过程中，大量的不饱和脂肪酸在光照、温度和氧等因素的影响下会被氧化酸败，产生大量过氧化物、醛、醇、酮、酯类和多聚体等物质而损害动物的生产性能及健康。因此，饲料的过氧化值是衡量饲料是否氧化变质的重要指标。饲料中油脂氧化对水产动物将产生如下危害。

（1）降低饲料的营养价值。脂肪氧化酸败会改变油脂的脂肪酸组成，降低油脂中还原性维生素的含量，进而削弱饲料的营养价值。

（2）降低水产动物的生长性能。饲料油脂氧化酸败会导致养殖水产动物摄食量下降，降低对营养素的消化吸收率，进而降低饲料效率，抑制水产动物的生长。

（3）导致水产动物抗氧化防御崩溃。摄食氧化油脂后，绝大多数鱼类会出现组织氧化应激，表现为血浆、肝脏和肌肉的MDA含量上升；同时，氧化产物起初会刺激鱼类组织细胞的抗氧化防御，表现为还原性谷胱甘肽（GSH）的消耗、抗氧化酶基因表达上调及抗氧化酶活性上升，但遭受持续压倒性的氧化应激后，鱼类组织细胞的抗氧化防御将不堪重负，表现为还原性物质的枯竭和抗氧化酶活性的下降。

（4）导致水产动物组织病变。摄食氧化油脂会引起虹鳟等鱼类肌肉组织变性、萎缩、肌纤维坏死。同时,血细胞对脂肪氧化带来的氧化应激特别敏感。摄食酸败油脂往往会导致养殖鱼类出现贫血和(或)溶血症状。

(5)导致水产动物肌肉品质下降。摄食氧化油脂后,养殖鱼类的肌肉品质如脂肪酸组成、维生素E含量、风味、保质期等均可能遭受不利影响。

(向枭,西南大学)

饲料中油脂酸价的测定

酸价是评价水产饲料中脂肪新鲜度的重要指标，也是关系到水产动物健康养殖和水产品品质的主要因素之一。饲料中的脂类物质在储藏过程中，在热、水分、氧、内源或外源脂肪酶的作用下，易水解生成游离脂肪酸，另有部分过氧化物分解生成羰基化合物，再氧化生成游离脂肪酸，使其酸价上升。从营养学的角度讲，虽然游离脂肪酸对水产动物无害，但是游离脂肪酸酸价上升，表明饲料中油脂的新鲜度下降，品质变坏。因此，测定饲料油脂酸价可用于评价饲料储藏方法是否得当。本方法参照《食品安全国家标准　食品中酸价的测定》(GB 5009.229—2016)，主要介绍冷溶剂指示剂滴定法测定饲料油脂酸价。

【实验目的】

掌握饲料酸价的测定方法与操作步骤，了解饲料氧化酸败对水产动物的危害。

【实验原理】

用有机溶剂将饲料样品中的油脂溶解成样品溶液，再用氢氧化钾或氢氧化钠标准滴定溶液中和滴定样品溶液中的游离脂肪酸，以指示剂相应的颜色变化来判定滴定终点，最后通过滴定终点消耗的标准滴定溶液的体积计算油脂试样的酸价。

【实验材料】

1. 实验仪器

(1)10 mL微量滴定管：最小刻度为0.05 mL。

(2)分析天平：感量0.001 g。

(3)恒温水浴锅。

(4)锥形瓶(250 mL)。

(5)植物粉碎机或研磨机。

(6)分析筛:0.42 mm(40目)。

2. 试剂及配制

除非另有说明,本方法所用试剂均为分析纯,水为GB/T 6682—2008规定的三级水。

(1)乙醚($C_4H_{10}O$)。

(2) 95%乙醇(C_2H_5OH)。

(3)氢氧化钾(KOH)。

(4)乙醚-乙醇混合液:按乙醚+乙醇(2+1, V+V)混合,用0.1 mol·L^{-1}氢氧化钾溶液中和至酚酞指示剂呈中性。

(5)氢氧化钾标准滴定溶液[c(KOH= 0.1 mol·L^{-1}]:配制方法见附录。

(6)酚酞指示剂(1%):称取1 g酚酞,加入100 mL的95%乙醇并搅拌至完全溶解。

【实验方法】

取一个干净的250 mL的锥形瓶,准确称取粉碎并过40目筛的饲料试样3~5 g(精确至0.001 g)。加入乙醚-乙醇混合液50 mL,充分振摇混合液,摇匀,静止30 min,过滤。滤渣用20 mL中性乙醚-乙醇混合液清洗,并重复洗一次,滤液合并后加入酚酞指示液2~3滴,以0.1 mol·L^{-1}氢氧化钾标准液滴定,至初显微红色且30 s内不褪色为终点。同时做空白实验。

【实验结果与分析】

1. 按下式计算饲料中油脂的酸价

$$X_{AV}=\frac{(V-V_0)\times c\times 56.11}{m}$$

式中:X_{AV}为水产饲料中油脂的酸价,mg·g^{-1};V为试样消耗的氢氧化钾标准溶液的体积,mL;V_0为空白试验消耗的氢氧化钾标准溶液的体积,mL;c为氢氧化钾标准溶液的浓度,mol·L^{-1};m为饲料试样质量,g;56.11为氢氧化钾的摩尔质量。

酸价≤1 mg·g^{-1},计算结果保留2位小数;1 mg·g^{-1}<酸价≤100 mg·g^{-1},计算结果保留1位小数;酸价>100 mg·g^{-1},计算结果保留至整数位。

2. 重复性

当酸价<1 mg·g^{-1}时,在重复条件下获得的两次独立测定结果的绝对差值不得超过算术平均值的15%;当酸价≥1 mg·g^{-1}时,在重复条件下获得的两次独立测定结果的绝对差

值不得超过算术平均值的12%。在重复性条件下获得的两次独立测定结果的绝对差值不得超过算术平均值的10%。

【思考题】

（1）简述饲料中酸价的测定原理及方法。

（2）简述测定饲料及原料中酸价的实际意义。

（3）如何有效地降低饲料中油脂的酸价？

（4）影响饲料中油脂酸价测定结果的因素有哪些？

【实验拓展】

1.溶剂指示剂滴定法测定饲料中油脂酸价的其他方式

准确称取粉碎并过0.42 mm（40目）筛的饲料试样3~5 g（精确至0.001 g），置于带滤纸的漏斗内，漏斗底端用一小块脱脂棉塞住，放于250 mL锥形瓶上，加入乙醚-乙醇混合液浸泡漏斗，上面加盖，30 min后取下脱脂棉并放入锥形瓶中，用乙醚-乙醇混合液分数次洗脱样品（约6次）。每次须等上次溶剂完全滤净。洗脱完毕后，向滤液中加入酚酞指示剂3滴，用氢氧化钾标准溶液滴定并计算结果。

2.冷溶剂自动电位滴定法测定饲料中油脂的酸价

冷溶剂自动电位滴定法是GB 5009.229—2016中推荐的另一种测定油脂酸价的方法。将从饲料样品中提取出的油脂用有机溶剂溶解成样品溶液，再用氢氧化钾或氢氧化钠标准滴定溶液中和滴定样品溶液中的游离脂肪酸，同时测定滴定过程中样品溶液pH的变化，并绘制相应的pH-滴定体积实时变化曲线及其一阶微分曲线，以游离脂肪酸发生中和反应所引起的“pH突跃”为依据判定滴定终点，最后通过滴定终点消耗的标准溶液的体积计算油脂试样的酸价。

3.水产品酸价的测定

水产品中富含多不饱和脂肪酸，在加工和贮存过程中容易发生氧化酸败，而酸价是衡量水产品油脂酸败的重要指标。水产品在加工、贮藏及运输过程中由于氧、水、光、热、酶和微生物等因素的作用，油脂逐渐水解或氧化而变质使中性脂肪分解为游离脂肪酸而使酸价增高，或使脂肪酸形成过氧化物后再分解为低级脂肪酸、醛类和酮类等有害物质，从而影响水产品中油脂贮藏的稳定性，危害人体健康。因此，测定水产品的酸价有助于判断其油脂水解酸败程度从而鉴定水产品的品质。

测定水产品酸价的关键是对样品中脂肪的提取。石油醚、乙醚、正己烷及乙酸乙酯等溶剂常用来提取脂肪,但它们都不溶或者微溶于水。而动物产品一般含水量都比较高,如果直接用这些溶剂来提取水产品中的脂肪,会由于其疏水性而不能将脂肪从水产品中有效地提取出来;采用石油醚-无水乙醇(2:1)混合溶剂提取游离脂肪酸的效果良好,但是这两种溶液放置时会出现分层现象,则需用旋转蒸发仪蒸去石油醚,然后再用无水乙醚-无水乙醇溶解后滴定。减压蒸发的过程比较慢,水分也不容易蒸干,导致溶解后滴定时偏差比较大。直接采用无水乙醚-无水乙醇(2:1)提取水产品中的游离脂肪酸,提取液经过离心或者过滤后即为澄清液体,可以直接用来滴定。这种方法前处理时间短,测定结果较准确。

(向枭,西南大学)

饲料中丙二醛的测定

丙二醛是饲料油脂氧化酸败过程中生成的过氧化脂质，在热、光、重金属等过氧化物分解因子的作用下，进一步分解产生的一种醛类物质。饲料油脂在氧化过程中产生的过氧化物会不断降解，使其过氧化值逐渐下降，因此很难准确判定饲料油脂的氧化酸败程度。在饲料油脂氧化过程中，丙二醛值却随着氧化程度的加剧不断升高。因此，丙二醛既是饲料油脂氧化产物中对动物氧化损伤、对蛋白质和核酸发生交联反应导致损伤的主要有毒有害物质，又能反映饲料中油脂的氧化程度。测定丙二醛含量可客观评价饲料油脂的酸败程度。《饲料中丙二醛的测定　高效液相色谱法》(GB/T 28717—2012)中推荐了高效液相色谱法测定饲料中丙二醛含量的方法。本方法参照《食品安全国家标准　食品中丙二醛的测定》(GB 5009.181—2016)，主要介绍分光光度法测定饲料中的丙二醛含量。

【实验目的】

掌握饲料中丙二醛的测定方法与操作步骤，了解饲料中丙二醛对水产动物的危害。

【实验原理】

饲料中丙二醛经三氯乙酸溶液提取后，与硫代巴比妥酸作用生成粉红色化合物，测定其在532 nm波长处的吸光度值，与标准曲线比较，计算饲料样品中的丙二醛的含量。

【实验材料】

1.实验仪器

(1)分光光度计。

(2)分析天平：感量为0.000 1 g。

(3)恒温振荡器。

(4)恒温水浴锅。

2.试剂及配制

除非另有规定，在分析中仅使用确认为分析纯的试剂和符合GB / T6682—2008中规定的一级水。

(1)三氯乙酸混合液：准确称取37.50 g(精确至0.01 g)三氯乙酸及0.50 g(精确至0.01 g)乙二胺四乙酸二钠，用水溶解，稀释至500 mL。

(2)硫代巴比妥酸水溶液：准确称取0.288 g(精确至0.001 g)硫代巴比妥酸溶于水中，并稀释至100 mL(如不易溶解，可加热超声至全部溶解，冷却后定容至100 mL)，相当于0.02 $mol·L^{-1}$。

(3)丙二醛标准储备液(100 $μg·mL^{-1}$)：准确移取0.315 g(精确至0.001 g)1,1,3,3-四乙氧基丙烷(纯度≥97%)至1 000 mL容量瓶中，用水溶解后稀释至1 000 mL，置于冰箱4 ℃储存。有效期3个月。

(4)丙二醛标准使用溶液(1.00 $μg·mL^{-1}$)：准确移取上述丙二醛标准储备液1.0 mL，用三氯乙酸混合液稀释至100 mL，置于冰箱4 ℃储存。有效期2周。

(5)丙二醛标准系列溶液：分别准确移取上述丙二醛标准使用液0.10,0.50,1.0,1.5,2.5 mL于10 mL容量瓶中，加三氯乙酸混合液定容至刻度，则该标准溶液系列浓度为0.01,0.05,0.10,0.15,0.25 $μg·mL^{-1}$，现配现用。

【实验方法】

1.试样制备

准确称取粉碎并过40目筛的饲料试样3~5 g(精确到0.01 g)并置入100 mL具塞锥形瓶中，准确加入50 mL三氯乙酸混合液，摇匀，加塞密封，置于恒温振荡器上50 ℃振摇30 min，取出，冷却至室温，用双层定量慢速滤纸过滤，弃去初滤液，续滤液备用。

2.标准曲线绘制

准确移取丙二醛标准系列溶液各5 mL分别置于5个25 mL具塞比色管内。另取5 mL三氯乙酸混合液作为样品空白，分别加入5 mL硫代巴比妥酸水溶液，加塞，混匀，置于90 ℃水浴内反应30 min，取出，冷却至室温。以样品空白调节零点，用10 mm比色皿，在532 nm波长下，用分光光度计测定各溶液的吸光度值，以标准系列溶液的质量浓度为横坐标，吸光度值为纵坐标，绘制标准曲线。

3.试样的测定

准确移取上述试样滤液5 mL置于25 mL具塞比色管内，另取5 mL三氯乙酸混合液作为样品空白，分别加入5 mL硫代巴比妥酸水溶液，加塞，混匀。置于90 ℃水浴内反应30 min，取出，冷却至室温。以空白调节零点，用10 mm比色皿，在532 nm波长下，用分光光度计测定试样滤液的吸光度值，用标准曲线查得的试样滤液中丙二醛的浓度计算试样中的丙二醛含量。

【实验结果与分析】

1. 按下式计算饲料丙二醛含量

$$X=\frac{c\times V\times 1\ 000}{m\times 1\ 000}$$

式中：X为试样中丙二醛含量，$mg\cdot kg^{-1}$；c为从标准系列曲线中得到的试样溶液中丙二醛的浓度，$\mu g\cdot mL^{-1}$；V为试样溶液定容体积，mL；m为最终试样溶液所代表的试样质量，g；1 000为换算系数。

计算结果以重复性条件下获得的两次独立测定结果的算术平均值表示，结果保留三位有效数字。

2. 重复性

在重复性条件下获得的两次独立测试结果的绝对差值不大于这两个测定值的算术平均值的10%。

【思考题】

(1)简述饲料中丙二醛含量的测定原理及方法。

(2)测定饲料及油脂原料中丙二醛含量有何实际意义？

(3)如何有效地降低饲料中丙二醛含量？

(4)影响饲料中丙二醛含量测定结果的因素有哪些？

(5)饲料中丙二醛含量与饲料油脂的过氧化值、酸价有何关系？

【实验拓展】

1. 高效液相色谱法(HPLC)测定饲料中丙二醛的含量

此方法是国家标准GB 5009.181—2016及GB/T 28717—2012中推荐的另一种测定丙二醛的方法。饲料试样中的丙二醛经三氯乙酸提取后，与硫代巴比妥酸作用生成粉红色复合物，离心取上清液，用高效液相色谱法及荧光检测器检测，用外标法计算饲料样品中丙二醛的含量。

2.荧光光谱法测定饲料中丙二醛的含量

荧光光谱法是利用物质吸收较短波长的光后能发射较长波长特征光谱的性质，对目标分析物进行定性或定量分析的方法。在丙二醛检测中，荧光法基本能消除待测样品中其他呈色物的影响，因此其准确度、选择性和灵敏度均较高。赵颖等(2015)对荧光法微量精确测定肝脏中丙二醛的实验条件及相关试剂进行了改进，并测量了正常和高脂的大鼠肝脏中丙二醛的含量。

3.气相色谱-质谱法(GC-MS)测定饲料中丙二醛的含量

GC-MS法集气相色谱法的快速、高效、高灵敏度和质谱法的高选择性特点于一体，是微量、痕量物质分析的重要手段之一。蒋小华等(2013)报道了应用GC-MS法测定大鼠血浆和肝匀浆中的丙二醛含量。

（向枭，西南大学）

第七章 饲料加工质量指标测定

配合饲料粉碎粒度的测定

水产配合饲料加工时，粉碎是饲料加工中最重要的工序之一，这道工序是使团块或粒状的饲料原料的体积变小，粉碎成符合水产动物饲料标准所要求粒度的粉状料。原料经粉碎后，其表面积增大，便于鱼、虾等水产动物消化吸收，可提高水产配合饲料的混合均匀性及颗粒成形能力，并直接影响配合饲料颗粒在水中的稳定性。粉碎加工环节的电耗占总加工能耗的30%~70%，对饲料加工成本影响重大；饲料粉碎粒度对饲料的后续加工过程、饲料产品质量和水生动物生产性能均有重要影响。本方法参照《饲料粉碎粒度测定 两层筛筛分法》(GB/T 5917.1—2008)，主要介绍两层筛筛分法测定配合饲料的粉碎粒度。

【实验目的】

了解水产配合饲料粉碎的目的、要求、粉碎原理与方法，掌握两层筛筛分法测定水产配合饲料粉碎粒度的方法。

【实验原理】

用规定的标准试验筛在振筛机上(或人工)对试样进行筛分，测定各层筛上留存试样的质量，再计算其占试样总质量的百分数。

【实验材料】

1. 标准试验筛

采用金属丝编织的标准试验筛，筛框直径为200 mm，高度为50 mm。实验中使用的试验筛筛孔尺寸和金属丝选配等制作质量应符合GB/T 6005—2008和GB/T 6003.1—2012的规定。根据不同饲料产品、单一饲料的要求，选用相应规格的两个标准试验筛、一个盲筛（底筛）及一个筛盖。

2. 振筛机

采用拍击式电动振筛机，筛体振幅为（35±10）mm，振动频率为（220±20）次/分，拍击次数为（150±10）次/分，筛体的运动方式为平面回转运动。

3. 天平

感量为0.01 g。

【实验方法】

（1）将标准试验筛和盲筛按筛孔尺寸由大到小的顺序上下叠放。

（2）称取试样100.0 g，放入叠放好的组合试验筛的顶层筛内。

（3）将装有试料的组合试验筛放入电动振筛机上，开动振筛机，连续筛10 min。

（4）筛分完后将各层筛上物分别收集、称重（精确到0.1 g），并记录结果。

【实验结果分析】

1. 计算

按下式计算各层筛上物的质量分数：

$$P_i=\frac{m_i}{m}\times100\%$$

式中：P_i为某层试验筛上留存试样质量占试样总质量的百分数（i=1，2，3），%；m_i为某层试验筛上留存试样质量（i=1，2，3），g；m为试样总质量，g。

2. 结果表示

（1）每个试样平行测定两次，以两次测定结果的算术平均值表示，保留至小数点后一位。

（2）筛分时若发现有未经粉碎的谷粒、种子及其他大型杂质，应加以称重并记入试验报告。

3.允许误差

(1)试样过筛的总质量损失不得超过1%。

(2)第二层筛筛下物质量的两个平行测定值的相对误差不超过2%。

【思考题】

(1)简述水产配合饲料粉碎粒度的测定原理。

(2)水产配合饲料粉碎粒度测定中的注意事项有哪些?

(3)饲料粉碎粒度对水产动物生产性能的影响有哪些?

【实验拓展】

1.几何平均粒径法测定配合饲料的粉碎粒度

用规定的标准试验筛在振筛机上或采用人工方法对试料进行筛分,测定各层筛上留存物的质量,计算试样的几何平均粒度等。

2.粉碎粒度的影响因素及其对配合饲料品质的影响

影响水产配合饲料粉碎粒度的因素很多,其中最主要的因素是加工过程的粉碎。粉碎是所有配合饲料产品加工中的必要工段,也是能耗最高的工段之一,既是满足动物采食消化饲料所必需的,又是实现后续的配料、混合、成形加工的前提条件。饲料粉碎粒度对饲料的消化利用和动物生产性能有很大影响。饲料的最佳粉碎粒度因不同的动物品种、不同的饲养阶段、不同的原料组成、不同的调质熟化和成型方式而不同。通过控制粉碎粒度于适合的范围,可以大大提高饲料的利用率,减少动物粪便的排泄,降低饲养的综合成本。

(陈建,西南大学)

配合饲料水中稳定性的测定

水产配合饲料有提供全价营养、合理利用饲料资源、保护养殖环境的优点。因为水产配合饲料是在水环境中使用,所以饲料的水中稳定性是其重要的质量指标。水产颗粒饲料的水中稳定性是指饲料入水浸泡一定时间后,保持组成成分不被溶解和不散失的性能,一般以"散失率"表示。散失率即单位时间内饲料在水中的散失量与饲料质量的百分比,也可用饲料在水中不溃散的最短时间来表示。水产饲料投入水中后不可能一下子全部被吃完,这就需要饲料在水中能维持一段时间,在这段时间中不溃散、不溶解,即有一定的水中稳定性。如果稳定性差,水产配合饲料容易在水中发生溶解、溶胀和溃散,饲料就不能被水产动物完全摄食,不仅会降低饲料的利用率,导致鱼体对饲料消化吸收的障碍和饲料系数的提高,严重影响水产养殖业的经济效益,而且会引起水质恶化,危及养殖动物健康并污染环境。

【实验目的】

了解影响水产配合饲料水中稳定性的制约因素,了解提高水产配合饲料水中稳定性的相应对策,掌握水产配合饲料水中稳定性的测定。

【实验原理】

水产配合饲料(颗粒饲料、膨化饲料)在一定的温度下浸泡一定时间后,通过测定其在水中的散失率来评价饲料在水中的稳定性。

【实验材料】

(1)分析天平:感量为0.01 g。

(2)电热鼓风干燥箱:温度可控制在(103±2) ℃。

(3)恒温水浴箱。

(4)圆筒形网筛(自制):网筛框高6.5 cm,直径为10 cm,金属筛网孔径应小于被测饲料的直径。

(5)温度计:精度为0.1 ℃。

(6)秒表。

【实验方法】

将圆筒形网筛置于105 ℃烘箱内烘干至恒重。称取试样10 g(准确至0.01 g)放入已备好的圆筒形网筛内。圆筒形网筛置于盛有水深5.5 cm的容器中,水温为(25±2)℃,浸泡(硬颗粒饲料浸泡时间为5 min,膨化饲料浸泡时间为20 min)后,把圆筒形网筛从水中缓慢提至水面,又缓慢沉入水中,使饲料离开筛底,如此反复3次后取出筛网,斜放沥干吸附水,把筛网内的饲料置于105 ℃烘箱内烘干至恒重。同时,称一份未浸水的同样饲料,置于105 ℃烘箱内烘干至恒重,测定其水分含量。

【实验结果分析】

1.计算

水产配合饲料在水中散失率按以下公式计算。

$$\text{散失率}=\frac{m\times(1-W)-(m_1-m_0)}{m\times(1-W)}\times100\%$$

式中:m为样品质量,g;m_1为恒重后样品与筛网质量,g;m_0为恒重后筛网质量,g;W为样品中水分含量,%。

2.结果表示

每个试样取两个平行样进行测定,以两次测定结果的算术平均值表示,保留至小数点后一位。

3.允许误差

允许相对误差≤4%。

【思考题】

(1)测定水产配合饲料水中稳定性的注意事项有哪些?

(2)测定水产配合饲料水中稳定性还有哪些方法?

(3)影响水产配合饲料水中稳定性的因素有哪些?提高水产配合饲料水中稳定性的措施有哪些?

【实验拓展】

1.化学耗氧量(COD)法快速测定配合饲料的稳定性

配合饲料是由许多有机营养成分和无机营养盐组成,当饲料浸入水中时,有一部分溶解、溃散而流失于水中。水体的COD值与饲料的营养流失量呈正相关关系,可由此测定饲料在水中的稳定性。该方法有一定创新和可取之处,但该法测试复杂,且没有综合考虑无机盐的溶失和颗粒形态方面的变化,因此有待于进一步探讨。

2.分光光度法测定配合饲料在水中的稳定性

该方法为一种快速测试方法,因为饲料在水中浸泡会有色素和其他水溶性营养成分溶出,也会有固体微颗粒散失,浊度可以较准确地同时反映出这两者的特征,因此,可以用一定量颗粒饲料在水中浸泡后溶液的浊度与等量颗粒饲料全部溃散于水中的浊度之比作为颗粒饲料水中稳定性的表征。为了加快测试速度,提高测试效率,该方法采用了崩解方式模拟颗粒饲料在水中受水流的冲击,以加快颗粒饲料在水中溃散,依据该方法原理,已设计出专门的测试仪器,仪器测试结果与其他方法所测结果具有较好的对应性关系。

3.感官法测定配合饲料在水中的稳定性

实际养殖生产中,感官法是一种常用的简便方法,可以帮助生产者或使用者作出简单的直观的判定。这种方法曾作为农业部(现农业农村部)对虾配合颗粒饲料优质产品的评比标准,可见其具有较大的实用价值。具体方法:加400 mL水于500 mL烧杯中,放入10 g颗粒完整的饲料样品,每隔30 min观察并拨动一次饲料颗粒,至2 h为止。按水色(溶失率)、外形(保形性)、粉化(散失率)、摄取(可摄取率)等4个方面进行感官评判,综合判断饲料的水中稳定性。本方法全面系统,但主观性很大。

(陈建,西南大学)

配合饲料和预混合饲料混合均匀度的测定

饲料混合均匀度是加工生产饲料产品过程中的一项重要指标，通过饲料中某组分含量的差异性，反映饲料产品的质量，评价混合设备性能及加工工艺的合理性。饲料混合的均匀程度反映了饲料的安全性和有效性，如果饲料混合不均匀，饲料不同部位的营养成分将不一致，有些部位组分含量不够将会导致动物营养缺乏，某些部位组分含量过多又会导致动物中毒。

为此，国家对各种饲料允许的混合均匀度作了明确的规定，建立了《饲料产品混合均匀度的测定》(GB/T 5918—2008)和《微量元素预混合饲料均匀的度测定》(GB/T 10649—2008)两个国家标准，使混合均匀度检测技术向着智能、简便、准确的方向发展。

一、配合饲料混合均匀度的测定

本方法参照《饲料产品混合均匀度的测定》(GB/T 5918—2008)，主要介绍氯离子选择电极法。

【实验目的】

了解氯离子选择电极法测定配合饲料混合均匀度的影响因素，掌握用氯离子选择电极法测定配合饲料混合均匀度的方法。

【实验原理】

通过氯离子选择电极的电极电位对溶液中氯离子的选择性响应来测定氯离子的含量，以同一批次饲料的不同试样中氯离子含量的差异来反映饲料的混合均匀度。

【实验材料】

1. 实验仪器

（1）氯离子选择电极。

（2）双盐桥甘汞电极。

（3）酸度计或电位计：精度0.2 mV。

（4）磁力搅拌器。

（5）烧杯：100 mL、250 mL。

（6）移液管：1 mL、5 mL，10 mL。

（7）容量瓶：50 mL。

（8）分析天平：感量0.000 1 g。

2. 试剂及配制

（1）硝酸溶液：浓度约为0.5 $mol\cdot L^{-1}$，吸取浓硝酸35 mL，用水稀释至1 000 mL。

（2）硝酸钾溶液：浓度约为2.5 $mol\cdot L^{-1}$，称取252.75 g硝酸钾于烧杯中，加水微热溶解，用水稀释至1 000 mL。

（3）氯离子标准溶液：称取经550 ℃灼烧1 h并冷却后的氯化钠8.244 0 g于烧杯中，加水微热溶解，转入1 000 mL容量瓶中，用水稀释至刻度，摇匀，溶液中含氯离子5 $mg\cdot mL^{-1}$。

以上试剂除特别注明外，均为分析纯。水为蒸馏水，符合GB/T 6682—2008的三级用水规定。

【实验方法】

1. 样品的采集和制备

本法所需样品应单独采取。每一批饲料产品抽取10个有代表性的原始样品，每个样品的采集量约为200 g。取样点的确定应考虑各方位的深度、袋数或料流的代表性，但每一个样品应由一点集中取样。取样时不允许有任何翻动或混合。

将每个样品在实验室内充分混合，颗粒饲料样品需粉碎通过1.4 mm筛孔。

2. 测定步骤

（1）标准曲线绘制

分别精确量取氯离子标准溶液0.1、0.2、0.4、0.6、1.2、2.0、4.0、6.0 mL于50 mL容量瓶中，加入5 mL硝酸溶液和10 mL硝酸钾溶液，用水稀释至刻度，摇匀，即可得到0.50、1.00、2.00、3.00、6.00、10.00、20.00、30.00 $mg\cdot(50\ mL)^{-1}$的氯离子标准系列溶液。将它们倒入100 mL的干燥烧杯中，放入磁力搅拌子一粒，以氯离子选择电极为指示电极、甘汞电极为参比电极，用磁力搅拌器搅拌3 min。在酸度计或电位计上读取电位值(mV)，以溶液的电位值为纵坐标，氯离子浓度为横坐标，在半对数坐标纸上绘制出标准曲线。

(2)试液制备

准确称取试料(10.00±0.05) g置于250 mL烧杯中，准确加入100 mL水，搅拌10 min，静置澄清，用干燥的中速定性滤纸过滤，滤液作为试液备用。

(3)试液的测定

准确吸取试液10 mL，置于50 mL容量瓶中，加入5 mL硝酸溶液和10 mL硝酸钾溶液，用水稀释至刻度，摇匀，然后倒入100 mL的干燥烧杯中，放入磁力搅拌子一粒，以氯离子选择电极为指示电极，甘汞电极为参比电极，搅拌3 min。在酸度计或电位计上读取电位值(mV)，从标准曲线上求得氯离子浓度的对应值X。按此步骤依次测定出同一批次的10个试液中的氯离子浓度$X_1, X_2, X_3, \cdots, X_{10}$。

【实验结果分析】

1.计算

(1)试液中氯离子浓度的平均值$\overline{X}$按下式计算：

$$\overline{X}=\frac{X_1+X_2+X_3+\cdots X_{10}}{10}$$

(2)试液中氯离子浓度的标准差S按下式计算：

$$S=\sqrt{\frac{(X_1-\overline{X})^2+(X_2-\overline{X})^2+(X_3-\overline{X})^2+\cdots+(X_{10}-\overline{X})^2}{10-1}}$$

(3)混合均匀度值：同一批次的10份试液中氯离子浓度的变异系数用CV值表示，CV值越大，混合均匀度越差。10份试液中氯离子浓度的变异系数CV值按下式计算：

$$\mathrm{CV}=\frac{S}{\overline{X}}\times 100\%$$

计算结果精确到小数点后两位。

2.注意事项

(1)测定同一批饲料的10个样品时，应尽量保持操作的一致性，以保证测定值的稳定性和重复性。

(2)取样前及取样过程中，不允许有任何翻动或混合。

二、微量元素预混合饲料均匀度测定

微量元素添加剂预混合饲料混合均匀度的测定一般通过测定产品中含有的微量元素铁、铜、锰、锌等含量来实现。本方法参照《微量元素预混合饲料混合均匀度的测定》(GB/T 10649-2008),主要介绍通过测定铁的含量来测定混合均匀度。

【实验目的】

了解通过测定产品中含有的微量元素的含量而测定混合均匀度的影响因素,掌握微量元素预混合饲料混合均匀度的测定方法。

【实验原理】

通过盐酸羟胺将样品液中的铁还原成二价铁离子,再与显色剂邻菲罗啉反应,生成橙红色的络合物,用吸光光度法(比色法)测定铁的含量,以同一批次试样中铁含量的差异来反映所测产品的混合均匀度。

【实验材料】

1. 实验仪器

(1)分析天平:感量0.000 1 g。

(2)可见分光光度计:带10 mm比色皿。

(3)容量瓶:100 mL,50 mL。

(4)三角瓶、移液管、量筒等。

2. 试剂及配制

(1)浓盐酸:分析纯。

(2)盐酸羟胺溶液(100 g·L^{-1}):称取10 g盐酸羟胺(分析纯)并溶于蒸馏水中,用蒸馏水稀释至100 mL,摇匀,保存于棕色瓶中并置于冰箱内保存。

(3)乙酸盐缓冲液(pH约为4.5):称取8.3 g无水乙酸钠(分析纯)并溶于蒸馏水中,再加入12 mL冰乙酸(分析纯),并用蒸馏水稀释至100 mL。

(4)邻菲罗啉溶液(1 g·L^{-1}):称取0.1 g邻菲罗啉(分析纯)并加入约80 mL、80 ℃的蒸馏水中,冷却后用蒸馏水稀释至100 mL,摇匀,保存于棕色瓶中,并置于冰箱内保存。

【实验方法】

1.样品的采集与制备

本法所需样品应单独采取，每一批饲料产品抽取10个有代表性的原始样品，每个样品的采集量为50~100 g。取样应具有代表性，但每一个样品应由一点集中取样。取样时不允许有任何翻动或混合。

将每个样品在实验室内充分混合，称取1~10 g(所测试液吸光度在0.2~0.8以内为准)试样进行测定。

2.测定步骤

称取试样1~10 g(准确至0.000 2 g)于250 mL烧杯中，加少量蒸馏水润湿，慢慢滴加20 mL浓盐酸，防样液溅出，充分摇匀后再加入50 mL蒸馏水充分搅拌溶解，转移至250 mL容量瓶中，用水定容到刻度，摇匀，过滤。

移取2 mL滤液于25 mL容量瓶中，加入盐酸羟胺溶液1 mL，充分混匀，5 min后加入乙酸盐缓冲液5 mL，摇匀，再加入邻菲罗啉溶液1 mL(对于高铜的预混合饲料，邻菲罗啉溶液可酌情提高用量至3~5 mL)，用蒸馏水稀释至25 mL，充分混匀，放置30 min，以试剂空白作参比，用分光光度计在510 nm波长处测定试液的吸光度。按此步骤依次测定出同一批次的10份试液的吸光度值。

【实验结果分析】

1.计算

同一批次的10份试液的吸光度值为$A_1,A_2,A_3,\cdots,A_{10}$。由于试液中铁离子含量与其吸光度值存在线性关系，所以以下量值直接以试液吸光度值进行计算。

(1)单位质量的吸光度值X_i按下式计算：

$$X_i=\frac{A_i}{m_i}$$

式中：A_i为第i试液的吸光度值；m_i为第i试样的质量，g。

(2)单位质量吸光度值的平均值$\overline{X}$按下式计算：

$$\overline{X}=\frac{X_1+X_2+X_3+\cdots+X_{10}}{10}$$

(3)单位质量吸光度值的标准差S按下式计算：

$$S=\sqrt{\frac{(X_1-\overline{X})^2+(X_2-\overline{X})^2+(X_3-\overline{X})^2+\cdots+(X_{10}-\overline{X})^2}{10-1}}$$

(4)变异系数CV值按下式计算：

$$CV=\frac{S}{\overline{X}}\times 100\%$$

计算结果精确到小数点后两位。

【思考题】

(1)影响饲料混合均匀度的因素及应对措施有哪些？

(2)简述测定饲料混合均匀度的注意事项。

(3)简述微量元素预混合饲料混合均匀度测定的原理和意义。

(4)微量元素预混合饲料混合均匀度测定有哪些注意事项？

【实验拓展】

1.概略分析法测定混合均匀度

这种检测方法是基于饲料中的内源性的基本营养成分，通过测定饲料中的蛋白质、钙、灰分、无机矿物质等(如钙测定法、磷测定法、粗蛋白测定法等)，计算配合饲料的混合均匀度。其中常用的方法有沉淀法、灰分法。通常认为矿物质的比重较大，粒度较小，很难混合均匀，如样品中游离的矿物质总量基本相同，就能客观地反映饲料的混合均匀度。四氯化碳沉淀法利用密度1.59以上的CCl_4，使沉于底部的矿物质与有机组分分离，然后回收沉淀，烘干、称重，以各样品中含量的差异来反映饲料的混合均匀度。本方法分析测定原理是重量法，虽然不能测出饲料中每一种无机物的含量，但对饲料混合均匀性的反映也较敏感，不需加示踪物。

2.示踪法测定混合均匀度

在加工生产饲料之前，加示踪物到饲料原料中，用于跟踪饲料混合均匀情况，然后取样、测定饲料中的示踪物，以此反映饲料的混合均匀度。最常用的示踪物有甲基紫和铁粒等。这种检测技术增加了添加与饲料成分无关物质的步骤，比较适用于对混合机性能评价时使用，若有其他相关饲料添加剂时，用添加剂本身成分示踪更为方便。

3.混合均匀度测定仪测定混合均匀度

饲料混合均匀度测定仪将电化学原理与微电脑技术结合在一起，具有适用范围广、操作简便、测定快速、结果准确、自动统计计算等特点。仪器法适用于配合饲料和预混合饲料的混合均匀度测定，也适用于混合机和饲料加工工艺中混合均匀度的测定。其操作简单，不需任何化学试剂，有数据存储功能，自动计算变异系数，重复性好，精度高，是一种实际生产中较实用的测定方法。

(陈建，西南大学)

颗粒饲料硬度的测定

用手捏颗粒饲料，有时感觉饲料会比较硬，这样的颗粒饲料还会影响水产动物的食欲和消化，但是较软的颗粒饲料不耐运输，在水中的稳定性也不好。颗粒饲料硬度，是一个物理学术语，指颗粒饲料对外压力所引起变形的抵抗能力，通常采用硬度计进行测量。本方法适用于一般经挤压制得的硬颗粒饲料。

【实验目的】

了解颗粒饲料硬度的测定原理与方法，掌握硬度计的正确使用方法及颗粒饲料硬度的计算方法。

【实验原理】

用对单颗粒径向加压的方法使其破碎，以此时的压力表示该颗粒的硬度，用多个颗粒的硬度的平均值表示该样品的硬度。

【实验材料】

1. 仪器及设备

（1）木屋式硬度计。

（2）直尺：精度为 1 mm。

【实验方法】

从每批颗粒饲料中取出具有代表性的样品约 20 g，用四分法从各部分选取长度在 6 mm 以上，大小、长度大体上相同的颗粒（以颗粒两头凹处计算）20 粒。

将硬度计的压力指针调整至零点，用镊子将颗粒横放到载物台上，正对压杆下方。

滚动手轮，使压杆下降，速度中等、均匀。颗粒破碎后读取压力数值($X_1,X_2,\dots,X_{20}$)。清扫载物台上碎屑。将硬度计指针重新调整至零点，开始下一样品的测定。

【实验结果分析】

1.计算

颗粒饲料硬度按下式计算：

$$\overline{X}=\frac{X_1+X_2+\cdots+X_{20}}{20}$$

式中：$\overline{X}$为样品颗粒饲料硬度，kg；$X_1,X_2,\dots,X_{20}$为各单颗粒的硬度，kg。

如果颗粒长不足6 mm，则在硬度数值后注明平均长度。例如，硬度$\overline{X}$=3.0 kg，颗粒平均长度$\overline{L}$=5 mm，则将样品硬度写为3.0 kg($\overline{L}$=5 mm)。

2.重复性

两个平行测定结果的绝对差不大于1 kg。

【思考题】

(1)简述颗粒饲料硬度的测定原理。

(2)颗粒饲料硬度的测定应注意哪些事项？

(3)颗粒饲料硬度不均匀是什么原因引起的？

(4)简述饲料的粗脂肪水平和调质温度对颗粒饲料硬度的影响。

【实验拓展】

1.加工工艺对饲料硬度的影响

(1)膨化工艺对饲料硬度的影响。对于膨化水产饲料来说，原料通过膨化后，淀粉糊化度增加，成形颗粒的硬度也增加，有利于提高颗粒在水中的稳定性。

(2)原料粉碎粒度对饲料硬度的影响。一般来说，原料粉碎粒度越细，在调质过程中淀粉越容易糊化，在颗粒料中的黏结作用越强，颗粒越不容易破碎，硬度就越大。在实际生产中，根据不同动物饲料的生产性能及其环模孔径的大小，粉碎粒度要求可作适当的调整。

(3)冷却时间和调质温度对饲料硬度的影响。随着冷却塔冷却时间延长和调质温度的升高，饲料硬度显著增加。

2. 饲料硬度对鱼类摄食消化的影响

饲料硬度大可直接影响鱼类的肠道消化吸收及适口性，诱发消化不良及肠炎，久而久之会引起鱼类厌食。早春时饲料硬度过大，容易造成早春饲料驯化效果差、饲料下沉快，鱼类不易上浮摄食饲料，造成采食积极性不高。

（周兴华，西南大学）

颗粒饲料淀粉糊化度测定

颗粒饲料淀粉糊化度是指淀粉中糊化淀粉占全部淀粉的百分率。淀粉糊化度是评价颗粒饲料加工质量的重要指标，直接影响动物吸收饲料中能量物质的效率，进而影响饲料的转化效率和动物生长状态。本方法适用于经挤压、膨化等工艺制得的各种颗粒饲料中淀粉糊化度的测定。

【实验目的】

掌握颗粒饲料中淀粉糊化度的测定原理与方法，能在规定的时间内测定颗粒饲料中淀粉的糊化度。

【实验原理】

β-淀粉酶在适当的pH和温度下，能在一定的时间内，定量地将糊化淀粉转化成还原糖，转化的糖量与淀粉的糊化程度成正比，用铁氰化钾法测其还原糖量，即可计算出淀粉的糊化度。

【实验材料】

1.仪器及设备

(1)分析天平：感量为0.000 1 g。

(2)多孔恒温水浴锅：可控温度(40±1) ℃。

(3)定性滤纸：中速，直径7~9 cm。

(4)碱式滴定管：25 mL。

(5)移液管：2，5，15，25 mL。

(6)玻璃漏斗。

(7)容量瓶：100 mL。

2. 试剂及配制

以下试剂除特别注明外，均为分析纯。水为蒸馏水，符合GB/T 6682-2008的三级用水规定。

（1）10% 磷酸盐缓冲液（pH 6.8）：（甲液）溶解71.64 g磷酸氢二钠于水中，并稀释至1 000 mL；（乙液）溶解31.21 g磷酸二氢钠于水中，并稀释至1 000 mL。取甲液49 mL与乙液51 mL合并为100 mL，再加入900 mL水即为10% 磷酸盐缓冲液。

（2）60 g·L^{-1} β-淀粉酶溶液：溶解6.0 g β- 淀粉酶（pH 6.8，40 ℃时活力大于10万U，细度为80% 以上通过60目）于100 mL磷酸盐缓冲液中生成乳浊液（β-淀粉酶贮于冰箱内，用时现配）。

（3）10% 硫酸溶液：将10 mL浓硫酸用水稀释至100 mL 。

（4）120 g·L^{-1}钨酸钠溶液：溶解12.0 g钨酸钠于100 mL水中。

（5）0.1 mol·L^{-1}碱性铁氰化钾溶液：溶解32.9 g 铁氰化钾和44.0 g无水碳酸钠于水中，并稀释至1 000 mL，贮于棕色瓶内。

（6）乙酸盐溶液：溶解70.0 g氯化钾和40.0 g硫酸锌于水中并加热，冷却至室温，再缓缓加入200 mL 冰乙酸，并稀释至1 000 mL。

（7）100 g·L^{-1}碘化钾溶液：溶解10.0 g碘化钾于100 mL水中，加入几滴饱和氢氧化钠溶液，防止氧化，贮于棕色瓶内。

（8）0.1 mol·L^{-1}硫代硫酸钠标准滴定溶液：溶解24.82 g 硫代硫酸钠和3.8 g 硼酸钠于水中，并稀释至1 000 mL ，贮于棕色瓶内（此液放置 2 周后使用）。溶液标定方法见附录。

（9）10 g·L^{-1}淀粉指示剂：溶解1.0 g可溶性淀粉于煮沸的水中，再煮沸 1 min，冷却，稀释至100 mL。

【实验方法】

（1）取饲料样品50 g左右，粉碎过0.42 mm（40目）筛孔，混匀，放于密闭容器内，贴上标签作为试样（样品应于4~10 ℃低温保存）。

（2）分别称取1 g试样2份，准确至0.2 mg（淀粉含量不大于0.5 g），置于2只150 mL三角瓶中，标上“A”和“B”。另取 1 只150 mL三角瓶，不加试样，作空白试验，并标上“C”。在这3只三角瓶中用量筒分别加入40 mL磷酸盐缓冲液。

（3）将A置于沸水浴中煮沸30 min，取出后快速冷却至60 ℃以下。

（4）将 A，B，C 置于（40±1）℃恒温水浴锅中预热 3 min 后，各用 5 mL 移液管加入（5±0.1）mL β-淀粉酶溶液，（40±1）℃下保温 1 h（每隔15 min轻轻摇匀一次）。

(5)1 h后,将3只三角瓶取出,用移液管分别加入2 mL硫酸溶液,摇匀,再加入2 mL钨酸钠溶液,并将它们全部转移到3只100 mL容量瓶中(用水荡洗三角瓶3次以上,荡洗液也转移至相应的容量瓶内),最后用水定容至100 mL。摇匀并静置2 min后,用中速定性滤纸过滤。滤液用于下面的实验测定。

(6)移取上述滤液5 mL于150 mL三角瓶内,再加入15 mL碱性铁氰化钾溶液,摇匀后置于沸水浴中,正确加热20 min后取出,用冷水快速冷却至室温,用25 mL移液管缓慢加入25 mL乙酸盐溶液,并摇匀。

(7)用5 mL移液管加入5 mL碘化钾摇匀,立即用0.1 $mol \cdot L^{-1}$硫代硫酸钠标准溶液滴定,当溶液颜色变成淡黄色时,加入几滴淀粉指示剂,继续滴定到蓝色消失,记录消耗的硫代硫酸钠标准滴定溶液的体积。

【实验结果分析】

1.计算

试样淀粉糊化度α按下式计算。

$$\alpha=\frac{V-V_2}{V-V_1}\times 100\%$$

式中:V为空白滴定消耗硫代硫酸钠标准滴定溶液的体积,mL;V_1为完全糊化样品溶液滴定硫代硫酸钠标准滴定溶液的体积,mL;V_2为试样溶液滴定硫代硫酸钠标准滴定溶液的体积,mL。

每个试样取两个平行样进行测定,以其算术平均值作为测定结果。

2.重复性

双试验的相对偏差:糊化度在50%以下时,不超过10%;糊化度在50%以上时,不超过5%。

3.注意事项

β-淀粉酶在贮存期间会有不同程度的失活,一般每贮藏3个月需测一次酶活力。为了保证样品酶解完全,以酶活力8万U、酶用量300 mg为准。若酶的活力降低,酶用量则按比例加大。

在滴定时,指示剂不要过早加入,否则会影响测定结果,同一样品滴定时,应在变到一样的淡黄色时加入淀粉指示剂。

【思考题】

(1)简述颗粒饲料中淀粉糊化度的测定原理和注意事项。

(2)影响淀粉糊化度的因素有哪些?

(3)饲料加工工艺对淀粉糊化度有哪些影响?

【实验拓展】

1.黏度法测定淀粉糊化度

淀粉糊化的黏度一般使用布拉班德黏度测定仪(BV)和快速黏度分析仪(RVA)测定。在淀粉糊化特性的研究中,BV的主要应用为评价淀粉糊化性质,其测定的数据可以判断淀粉的来源或区分淀粉的种类。BV能较为真实地反映淀粉糊化的实际情况,但耗时长,样品需要量大。RVA的出现,则大大加快了检测速度,且所需样品量少,灵活性强,可以测定绝对黏度。

2.脉冲核磁共振法测定淀粉糊化度

纯干或含少量水分的生淀粉中分子链上的质子,只能在小尺寸范围内振动或迁移,表现出较强的固相性质。已糊化的淀粉分子链及自由水分中的质子可作大尺寸的迁移,表现出较强的液相性质。在核磁共振中,由于液相中质子的弛豫时间高于固相中质子的弛豫时间,可利用脉冲核磁共振的自由感应衰减(FID)信号,将固相与液相中的质子相对量求算出来,并以此表征淀粉糊的糊化度。

3.饲料加工工艺对淀粉糊化度的影响

原料经适当粉碎后,淀粉颗粒的表面积增加,就有更多的机会进行水热作用,同时粒度的减小缩短水分达到颗粒中心的距离缩短,减少水分渗透时间,均有利于糊化度的提高;随着调质温度的提高以及调质时间的增加,淀粉糊化度得到显著的提高;水热处理后的粉状饲料通过制粒机的机械压缩并强制通过模孔,形成颗粒饲料,在高温和高压环境条件下,淀粉的糊化度也将得到进一步提高。

(周兴华,西南大学)

颗粒饲料粉化率及含粉率的测定

颗粒饲料粉化率是指颗粒饲料在特定条件下产生的粉末质量占其总质量的百分比。颗粒饲料粉化率过高会降低饲料的利用效率，增加饲料成本，破坏饲料的外观质量。尤其是水产硬颗粒饲料的粉化率过高会造成饲料系数过高，污染水环境，养殖效益下降。含粉率是指颗粒饲料中所含粉料质量占其总质量的百分比。本方法适用于一般硬颗粒饲料粉化率及含粉率的测定。

【实验目的】

掌握颗粒饲料粉化率及含粉率测定的原理、方法和步骤，能在规定的时间内完成配合饲料粉化率及含粉率的测定。

【实验原理】

通过粉化仪对颗粒饲料翻转摩擦后形成的粉料进行测定，反映颗粒饲料的坚实程度。

【实验材料】

1. 仪器及设备

(1)粉化仪：两箱体式。

(2)标准筛一套：参照GB/T 6003.1—2022。

(3)SDB-200顶击式标准筛振筛机。

【实验方法】

颗粒冷却1 h以后测定。从各批颗粒饲料中取出有代表性的实验室样品1.5 kg左右。将实验室样品用规定筛号的金属筛分3次用筛机预筛1 min，将筛下物称重。

计算3次筛下物总质量占样品总质量的百分数，即为含粉率（%）。然后将筛上物用四分法称取2份试样，每份500 g。

将称好的2份样品分装入粉化仪的回转箱内，盖紧箱盖，开动机器，使箱体回转10 min（500 r·min^{-1}），停止后取出样品，用固定筛格在振筛机上筛理1 min，称取筛上物质量，计算2份样品测定结果的平均值。

【实验结果分析】

1.计算

（1）试样含粉率φ_1按下式计算。

$$\varphi_1=\frac{m_1}{m_2}\times 100\%$$

式中：φ_1为试样含粉率，%；m_1为预筛后筛下物总质量，g；m_2为预筛样品总质量，g。

（2）样品粉化率φ_2按下式计算。

$$\varphi_2=(1-\frac{m}{500})\times 100\%$$

式中：φ_2为样品粉化率，%；m为回转后筛上物质量，g。

所得结果表留至小数点后一位。

2.重复性

两份样品测定结果绝对差不大于1，在仲裁分析时绝对差不大于1.5。在样品量不足500 g时，也可用250 g样品，回转5 min，再测定粉化率。

【思考题】

（1）简述颗粒饲料粉化率及含粉率的测定原理、方法和步骤。

（2）影响颗粒饲料粉化率及含粉率的因素及应对措施有哪些？

（3）测定颗粒饲料粉化率及含粉率应注意哪些事项？

【实验拓展】

1.饲料粉化率的影响因素分析

（1）在饲料配方不变的情况下，应尽可能控制原料的含水率，一般不宜超过13%，有利于增加蒸汽的添加量。

（2）油脂添加量不宜超过5%，过高时，颗粒不易成形，粉化率增加。

(3)粉碎粒度越细,黏结性越好,粉化率也就越低。

(4)应尽可能提高调质的温度和水分,延长调质时间,促使淀粉充分糊化,以增强颗粒的黏结性。

(5)根据不同的配方,选用不同长、径比的环模及模孔形式,保证将颗粒压实。

(6)切刀要锋利,位置要适当,保证颗粒断面相对平整,长度均匀一致。

(7)颗粒冷却时,冷却过程要柔和、均匀,冷却速度不宜过快,避免颗粒料表层开裂,提高粉化率。

2.饲料含粉率的影响因素分析

(1)分级筛的工作效果与颗粒饲料出厂时的含粉率有极大的关系,其中主要是分级筛的生产能力和筛网的选择。

(2)分级筛的生产能力一定要大于制粒机的产量,否则会造成过筛能力差,饲料含粉率高。

(3)筛网孔的形状和大小要符合颗粒料的要求,一般筛网孔的纵向开度应为横向开度的1.5倍,横向开度约为颗粒直径的0.75倍。

(4)分级筛筛网应经常清刷,减少筛孔的堵塞率,以提高筛分效率,降低含粉率。

(5)含粉率还与颗粒料从分级筛到成品仓之间的输送方式、成品仓的高度等有关系,应采取有效措施降低颗粒料在打包之前的破碎度,避免含粉率增高。

3.使用含粉率高的颗粒饲料的不利影响

(1)手感不好。

(2)导致饵料系数增加,从而增加养殖成本。

(3)流动性差,不利于储存、转运。

(4)污染水质。

(周兴华,西南大学)

大豆饼(粕)蛋白质溶解度的测定

脲酶活性与蛋白质溶解度是评定豆粕质量的两种常用指标,在生产中对加热过度的大豆饼(粕)脲酶药性测定值不是一个可靠的指标,但蛋白质溶解度可以区别不同程度的过度加热。蛋白质溶解度随加热时间的增加而递减。

蛋白质溶解度(PS)是蛋白质在一定量的氢氧化钾溶液中所能溶解的蛋白质的质量分数。生大豆饼(粕)的PS达到100%。在日常分析中,若PS大于85%,则认为大豆饼(粕)过生;若PS小于75%,则认为大豆饼(粕)过熟;当PS在80%左右,大豆饼(粕)则较好。

【实验目的】

了解大豆饼(粕)蛋白质溶解度过高或过低对水产动物的影响,掌握大豆饼(粕)蛋白质溶解度的测定方法。

【实验原理】

豆粕加热程度不同,用0.2%的氢氧化钾溶解后的溶解度就不同,由此根据氢氧化钾溶解后的豆粕含氮量与原样中的含氮量的比值即可判断出豆粕的生熟度。

【实验材料】

1.仪器及设备

(1)凯氏定氮仪。

(2)电子分析天平:感量0.000 1 g。

(3)酸式滴定管:50 mL。

(4)烧杯:250 mL。

(5)磁力搅拌器。

(6)离心管。

2.试剂及配制

(1)0.042 mol·L^{-1}氢氧化钾溶液(相当于2 g·L^{-1}):称取3.360 g氢氧化钾,溶解于水,并稀释至1 000 mL。需注意氢氧化钾的纯度,如果氢氧化钾纯度为82%,则需准确称取2.878 g 。

(2)其他试剂与凯氏定氮时所用的标准试剂相同。

【实验方法】

称取经粉细(防止过热)后1.5 g大豆饼(粕)粉放入250 mL烧杯中,加入75 mL氢氧化钾溶液,用磁力搅拌器搅拌20 min,再将搅拌好的液体转至离心管中,2 700 r·min^{-1}离心10 min,吸取上清液15 mL放入消化管中,用凯氏定氮法测定其中蛋白质含量。此含量相当于0.3 g样品中溶解的蛋白质质量。

【实验结果分析】

1.计算

试样中蛋白质溶解度(PS)按下式计算。

$$PS=\frac{15\ \text{mL上清液中粗蛋白质的质量}}{0.3\ \text{g试样中粗蛋白质的质量}}\times 100\%$$

若PS>85%,饲料过生;PS<75%,饲料过熟。

2.重复性

在重复性条件下获得的两次独立测定结果的绝对差值不得超过算术平均值的10%。

3.注意事项

(1)粒度大小对蛋白质溶解度有影响。因此,当比较不同大豆饼(粕)样本时,要注意它们的颗粒大小应是可比较的。

(2)注意控制在各种情况下0.2% KOH溶液中的搅拌时间应一致。

(3)在消化管消化时应注意不要让液体有流失现象,以免影响测试结果。蒸馏过程中,要严防仪器接头处漏气,为避免溶液剧烈沸腾,可适当调整蒸馏温度。

【思考题】

(1)简述大豆饼(粕)蛋白质溶解度的测定方法。

(2)测定大豆饼(粕)蛋白质的溶解度有何意义?

(3)影响大豆饼(粕)蛋白质溶解度检测结果准确性的因素有哪些?

(4)对去皮大豆饼(粕)与不去皮大豆饼(粕),采用本方法测定蛋白质溶解度的结果有何差异?

【实验拓展】

影响大豆饼(粕)蛋白质溶解度测定结果的因素

(1)样品过筛处理对蛋白质溶解度的影响。过60目分析筛样品的蛋白质溶解度显著高于不过筛样品。去皮豆粕过筛和不过筛的检测结果差值小于普通豆粕,这应该是由于普通豆粕中含有较多的豆皮。

(2)蛋白质溶解度检测结果随搅拌时间的增加而增加。当搅拌时间不足20 min时,蛋白质溶解不充分,造成碱溶蛋白数值偏低;20 min时,蛋白质溶解度达到最高;之后,随搅拌时间的增加,蛋白质溶解度的增加相对平缓;当然,过长时间的剧烈搅拌也会引起蛋白质变性。

(3)搅拌速度对蛋白质溶解度的影响。蛋白质溶解度检测结果随搅拌速度的增加而略有增加,但不显著,其差异在检测方法允许偏差范围内。建议搅拌速度选择在900~1200 $r\cdot min^{-1}$,若选择较高的转速,容易导致氢氧化钾溶液的溅出,影响检测结果。

(4)样品搅拌时溶液温度对蛋白质溶解度的影响。在蛋白质变性之前的温度范围内,环境温度对蛋白质溶解度有较大的影响。在20~25 ℃时,蛋白质溶解度随温度的增加而增加,但较平缓。在我国的南方,冬季温度一般低于15 ℃,而夏季常常高于30 ℃,若不选择调整检测时的环境温度,则结果会出现较大偏差,影响对大豆粕质量的评判。

(周兴华,西南大学)

第三部分

综合性实验

常用水产饲料原料的识别及掺假鉴定

与畜禽饲料相比，蛋白质含量高是水产配合饲料的典型特征。作为最昂贵的饲料组分，蛋白原料的品质直接关系到水产饲料的质量，决定了水产饲料在生产实践中的应用效果。正因为价格昂贵，蛋白原料的造假现象在市场上层出不穷。掺假蛋白质饲料原料的使用会引起养殖鱼类体色改变、组织器官病变和生产性能下降。不仅会损害饲料企业的经营形象，而且会给养殖企业带来巨大的经济损失。因此，学习并掌握水产配合饲料中常见的动物性蛋白质饲料原料（鱼粉和肉骨粉）与植物性蛋白质饲料原料（豆粕、菜籽粕、花生粕和棉粕）的识别与掺假鉴定技术，对水产饲料企业的原料品质和饲料品质的把控具有重要意义。

【鱼粉的识别及掺假鉴定】

1.鱼粉的识别

鱼粉呈粉末状，干燥，质地蓬松，含鳞片、鱼骨等，可见肉丝，不含有过热的颗粒、杂物、虫蛀，无结块现象。鱼粉颜色随原料鱼种不同而异，墨罕敦鱼粉呈淡黄色或淡褐色，沙丁鱼粉呈褐色，白鱼粉呈淡黄色或灰白色。加热过度或含脂较高者，颜色加深。鱼粉具有烤鱼香味，稍带鱼油的腥味，混入鱼熔浆者腥味较重，但不应有酸败、氨臭等腐败味道及过热的焦灼味。

体视显微镜下观察可见鱼粉为一种小的颗粒状物。鱼肉表面粗糙具有纤维结构，其肌纤维大多呈短断片状，易碎，卷曲，表面光滑无光泽，半透明。鱼骨坚硬，多为半透明至不透明碎片，鱼骨碎片的大小、形状各异。一些鱼骨片呈琥珀色，其空隙为深色；一些鱼骨具有银色光。鱼鳞为薄、平或卷曲的片状物，近透明，外表面有一些同心环纹，有深色带及浅色带而形成年轮。鱼皮是一种似晶体的凸透镜状物体，半透明，表面碎裂形成乳色的玻璃珠。在生物镜下可见鱼骨为半透明至不透明碎片，孔腺组织为深色，纺锤形，有波状细纹，从孔隙边缘向外延伸。

2.鱼粉掺假的识别方法

(1)沉淀法

在容器中倒入清水，加入少量的鱼粉搅拌，待沉淀后，滤去水面浮物，观察沉淀物的多少以及是否含有碎石或泥沙等物质。

(2)看浮物法

将沉淀后滤出的浮物收入器皿中，晒干或烘干后，用肉眼或放大镜进行观察，如含有植物茎、叶等碎屑或纤维，说明鱼粉中掺有植物性饲料。

(3)碱煮法

在鱼粉中加入10%的氢氧化钠于容器中煮沸。正常鱼粉经过碱煮后，剩余颗粒几乎全是鱼骨头或少量其他海洋生物骨骼，但如果鱼粉被掺入含木质素较高的植物类原料或无机盐类物质，则会残留在碱煮之后的样品中。碱煮后，借助某些鱼类的特征鱼骨，尤其是淡水鱼类骨头的显著特点，以此判定高价鱼粉中是否含有淡水鱼粉。

(4)脱脂法

采用石油醚或乙醚抽提，可对鱼粉样品进行脱脂。对鱼粉进行脱脂再观察，非常有利于辨识鱼粉品质，脱脂后更容易发现鱼粉的特征性颗粒。

(5)测色法

把鱼粉放入一个洁净的玻璃容器中，先加入95%的乙醇，再滴入1~2滴浓盐酸，如果变为深红色，则说明掺有有机物质。

(6)镜检法

有经验的质检员可以通过显微镜发现和判断大部分的掺假物。

在显微镜下观察，肌纤维较粗、颜色较深，说明可能掺有肉骨粉；如显微镜下看到松碎的香块状物，则可能为角质蛋白或水解角质蛋白(如水解羽毛粉、水解蹄角粉等)；若沥青块状物可能为血粉；细丝状、少骨头的鱼粉，多掺有皮粉、皮革粉；有黑褐色块状物，并且一面黏附有白色丝状物，可能掺有棉籽饼(粕)；发现成粒菜籽或菜籽壳的，说明鱼粉中掺有菜籽饼(粕)。如果鱼粉中掺入菜籽饼、棉籽饼，为使蛋白质含量不致过低，常同时掺入血粉、水解羽毛粉或角质蛋白粉。镜下所见的血粉和角质蛋白粉均呈红褐色和紫黑色的颗粒，边缘较锐利。鱼粉中掺入未经水解的羽毛粉，因其羽毛已卷曲成团粒不易观察，故需用蒸馏水浸润样品，放置10~30 min后进行镜检，即可看到小羽梗上已经伸展的羽毛；水解不够完全的羽毛粉，也能看到小梗上少量残留的羽毛；完全水解的羽毛粉呈条状和各种粒状，呈无色、浅黄透明或黑褐色，质硬，而鱼肉纤维相对较软。

3.鱼粉的掺假鉴定

由于鱼粉价格高昂,鱼粉中极易掺入价格便宜的与蛋白质同类或不同类的物质。例如,以增加鱼粉重量为目的而掺入豆粕、菜籽粕、棉粕和花生粕等,以增加总氮为目的而掺入非蛋白氮(如二缩脲、尿素、氯化铵等),以低质动物蛋白质掺入鱼粉中(如掺入羽毛粉、血粉、皮革粉和肉粉等),以低质或变质鱼粉掺入好的鱼粉(特别是进口鱼粉)中,等等。

(1)鱼粉中掺入植物质的检测

凡植物来源的掺假物均含有淀粉和木质素。淀粉可与碘化钾反应,产生蓝色或蓝黑色化合物;木质素在酸性条件下可与间苯三酚反应,产生红色化合物。故利用上述两种物质反应,即可迅速检测鱼粉中是否含有植物来源的掺假物。

检测方法:①取被检鱼粉1~2 g放入试管中,加4~5倍蒸馏水加热至沸以浸出淀粉。冷却后,滴入1~2滴碘-碘化钾溶液(取碘化钾6 g加入100 mL蒸馏水中,再加入2 g碘,溶解后摇匀,置棕色瓶中保存),若溶液立刻出现蓝色或黑蓝色,表明鱼粉中掺入了淀粉。②取被检鱼粉少许平铺于表面皿中,用间苯三酚液(2 g间苯三酚溶入100 mL 90%乙醇中)浸湿,放置5~10 min,再滴加2~3滴浓HCl,若试样中出现散布的红色点,说明鱼粉中掺入了含木质素的物质。

(2)鱼粉中掺入血粉的检测

血粉中含有铁质,该铁质具有类似过氧化物酶作用,能分解过氧化氢,放出新生态氧,使联苯胺氧化成联苯胺蓝,出现蓝色环、点。根据环、点的有无,即可判断出鱼粉是否掺入了血粉。

检测方法:取少许被检鱼粉,放入白瓷皿或白色滴板中,加联苯胺-冰乙酸混合液数滴(1 g联苯胺加入100 mL冰乙酸中,加150 mL蒸馏水稀释)浸湿被检鱼粉,再加3%过氧化氢溶液1滴,若掺有血粉,被检样即显深绿色或蓝绿色。

(3)鱼粉中掺入双缩脲的检测

双缩脲在碱性介质中可与Cu^{2+}结合生成紫红色化合物,据此可检测鱼粉中是否掺有双缩脲。

检测方法:称取被检鱼粉2 g,放入20 mL蒸馏水中,搅拌均匀后静置10 min,用干燥滤纸过滤。取4 mL滤液倒入试管中,加6 $mol \cdot L^{-1}$ NaOH溶液1 mL,再加1.5% $CuSO_4$溶液1 mL,摇匀后立即观察,溶液显蓝色表示未掺双缩脲,显紫红色说明掺有,且颜色越深,掺入比例越大。

(4)鱼粉中掺入鞣革粉的检测

鞣革粉中的铬经灰化后部分可变成六价铬,六价铬在强酸溶液中能与均二苯胺基脲发生反应，生成紫红色水溶性铬–二苯硫代偕肼腙化合物。该反应极为灵敏，微量铬即可检出。

检测方法：取被检鱼粉1~2 g入瓷坩埚中，炭化后入马弗炉灰化。冷却后，加入少许蒸馏水将灰分湿润，加2 mol·L^{-1} H_2SO_4溶液10 mL使之呈酸性，再加数滴均二苯胺基脲溶液（0.2~0.5 g均二苯胺基脲溶入90%乙醇中），片刻后若出现紫红色，即证明有鞣革粉掺入。

（5）鱼粉中掺入羽毛粉的检测

取被检鱼粉10 g倒入100 mL烧杯中，加入四氯化碳80 mL，搅拌后静置沉淀。将漂浮层倒入滤纸过滤，滤物用电吹风吹干。取少许风干滤物置载玻片上，于30~50倍显微镜下观察，除见有表面粗糙、具纤维结构的鱼肉颗粒外，掺有羽毛粉者尚可见或多或少的羽毛、羽干和羽管（中空、半透明）。经水解的羽毛粉，有的形同玻璃碎粒，质地如塑胶，呈灰褐色或黑色。

（6）鱼粉中掺入棉籽饼（粕）的检测

先将20目和40目分样筛叠放在一起，然后取被检鱼粉200 g放入分样筛，摇筛3~5 min，即将被检样分成粗、中、细三部分。观察中层40目筛上物，若见筛中央散布有细短绒棉纤维，相互团絮在一起，呈深黄色或棕黄色，筛四周有不少深褐色棉籽外壳碎片，可初步证实鱼粉中掺有棉籽饼（粕）。

为进一步证实，可在30~50倍显微镜下观察，可见中央部分样品散布有细短棉绒纤维，该纤维卷曲、半透明、有光泽、白色，并混有少量深褐色棉籽壳碎片（厚、硬、具弹性），碎片断面有浅色或深褐色相交叠的色层。有时可见一些棉纤维仍附着在外壳上或埋在棉饼中。

4.鱼粉掺假识别示例

正常秘鲁鱼粉（碱煮，20×）

掺假秘鲁鱼粉（碱煮，10×）

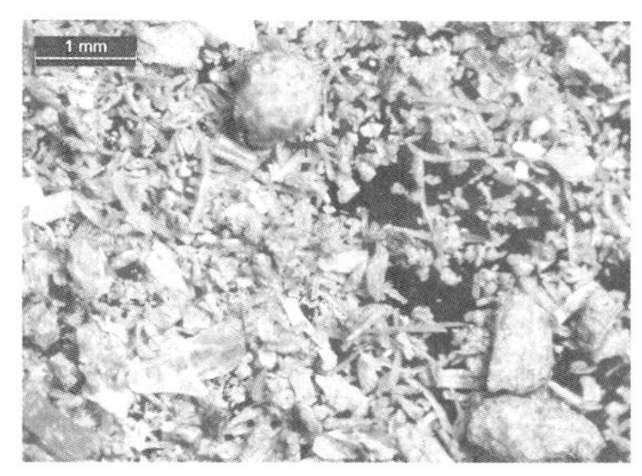

正常秘鲁鱼粉(脱脂,20×)

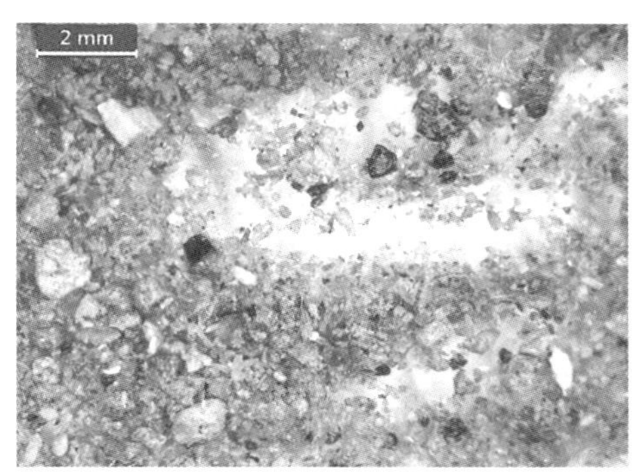

掺假秘鲁鱼粉(脱脂,10×)

图3-1 正常鱼粉和掺假鱼粉

【肉骨粉的识别及掺假鉴定】

1. 肉骨粉的识别

肉骨粉是指用动物杂骨、下脚料、废弃物等经高温处理、脱脂、干燥和粉碎加工后的产品。肉骨粉一般为金黄色至淡褐色或深褐色,含脂肪高时,色较深,过热处理时颜色也会加深,一般用猪骨肉制成者颜色较浅,有新鲜的肉味,并具有烤肉香及牛油或猪油味,正常情况下为粉状,内含小骨块。

在体视镜下观察,可以看到肌肉纤维有条纹,白色至黄色,表面有较暗及较淡的区分。畜骨小骨块颜色较白,较硬,形状为多角形,组织致密,边缘平整,内有点状(洞)存在;禽骨为淡黄色或白色椭圆长条形,较松软,易碎,骨头上孔较大。腱为小片颗粒,形状不规则,半透明,呈黄色至黄褐色,质硬,表面光泽暗淡。血呈破碎球体形,形状不规则,黑色或深紫色,难以破碎。毛为长短不一的杆状,红褐色、黑色或黄色,半透明,坚韧而弯曲。

2. 肉骨粉的掺假鉴定

肉骨粉中常见掺假物有水解羽毛粉、血粉、贝壳粉、皮革粉等。

(1)肉骨粉中掺入羽毛粉的检测

取肉骨粉10 g,放入100 mL高型烧杯中,加入四氯化碳80 mL,搅拌后放置沉淀,将漂浮层倒入滤纸过滤。将滤纸上样品用电吹风吹干,取少许置培养皿中,在30~50倍显微镜下观察,除见表面粗糙且有纤维结构的肉骨颗粒外,若见羽毛、羽干、羽管(中空,半透明)或形同玻璃碎粒、质地与硬度如塑胶、呈灰褐色或黑色的物质,则样品含有羽毛粉或水解羽毛粉。

(2)肉骨粉中掺入血粉的检测

取肉骨粉1~2 g置于烧杯中,加水5 mL,搅拌后静置数分钟过滤。取一试管,加N,N-二甲基苯胺粉末少许,再加约2 mL冰乙酸,待溶解后,加入3%的过氧化氢溶液(现用现配)2 mL。将样品过滤液徐徐注入试管中,如两液接触面出现绿色的环或点,说明有血粉存在。

(3)肉骨粉中掺入贝壳粉的检测

取0.5~1 g样品,在培养皿中铺成薄薄的一层,用20~50倍显微镜观察,颗粒质硬,表面光滑,不透明,白色、灰色或粉红色,光泽暗淡或半透明,有些颗粒外表面具有同心或平行的线纹,则表明掺有贝壳粉。

(4)肉骨粉中掺入皮革粉的检测

取2 g粉碎的肉骨粉样品放入瓷坩埚内,在马弗炉中灰化,冷却后用水润湿。依次加入10 mL NaOH、4滴3%过氧化氢水、5 mL戊醇,最后加入足量浓H_2SO_4将溶液酸化,有蓝色出现表明肉骨粉中掺有鞣革粉。

3.肉骨粉识别示例

正常肉骨粉(脱脂,10×)

正常肉骨粉(脱脂,20×)

图3-2　正常肉骨粉

【豆粕的识别及掺假鉴定】

1.豆粕的识别

豆粕是大豆籽粒经压榨或溶剂浸提油脂后,经适当热处理与干燥后的产品。纯豆粕呈不规则碎片状、粉状或粒状,浅黄色或淡褐色,色泽一致,偶有少量结块,闻之有豆粕固有香味。若壳太多,则品质差;颜色浅黄表示加热不足,暗褐色表示热处理过度,品质较差。掺入沸石粉、玉米等杂质后,颜色浅淡,色泽不一,结块多,剥开后用手指捻可见白色粉末状物，闻之稍有豆香味，掺杂量大的则无豆香味。把样品粉碎后，再与纯豆粕比较，色差显而易见。在粉碎过程中，假豆粕粉尘大，装入玻璃容器中粉尘会黏附于瓶壁，而纯豆粕则无此现象。用牙咬纯豆粕发黏，而掺有玉米的则脆且有粉末。

2. 豆粕的掺假识别方法

（1）水浸法

取需检验的豆粕25 g，放入盛有250 mL水的玻璃杯中浸泡2~3 h，然后用木棒轻轻搅动。若掺有泥沙，可看到豆粕与泥沙分层，上层为饼粕，下层为泥沙。

（2）容重法

用四分法取样，非常轻柔仔细地将样品放入1 000 mL量筒内，直至刚好到刻度线为止，然后将样品从量筒内倒出称量。每一样品重复做3次，取其平均值为容重，单位为$g \cdot L^{-1}$。一般纯豆粕容重为594.1~610.2 $g \cdot L^{-1}$，将测得的结果与之比较，如果偏差较大，说明该豆粕掺假。

（3）碘酒鉴别法

取少许豆粕放在干净的瓷盘中，铺薄铺平，在其上面滴几滴碘酒，过1 min，其中若有物质变为蓝黑色，说明掺有玉米、麸皮、稻壳等。

（4）镜检法

取待检样品和纯豆粕样品各一份，置于培养皿中，并使之分散均匀，分别放于显微镜下观察。在显微镜下可观察到：纯豆粕外壳的外表面光滑，有光泽，并有被刺时的印记，豆仁颗粒也无光泽，不透明，呈奶油色。而玉米粒皮层光滑，半透明，并带有似指甲的纹路和条纹，这是玉米粒区别于豆仁的显著特点；另外，玉米粒的颜色也比豆仁深，呈橘红色。

3. 豆粕的识别示例

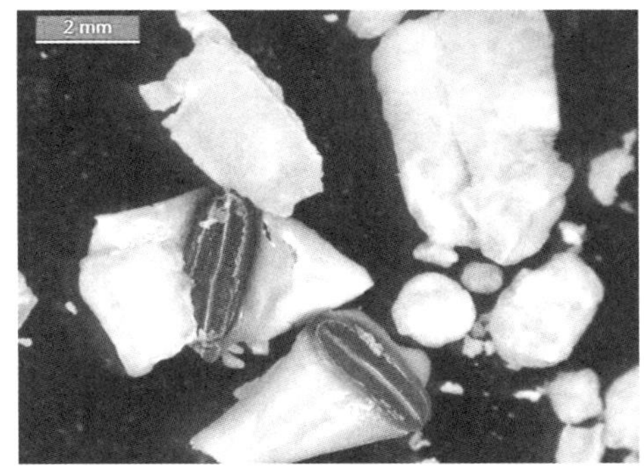

正常豆粕（碱煮，20×）

正常豆粕（碱煮，20×）

图3-3　正常豆粕

【菜籽粕的识别及掺假鉴定】

1.菜籽粕的识别

菜籽粕是由菜籽榨油残渣加工而成，正常菜籽粕为黄色或浅褐色，粗粉状，色泽新鲜一致，且具有浓厚的油香味和一定的油光性，无发酵、发热、结块及异味等现象，用手抓时有疏松感觉。在显微镜下，可见种皮较薄，外表光滑，有网状结构，种皮与种仁互相分离，质地脆，无光泽。掺假菜籽粕油香味淡，颜色暗淡无油光，用手抓时感觉较沉。

2.菜籽粕的掺假鉴定

（1）常规检测法

通过检测粗蛋白含量判断是否掺假，正常菜籽粕粗蛋白含量一般在33%以上，掺假菜籽粕粗蛋白含量较低。

（2）盐酸法

正常菜籽粕加入适量10%的盐酸，没有气泡产生，掺假菜籽粕则有大量气泡产生。

（3）四氯化碳法

取一梨形分液漏斗或小烧杯，放入5~10 g菜籽粕，加入100 mL四氯化碳，用玻璃棒搅拌后静置10~20 min，菜籽粕的密度比四氯化碳小，所以菜籽粕漂浮于四氯化碳表面，而矿砂、泥土等密度较大，故沉于底部。将沉淀物分离开，放入已知质量的称量盒中，将称量盒放入105 ℃烘箱中烘15 min，取出后置干燥器中冷却称重即可算出掺假物含量，正常的应该在1%以下，若有掺假，其含量可达到5%~15%。

3.菜籽粕的掺假识别示例

正常菜籽粕（脱脂，10×）

掺假菜籽粕（脱脂，20×）

图3-4　正常菜籽粕和掺假菜籽粕

【花生粕的识别及掺假鉴定】

1. 花生粕的识别

花生粕是以脱壳花生果为原料，经过有机溶剂提取或预压浸提法提取油脂后的副产品。花生粕呈淡褐色或深褐色，有淡花生香味，其形状为小块状或粉状，含有少量花生壳。正常花生粕用手抓时有疏松感觉，而掺假菜籽粕油香味淡，颜色也暗淡无油光，用手抓时感觉较沉。

体视镜下可见种皮纹理、分支和脉脊，种皮颜色为红色、粉红或棕黄色。花生粕主要由碎果仁组成，也可见一些种皮和外壳存在，破碎外壳表面有成束纤维并成网状结构，外壳的内层为不透明白色，质软且有光泽。

2. 花生粕的掺假鉴定

(1)常规检测法

正常花生粕的粗蛋白含量一般在40%以上，灰分含量应该在7%以下。因此，通过检测其水分、粗蛋白和灰分含量可初步判断花生粕是否掺假。

(2)盐酸法

正常花生粕加入适量10%的盐酸，没有气泡产生，掺假花生粕则有大量气泡产生。

(3)掺入花生壳粉的识别

取样品1 g，置于500 mL三角瓶中，加入5%的NaOH溶液100 mL，煮沸30 min后加水至500 mL，静置，弃去上清液，再加200 mL水，再煮沸30 min。取残渣在50~100倍显微镜下观察，如见到不定形的黄褐色乃至暗褐色破片，在外表皮上斜交叉有细纤维，则说明掺有花生壳粉。

3. 花生粕的识别示例

正常花生粕(碱煮，20×)

掺假花生粕(脱脂，20×)

图3-5　正常花生粕和掺假花生粕

【棉粕的识别及掺假鉴定】

1. 棉粕的识别

棉粕是以棉籽为原料，经脱绒脱壳或部分脱绒脱壳后用预压浸提法或压榨浸提法提取油脂后的副产品。棉籽粕多黏附有棉纤维，一般为新鲜一致的黄褐色、暗褐色至黑色，有坚果味，略带棉籽油味道，通常为粉状或碎块状。

体视镜下可见短纤维附着在外壳及饼粕的颗粒中，棉纤维白色、有光泽、半透明、中空、扁平、卷曲；棉籽壳碎片为棕色或红棕色，厚且硬，沿其边沿方向有淡褐色和深褐色的不同色层，并带有阶梯状的表面；棉籽仁碎片为黄色或黄褐色，含有许多不规则圆形的黑色或红褐色油腺体或棉酚色腺体。

2. 棉粕的掺假鉴定

棉粕中的主要掺假物有红土、膨润土、褐色沸石粉或砂石粉，也有用钙粉、各色土、麸皮、米糠、稻壳经加工制粒着色而掺假的。

对上述的掺假现象，用水浸法、盐酸法和四氯化碳法可分别予以鉴定。

3. 棉粕的掺假识别示例

正常棉粕(脱脂，10×)

掺假棉粕(脱脂，20×)

图3-6　正常棉粕和掺假棉粕

【思考题】

(1)动物性蛋白原料的常见鉴别方法有哪些？

(2)植物性蛋白原料的常见鉴别方法有哪些？

(3)水产饲料原料掺假鉴别的意义是什么？

(4)水产饲料原料鉴别需要用到哪些仪器？

(5)市场上是否存在水产原料鉴别快速入门的视听资源？

【实验拓展】

1.水产饲料原料鉴别的方法

水产饲料原料鉴别的常见方法包括感官鉴别法、镜检鉴别法、物理鉴别法、化学鉴别法等。化学鉴别法又可分为化学定性鉴别法和化学定量鉴别法。

感官鉴别法和镜检鉴别法是最原始但也是最重要、最简单、最廉价的方法，其他鉴别方法都离不开它的配合，是首选的方法。物理鉴别法，是感官鉴别法鉴别不出是否掺假时选用的方法。化学鉴别法，是感官鉴别法和物理鉴别法都难以判定原料真假与优劣时选用的方法，尤其化学定量鉴别法是鉴别原料品质必选的方法。

2.近红外分析技术在鱼粉掺假鉴别中的应用

以鱼粉为例，基于近红外反射光谱技术，可建立鱼粉中动植物掺假成分的定性判别分析模型，并采用不同的变量筛选方法对模型进行优化；建立鱼粉中动植物掺假成分的定量分析模型，并采用移动窗口偏最小二乘法和不同的变量筛选方法对模型进行优化；建立鱼粉中掺假成分定量分析模型的传递方法。国内外研究结果显示，近红外技术能将掺有豆粕、麦麸、菜籽粕等的鱼粉与不掺假的鱼粉区分开，并能定量预测出掺假物的含量。

（注：本实验原料识别示例相关图片均由广东联鲲集团有限公司提供。）

（陈拥军，西南大学）

动物性蛋白原料的综合评定——以鱼粉为例

动物性蛋白原料主要指水产、畜禽加工、缫丝及乳品业等加工的副产品。由于具备氨基酸组成平衡、维生素含量丰富、钙磷含量高且比例适宜等特点，动物性蛋白源是水产动物配合饲料较为理想的蛋白源。鱼粉是水产动物最理想但亦是最昂贵的动物性饲料蛋白源，受产地、加工工艺、包装、运输以及贮存等环节的影响，来源不同的鱼粉质量差异很大。一方面，由于价格昂贵，鱼粉掺假现象十分普遍，掺假鱼粉的营养品质明显低于正常鱼粉。另一方面，在生产和储存过程中，在腐败菌等有害微生物的作用下，鱼粉蛋白质易氧化分解产生挥发性盐基氮、生物胺（组胺、腐胺、尸胺、酪胺、精胺和亚精胺等的统称）、粪臭素等有毒物质。由于鱼粉中仍含有10%左右的鱼油，在热、光、氧、金属离子等的诱导下，鱼油中的不饱和脂肪酸极易发生氧化酸败，产生一系列醛、酮等小分子有毒物质。因此，鱼粉的综合评定主要包含以上两方面的内容，即营养品质的评定和鱼粉新鲜度的评定。

【鱼粉营养品质的评定】

1.鱼粉的分级标准

根据《饲料原料 鱼粉》（GB/T 19164—2021），将鱼粉分为红鱼粉、白鱼粉和鱼排粉三类。

红鱼粉是以全鱼（白鱼粉原料鱼除外）为原料，经蒸煮、压榨、干燥、粉碎获得的产品。

白鱼粉是以鳕鱼、鲽鱼等白色肉质鱼类的全鱼或其加工鱼产品后剩余的部分（包括鱼骨、鱼内脏、鱼头、鱼尾、鱼皮和鱼鳍）为原料，经蒸煮、压榨、干燥、粉碎获得的产品。

鱼排粉是以白鱼粉原料鱼以外的鱼体加工鱼产品后剩余部分（包括鱼骨、鱼内脏、鱼头、鱼尾、鱼皮和鱼鳍）为原料，经蒸煮、压榨、干燥、粉碎而获得的产品。

不同类别鱼粉的感官要求和理化指标规定如表3-1、表3-2。

表3-1 不同类别鱼粉的外观与性状

项目	红鱼粉	白鱼粉	鱼排粉
色泽	黄褐色至褐色，或青灰色	黄白色至浅黄褐色	黄白色至黄褐色
状态	肉眼可见粉状物，可见少量鱼骨、鱼眼等。显微镜下可见颗粒状或纤维状鱼肉、颗粒状鱼内脏和鱼熔浆以及鱼骨、鱼鳞；鱼虾粉中可见虾蟹成分，无生虫、霉变、结块	肉眼可见粉状物，可见鱼骨、鱼眼等。显微镜下可见纤维状鱼肉，有较多鱼骨。无生虫、霉变、结块	肉眼可见粉状物，可见鱼骨、鱼眼、鱼鳞等。显微镜下可见颗粒状或纤维状鱼肉，较多的鱼骨、鱼眼、鱼鳞及褐色块状内脏。无生虫、霉变、结块
气味	具有鱼粉正常气味，无腐臭味，油脂酸败味及焦煳味	具有白鱼粉正常气味，无腐臭味，油脂酸败味及焦煳味	具有鱼排粉正常气味，无腐臭味，油脂酸败味及焦煳味

表3-2 不同类别鱼粉的理化指标

项目	红鱼粉				白鱼粉		鱼排粉	
	特级	一级	二级	三级（含鱼虾粉）	一级	二级	海洋捕捞鱼	其他鱼
粗蛋白/%	≥66.0	≥62.0	≥58.0	≥50.0	≥64.0	≥58.0	≥50.0	≥45.0
赖氨酸/%	≥5.0	≥4.5	≥4.0	≥3.0	≥5.0	≥4.2	≥3.2	
17种氨基酸总量[a]与粗蛋白质量比/%	≥87.0		≥85.0	≥83.0	≥90.0		≥85.0	
甘氨酸质量与17种氨基酸总质量比/%	≤8.0			—	≤9.0		—	
DHA[b]与EPA[c]占鱼粉总脂肪酸比例之和/%	≥18.0							—
水分/%	≤10.0							
粗灰分/%	≤18.0	≤20.0	≤24.0	≤30.0	≤22.0	≤28.0	≤34.0	
砂分（盐酸不溶性灰分）/%	≤1.5			≤3.0	≤0.4		≤1.5	
盐分（以NaCl计）/%	≤5.0				≤2.5		≤3.0	≤2.0
挥发性盐基氮（VBN）/（mg/100 g）	≤100	≤130	≤160	≤200	≤70		≤150	≤80
组胺/($mg\cdot kg^{-1}$)	≤300	≤500	≤1.00×10^{3}	≤1.50×10^{3}	≤25.0		≤300	
丙二醛（以鱼粉所含粗脂肪为基础计）/($mg\cdot kg^{-1}$)	≤10.0	≤20.0	≤30.0		≤10.0	≤20.0	≤10.0	

[a] 17种氨基酸总量：胱氨酸、蛋氨酸、天门冬氨酸、苏氨酸、丝氨酸、谷氨酸、甘氨酸、丙氨酸、缬氨酸、异亮氨酸、亮氨酸、酪氨酸、苯丙氨酸、赖氨酸、组氨酸、精氨酸和脯氨酸之和。

[b] DHA：二十二碳六烯酸（C22：6n-3）。

[c] EPA：二十碳五烯酸（C20：5n-3）。

2.鱼粉的感官评定

按照表3-1中的具体要求，从色泽、组织和气味等三方面对鱼粉的说明类别（红鱼粉、白鱼粉和鱼排粉）和品质初步进行分级。在显微镜下，观察鱼粉的组成、肌纤维结构和颜色：若在镜下观察到肌纤维较粗、颜色较深，说明可能掺有肉骨粉；若在镜下观察到松碎的香块状物或沥青块状物，则说明可能掺有（水解）角质蛋白或血粉；若在镜下观察到细丝状物质且鱼骨较少的现象，则说明可能掺有皮粉、皮革粉；若在镜下观察到黑褐色块状物，并且一面黏附有白色丝状物，则可能掺有棉粕；若在镜下观察到菜籽粒或菜籽壳，则说明可能掺有菜籽饼（粕）；若在镜下观察到红褐色和紫黑色的颗粒，且颗粒边缘较锐利，则说明可能掺有血粉和角质蛋白粉。

3.鱼粉的掺假鉴别

根据感官评定中显微镜镜检所怀疑的掺假对象，按照本书综合性实验部分“实验1”中“3.鱼粉的掺假鉴定”的具体项目确定鱼粉中具体的掺假原料。

4.鱼粉的营养组成分析

参照本书基础性实验部分相关实验项目，分别测定鱼粉中粗蛋白、粗灰分、水分、氨基酸和脂肪酸的含量。

按照《水产品中盐分的测定》（SC/T 3011—2001）中所述方法测定鱼粉中的盐分含量，按照《饲料原料 鱼粉》（GB/T 19164—2021）测定鱼粉中的砂分含量。

【鱼粉新鲜度的评定】

1.鱼粉蛋白新鲜度的评定

目前，挥发性盐基氮和生物胺含量是评判鱼粉蛋白新鲜度的重要指标。其中，挥发性盐基氮的含量可参照本书基础性实验部分“实验13”中所述方法予以测定。鱼粉中的组胺含量可参照《食品中生物胺的测定》（GB/T 5009.208—2016）中所描述的方法予以测定。

2.鱼粉脂肪新鲜度的评定

油脂发生氧化酸败后，其物理化学性质会发生改变。油脂氧化可分为初级氧化和终末氧化两个阶段：初级氧化阶段生成的产物（初级氧化产物）不稳定；终末氧化阶段的产物（次级氧化产物）稳定且分子量小，毒副作用大。常见的评定油脂氧化酸败的指标有过氧化值、酸价、丙二醛含量等。其中，过氧化值和酸价是反映油脂初级氧化产物含量的指标，丙二醛含量是反映油脂次级氧化产物含量的指标。

参照本书基础性实验部分“实验14”“实验15”和“实验16”中所述方法，可测定鱼粉中油脂的过氧化值、酸价和丙二醛含量。

综上，通过对鱼粉进行感官评价和掺假鉴别可判断鱼粉是否存在掺假现象。在此基础上，对鱼粉的营养品质和新鲜度进行评价，可对其品质进行分级。

【思考题】

(1)动物性蛋白综合评定的意义有哪些?

(2)动物性蛋白综合评定包含的内容有哪些?

(3)鱼粉蛋白新鲜度评定的原理是什么?

(4)鱼粉脂肪新鲜度评定的原理是什么?

(5)与GB/T 19164—2003相比，新国标GB/T 19164—2021对鱼粉技术指标的测定做出了哪些改进?原因何在?

【实验拓展】

1.胃蛋白酶消化率的测定在评判鱼粉品质中的应用

合格的鱼粉，其蛋白酶消化率不应小于85%。测定胃蛋白酶消化率能鉴别鱼粉掺假物是否为高蛋白而又不容易被吸收的原料，例如羽毛粉、皮革粉等。按照《动物性蛋白质饲料胃蛋白酶消化率的测定　过滤法》(GB/T 17811—2008)可测定胃蛋白酶对鱼粉的消化率。若鱼粉的粗蛋白含量很高，但其胃蛋白酶的消化率低于80%，则也可判断鱼粉是劣质的或掺假的。

2.粗蛋白含量能准确反映鱼粉的营养价值吗?

蛋白质含量是评价鱼粉营养价值的主要指标之一，在生产中通常采用凯氏定氮法测定粗蛋白(实验4饲料中粗蛋白的测定)含量来反映蛋白质含量。真蛋白质又叫纯蛋白质，是由多种氨基酸合成的一类高分子化合物。纯鱼粉的粗蛋白中有95%以上是真蛋白质，一旦鲜鱼变质腐烂，其粗蛋白虽不变，但其真蛋白质质量会显著下降，鱼粉如果被掺入尿素等化肥，其粗蛋白含量会大大增加，但其真蛋白质含量不变。因而，真蛋白质含量比粗蛋白含量更能反映出鱼粉的营养价值，测定其含量有重要意义。

(陈拥军，西南大学)

植物性蛋白原料的综合评定——以豆粕为例

植物性蛋白原料是指豆类籽实、各种油料籽实提取油后的饼粕和谷物籽实加工产生的副产品。由于其具备来源丰富、价格低廉、氨基酸较为平衡等特点，植物性蛋白原料已在水产配合饲料中广泛使用。在所有植物性蛋白原料中，以豆粕的氨基酸组成最为平衡，豆粕在水产饲料配方中占据着重要地位。随着水产养殖规模的不断扩大，豆粕的用量与日俱增，豆粕的价格急剧攀升，豆粕的掺假现象时有发生。大豆中除含有丰富的营养物质外，还含有多种抗营养因子。这些抗营养因子的存在不仅会降低饲料的适口性和营养价值，还会对动物的生长、消化吸收、生理功能和机体健康产生不利影响。因此，豆粕加工过程中对众多抗营养因子的处理程度直接决定了其在水产饲料中的应用价值。虽然预热工艺可使豆粕中大部分抗营养因子钝化和失活，但是加热时间过长亦会导致蛋白质变性、蛋白溶解性下降、氨基酸消化率降低，使得豆粕的营养价值降低。因此，豆粕的综合评定须包含以上两方面的内容，即豆粕营养品质的评定和加工程度的评估。

【豆粕营养品质的评定】

1. 豆粕的分级标准

根据《饲料原料 豆粕》(GB/T 19541—2017)，豆粕的等级分为特级品、一级品、二级品和三级品。不同等级豆粕的理化指标规定如表3-3。

表3-3 豆粕的理化指标规定

项目	特级品	一级品	二级品	三级品
粗蛋白/%	≥48	≥46	≥43	≥41
粗纤维/%	≤5	≤7		
水分/%	≤12.5			

续表

项目	特级品	一级品	二级品	三级品
粗灰分/%	≤7			
赖氨酸/%	≥2.5		≥2.3	
尿素酶活性(U·g^{-1})	≤0.3			
氢氧化钾中蛋白质溶解度/%	≥73			

2. 豆粕的感官评定

豆粕呈不规则的碎片状、粗颗粒状或粗粉状，颜色为浅黄色、浅棕色或红褐色，不得有发酵、霉变、虫害及异味异臭等现象发生。若壳太多，则品质差；颜色浅黄表示加热不足，暗褐色表示热处理过度，品质较差。掺入沸石粉、玉米等杂质后，颜色浅淡，色泽不一，结块多，剥开后用手指捻可见白色粉末状物，闻之稍有豆香味，掺杂量大的则无豆香味。把样品粉碎后，再与纯豆粕比较，色差显而易见。在粉碎过程中，假豆粕粉尘大，装入玻璃容器中粉尘会黏附于瓶壁，而纯豆粕则无此现象。用牙咬纯豆粕发黏，而掺有玉米的则脆且有粉末。

3. 豆粕掺假的鉴别

根据感官评定中所怀疑的掺假对象，按照本书综合性部分“实验1”中“2. 豆粕的掺假识别方法”的方法确认豆粕是否掺假及掺杂的原料类型。

4. 豆粕的营养组成分析

参照本书基础性实验部分相关实验项目，分别测定豆粕中粗蛋白质、粗纤维、粗灰分、水分和赖氨酸的含量。对照表3-3，从营养成分层面确认豆粕的质量等级。

【豆粕加工程度的评估】

一般来讲，豆粕加工程度的评估主要包括两方面的内容：豆粕中抗营养因子的去除程度和豆粕中蛋白质变性的程度。豆粕中的抗营养因子主要包括胰蛋白酶抑制因子、大豆球蛋白、β-伴大豆球蛋白等，它们的直接测定过程烦琐复杂。尿素酶是豆粕中含有的一种天然酶类，它本身不是抗营养因子，但其在豆粕中的含量与抗营养因子的含量成正比。加热过程使抗营养因子钝化或灭活时，尿素酶活性亦降低甚至失活。因此，在实际操作中，通常以便于测定的尿素酶活性的大小来间接反映豆粕中抗营养因子受到的破坏程度。豆粕中蛋白质变性的程度通常以豆粕蛋白质的溶解度来衡量。

1.豆粕中尿素酶活性的测定

根据《饲料用大豆制品中尿素酶活性的测定》(GB/T 8622—2006)所述方法,对豆粕中的尿素酶活性进行定性、定量,要求测定值不得高于0.3 $U\cdot g^{-1}$。

2.豆粕蛋白质溶解度的测定

根据《饲料原料 豆粕》(GB/T 19541—2017)所述的方法,测定豆粕的氢氧化钾蛋白质溶解度,要求测定值不得低于73%。

综上,通过进行感官评定和掺假鉴别可判断豆粕是否存在掺假现象。在此基础上,对豆粕的营养品质和加工程度进行评价,可确定其质量等级。

【思考题】

(1)植物性蛋白综合评定的意义是什么?

(2)植物性蛋白综合评定包含哪些内容?

(3)植物性蛋白综合评定需要哪些仪器?

(4)植物性蛋白原料的优点和缺点各是什么?

(5)提高水产动物对植物蛋白利用效率的途径是什么?

【实验拓展】

生物学评定法能否评价豆粕的品质?

除化学方法外,亦可采用生物学评定法评价豆粕的品质。用含豆粕的饲料饲喂水产动物,在饲料中加入惰性矿物盐(如Yi_2O_3或Cr_2O_3)。这些矿物盐不能被水产动物消化吸收,因而它们会在粪便中富集,含量显著增加。通过测定饲料和粪便中该物质及其他营养物质的含量,可测定水产动物对豆粕中营养物质的消化率。消化率越高,表明豆粕的品质越好。

(陈拥军,西南大学)

油脂性原料的综合评定——以鱼油为例

在水产饲料中，添加适量油脂除了为水产动物提供必需脂肪酸外，还可以减少饲料生产过程中的粉尘，降低机械磨损而延长饲料生产设备的使用寿命。由于水产动物的必需脂肪酸均为多不饱和脂肪酸，因而，水产饲料的常用油脂原料如鱼油、豆油、大豆磷脂等均含有相当量的多不饱和脂肪酸。在生产与储存过程中，在热、光、氧、金属离子等的诱导下，这些多不饱和脂肪酸极易发生自由基链式反应而酸败变质，产生一系列不稳定的中间氧化产物和稳定的小分子醛、酮化合物。这些氧化产物（尤其是小分子终末产物）的存在不仅会降低水产饲料的适口性，还会对水产动物的生长、生理功能和健康造成不利影响，常见的症状有肌肉萎缩、肝病变、皮肤色素沉积紊乱等。

一直以来，鱼油是水产动物（尤其是肉食性鱼类）最为理想的油脂来源。与其他动物油和植物油相比，鱼油的典型特征为多不饱和脂肪酸（尤其是二十碳以上的高度不饱和脂肪酸）的含量很高。因此，在对鱼油进行综合评定时，除需关注其营养品质（脂肪酸组成）外，还要关注其新鲜度。

【鱼油营养品质的评定】

1.鱼油的分级标准

根据《鱼油》（SC/T 3502—2016），将鱼油的等级分为精制鱼油与粗鱼油。不同等级鱼油的感官要求如表3-4，理化指标规定如表3-5。

表3-4 鱼油的感官要求

项目	精制鱼油	粗鱼油
外观	浅黄色或橙红色，澄清透明，无沉淀物	浅黄色或红棕色，微有浑浊或分层，可有部分沉淀
气味	有鱼油特有的腥味，无鱼油酸败味	具有鱼油特有的腥味，稍有鱼油酸败味

表3-5　鱼油的理化指标

<table>
<tr><th rowspan="2">项目</th><th colspan="24">精制鱼油</th><th colspan="36">粗鱼油</th></tr>
<tr><th colspan="12">一级</th><th colspan="12">二级</th><th colspan="12">一级</th><th colspan="12">二级</th><th colspan="12">三级</th></tr>
<tr><td>水分及挥发物/%</td><td colspan="12">≤0.1</td><td colspan="12">≤0.2</td><td colspan="12">≤0.3</td><td colspan="12">≤0.5</td><td colspan="12">≤0.8</td></tr>
<tr><td>酸价(以KOH计)/mg·g^{-1}</td><td colspan="12">≤1.0</td><td colspan="12">≤3.0</td><td colspan="12">≤8.0</td><td colspan="12">≤15.0</td><td colspan="12">≤30.0</td></tr>
<tr><td>过氧化值/meq·kg^{-1}</td><td colspan="15">≤5.0</td><td colspan="15">≤10.0</td><td colspan="15">≤12.0</td><td colspan="15">≤20.0</td></tr>
<tr><td>茴香胺值/meq·kg^{-1}</td><td colspan="20">≤20.0</td><td colspan="20">≤25.0</td><td colspan="20">不做限定</td></tr>
<tr><td>碘值/g·(100 g)$^{-1}$</td><td colspan="30">≥140</td><td colspan="30">≥120</td></tr>
<tr><td>不溶性杂质/%</td><td colspan="30">≤0.1</td><td colspan="30">≤0.5</td></tr>
<tr><td>不皂化值/%</td><td colspan="20">≤1.5</td><td colspan="20">≤3.0</td><td colspan="20">不做限定</td></tr>
</table>

2.营养品质评定

参照本书基础性实验部分“实验2”所述方法，测定鱼油的水分及挥发物含量。参照本书基础性实验部分“实验11”所述方法，测定鱼油的脂肪酸组成。通过脂肪酸组成判定鱼油是否氧化，需要有新鲜鱼油样本作为对照。一般来讲，氧化酸败后，鱼油中的饱和脂肪酸含量会明显增加，n-3系列多不饱和脂肪酸(二十碳五烯酸和二十二碳六烯酸)的含量明显下降，(n-3)/(n-6)值明显下降。

【鱼油新鲜度的评定】

油脂发生氧化酸败后，其物理化学性质均会发生改变。常见的评定油脂氧化酸败的指标有酸价、过氧化值、碘值、茴香胺值、硫代巴比妥酸值等。其中，过氧化值、酸价和碘值是反映油脂初级氧化产物含量的指标，茴香胺值和硫代巴比妥酸值是反映油脂次级氧化产物含量的指标。任何一个评定指标都有其优势和劣势，通常要结合多个指标来判定油脂的新鲜程度和氧化酸败状况。

参照本书基础性实验部分“实验14”和“实验15”所述方法，可测定鱼油的过氧化值和酸价；按照《动植物油脂 茴香胺值的测定》(GB/T 24304-2009)所述方法，测定鱼油的茴香胺值。由于碘值的测定受测定人员的主观判断影响较大，且硫代巴比妥酸值的测定烦琐复杂，因而可综合酸价、过氧化值和茴香胺值这三个指标的测定值，对照表3-5的理化指标要求，对鱼油的质量进行分级。

【思考题】

(1)油脂原料综合评定的意义有哪些？

(2)油脂原料综合评定包含的内容有哪些？

（3）油脂原料综合评定需要哪些仪器？

（4）油脂新鲜度评价的原理和难点是什么？

（5）在生产流通环节，哪些措施有利于保障油脂的新鲜度？

【实验拓展】

1. 在生产实践中，如何预防鱼油的氧化酸败？

鱼油极易发生自动氧化，因而没有绝对新鲜的鱼油。在生产实践中，可通过合理储存鱼油和改善饲料加工及运输条件、添加天然或人工合成的抗氧化剂来阻断鱼油的自动氧化等来预防鱼油的氧化酸败。就抗氧化剂的添加而言，可添加天然的抗氧化剂如维生素E、维生素A、维生素C等，也可添加人工合成的抗氧化剂如乙氧喹（EQ）、丁基羟基茴香醚（BHA）、二丁基羟基甲苯（BHT）等。人工合成的抗氧化剂价格便宜且效果好，但其添加量应谨慎评估。

2. 在人类生活中，为什么"地沟油"屡禁不止？

通过感官评定通常很难判定油脂的营养品质，而鱼油的营养品质和新鲜度评定耗时耗力。不法分子通过较简易的手段，如加碱调节油脂的pH，加抗氧化剂降低油脂的过氧化值，能使某些新鲜度指标如酸价和过氧化值回归正常。这是"地沟油"屡禁不止的一个原因。

（陈拥军，西南大学）

生物性饲料综合评定——以发酵豆粕为例

生物饲料是以基因工程、蛋白质工程、发酵工程等现代生物技术为手段，利用微生物发酵开发的新型饲料和饲料添加剂的总称，包括发酵饲料、酶解饲料、菌酶协同发酵饲料和生物饲料添加剂等。饲料原料的碳水化合物、蛋白质等有机物以及抗营养因子在发酵过程中会不断被微生物分解利用，生成菌体蛋白、核酸以及其他未知因子，从而降低饲料抗营养因子，增加饲料的营养价值。

发酵豆粕又称生物豆粕，属于生物饲料的一种，是利用乳酸菌类、芽孢杆菌类、酵母菌类和霉菌类四类有益菌并通过固态发酵和液体发酵等方法对豆粕进行发酵处理而产生的。豆粕发酵过程中可产生蛋白酶、非淀粉多糖酶和植酸酶等多种活性物质，同时消除豆粕中的植酸、大豆凝血素、脲酶、低聚糖、脂肪氧化酶、大豆抗原蛋白（致敏因子）及致甲状腺肿素等多种抗营养因子，把大分子量的大豆蛋白质分解为多肽、寡肽，甚至小肽，从而增加水溶性，提高消化率，有利于动物消化吸收；此外，将纤维类物质分解为糖，部分糖被转化为乳酸，产生大量有益微生物，使豆粕转化成高营养价值的功能饲料。

发酵饲料会因发酵原料的质量、发酵的菌种、发酵时间、发酵的水分含量不同以及发酵工艺而有所差异。不同的发酵产品质量不一，即便是用同一种发酵方法生产的各批次发酵饲料，其质量也存在差异，因此需要对生物性饲料进行综合的营养价值评定。以发酵豆粕为例，因其评价指标有多项，本实验主要介绍具有代表性的三个指标——酸溶蛋白、乳酸含量及酸度的测定和评价。

【实验目的】

了解饲料原料中酸溶蛋白、乳酸含量的测定原理与方法，掌握评价生物饲料发酵质量的方法。

一、通过酸溶蛋白含量评价发酵豆粕质量

【实验原理】

酸溶蛋白含量是判定小分子蛋白质含量的主要指标，其一般标准为8%。完全的酵母菌发酵的产品，此值一般为5%。酸溶蛋白含量可采用三氯乙酸（TCA）法测定。这种方法基本可以反映发酵蛋白类产品肽的相对分子质量分布。大豆蛋白质在pH=4.5附近是等电点，会形成沉淀，但小肽保持溶解状态，相对分子质量越小，溶解性越好。酸溶蛋白的检测是用TCA溶解小肽、混合振荡、离心，然后取清液，再按照本书基础性实验部分"实验4"所述方法，测定粗蛋白的含量。

【实验材料】

1. 实验仪器

（1）实验室用样品粉碎机或研钵。

（2）分样筛：孔径0.42 mm（40目）。

（3）分析天平：感量0.000 1 g。

（4）滴定管：酸式，25 mL或10 mL。

（5）具塞三角瓶：250 mL。

（6）恒温振荡器。

（7）消煮炉或电陶炉。

（8）凯氏烧瓶：100 mL或500 mL。

（9）凯氏蒸馏装置：常量直接蒸馏式或半微量水蒸气蒸馏式。

（10）三角瓶：250 mL。

（11）容量瓶：100 mL。

（12）消化管：250 mL。

（13）定氮仪：以凯氏原理制造的各类型半自动、全自动蛋白质测定仪。

（14）离心机：中速定性滤纸。

2. 试剂及配制

除非另有说明，在分析中仅使用确认的分析纯试剂和蒸馏水（或去离子水或相当纯度的水）。

（1）硫酸（H_2SO_4）。

（2）盐酸（HCl）。

（3）20 g·L^{-1}硼酸溶液：称取100 g硼酸溶于5 000 mL水中。

（4）400 g·L^{-1}氢氧化钠溶液：称取2 000 g氢氧化钠溶于5 000 mL水中。

（5）硫酸铵。

（6）盐酸标准溶液[c（HCl）=0.1 mol·L^{-1}]：按GB/T 601—2016配制和标定。见附录。

（7）甲基红乙醇溶液：称取0.1 g甲基红，用乙醇溶解并稀释至100 mL。

（8）溴甲酚绿乙醇溶液：称取0.5 g溴甲酚绿，用乙醇溶解并稀释至100 mL。

（9）混合指示剂溶液：将甲基红乙醇溶液和溴甲酚绿乙醇溶液等体积混合。该溶液在室温下避光保存，有效期3个月。

（10）混合催化剂：称取10 g硫酸铜（$CuSO_4·5H_2O$）和100 g硫酸钾（K_2SO_4），混匀，研磨，过0.42 mm（40目）筛。

（11）150 g·L^{-1}三氯乙酸溶液：取150 g三氯乙酸溶于1 000 mL水中。

【实验方法】

称取发酵豆粕3~5 g（准确至0.000 1 g）于250 mL具塞三角瓶内，准确加入150 g·L^{-1}的三氯乙酸溶液100 mL。摇匀后，室温振荡30 min，静置5 min，将上清液倒入50 mL离心管内，4 800 r·min^{-1}，离心15 min。

取上清液10 mL于消化管内，加入2~3 g混合催化剂、12 mL浓硫酸，于420 ℃消化1.5 h，冷却后缓慢向消化管内加入约10 mL蒸馏水，摇匀，冷却后蒸馏。用2%的硼酸溶液吸收，用0.1 mol·L^{-1}的盐酸溶液滴定，消耗盐酸的体积记为V。

【实验结果与分析】

发酵豆粕中酸溶蛋白的含量按下式计算：

$$CP=\frac{(V-V_0)\times c(\mathrm{HCl})\times 0.014\times 6.25}{m}\times 100\%$$

公式中：CP为发酵豆粕中酸溶蛋白的含量，%；V为滴定样品消化液所耗盐酸标准溶液的体积，mL；V_0为滴定空白消化液所消耗盐酸标准溶液的体积，mL；c（HCl）为盐酸标准溶液的浓度，mol·L^{-1}；m为试样的质量，g；0.014为氮的毫克当量数；6.25为氮换算成蛋白质的平均系数。

重复性：在重复性条件下获得的两次独立测定结果的绝对差值不得超过算术平均值的10%。

二、通过乳酸含量评价发酵豆粕质量

【实验原理】

根据酸碱中和反应的实质：$H^{+}+OH^{-}=H_2O$。已知碱的体积，并知道NaOH标准溶液的磨尔浓度，可以计算出发酵豆粕中乳酸的含量（以总酸含量代替乳酸）。

【实验方法】

称取样品10 g（准确至0. 001 g），加到250 mL烧杯中，加蒸馏水100 mL（因搅拌时一些粉末会贴壁，需用玻璃棒，可先加90 mL，再用10 mL冲洗玻璃棒），在磁力搅拌器上搅拌30 min后，过滤于锥形瓶中（或转入50 mL离心管中，4 000 $r\cdot min^{-1}$离心5 min），准确移取滤液10 mL，加入40 mL新沸过的冷水后，用0.02 $mol\cdot L^{-}$标准NaOH溶液滴定，酚酞为指示剂（2~3滴），至溶液变为粉红色为滴定终点（若样品颜色太深，难以观察终点，以pH=8.15为滴定终点）。记录消耗的NaOH的体积，记为V。同时做空白对照。

【实验结果与分析】

发酵豆粕乳酸的含量按照下式计算：

$$乳酸含量=\frac{(V-V_0)\times c(\mathrm{NaOH})\times\frac{90.08}{1\ 000}}{m\times 0.1}\times 100\%$$

式中：V为样品消耗NaOH标准溶液的体积，mL；V_0为未发酵豆粕滴定消耗标准NaOH溶液的体积，mL；c(NaOH)为溶液的浓度，$mol\cdot L^{-1}$；90.08为乳酸的相对分子质量；m为称取样品的质量，g。

三、通过酸度评价发酵豆粕质量

称取样品10 g于50 mL的烧杯中，移取15 mL去离子水，搅拌30 min，用pHS-3C型pH计测定溶液（或者使用精密pH试纸测试）。

【思考题】

（1）简述发酵豆粕中酸溶蛋白、乳酸含量的测定原理及方法。

（2）简述测定生物饲料中酸溶蛋白的实际意义。

(3)生物饲料具有哪些优点?

(4)影响生物饲料发酵效果的因素有哪些?

【实验拓展】

1.评价发酵豆粕质量的其他常用方法

(1)通过表观性状评价发酵豆粕质量

对发酵豆粕的颜色、气味、黏度等进行感官评定,会发现豆粕在一定温度下经过发酵、脱水、干燥后颜色变深,国内外优质的发酵豆粕应为棕黄色。如果颜色浅而与豆粕一致,有可能发酵不彻底或掺入了其他浅色蛋白原料。发酵豆粕(干燥的发酵豆粕加适量的水煮开后)有很强且令人愉快的酒醇酸香气,无氨臭,口尝略有酸涩味。豆粕发酵越彻底,黏度越大。黏度过大影响干燥效率,干燥的发酵豆粕按质量比1:(1~2)加水调和后亦粘手。

(2)通过大豆抗原含量评价发酵豆粕质量

大豆抗原测定采用SDS-PAGE方法进行定性分析酶联免疫(ELISA)定量检测。7S和11S蛋白是豆粕中免疫原性最强的大豆抗原蛋白,占大豆籽实总蛋白的65%~80%,因此也是大豆中主要的抗原蛋白。在保证提取液蛋白质浓度一致的条件下,可以定性检查发酵豆粕中7S和11S蛋白的降解情况,评价发酵豆粕质量。

(3)通过益生菌数量评价发酵豆粕质量

根据发酵所用益生菌特性,对样品进行预处理和选择合适的培养基,能准确检测益生菌数量,进而评价发酵豆粕质量。

2.豆粕常用发酵工艺

目前,以豆粕为发酵基质的发酵模式一般采用深层发酵和浅层发酵两种模式。其中浅层发酵模式要求发酵基质(豆粕)厚度低于10 cm,此种发酵为好氧发酵。如果豆粕堆积过高,则会影响其透气性,不利于氧气由外向内进行扩散。浅层发酵一般发酵效果较佳,但是占地面积、所需生产空间较大,难以进行机械化生产。而深层发酵要求豆粕厚度为30 cm以上,可以分为池式发酵、罐式发酵和袋式发酵,发酵类型可以分为厌氧发酵和前期好氧、中后期兼性厌氧发酵。前期的好氧阶段,好氧菌株产生的酶类分解大分子营养物质和降解抗营养因子,中后期兼性厌氧发酵阶段一般为乳酸菌产酸阶段,降低环境的pH,抑制杂菌的生长,改善发酵豆粕的风味。袋式发酵是指将发酵底物装入优质聚乙烯薄膜的发酵袋中进行的发酵。

(罗莉,西南大学)

第四部分

实训

水产动物配合饲料配方的电脑设计

全价配合饲料的品质取决于饲料原料质量、饲料配方设计水平以及饲料加工质量。通过配方原料的合理搭配，可以实现饲料营养素的全价、均衡，提高消化利用率；通过配方原料结构的调整，可以满足不同加工工艺条件的要求。因此，配方设计是决定全价配合饲料品质的关键。

配合饲料的出现与优化极大地推动了养殖业的快速发展，目前已是养殖生产活动中必不可少的物资。每一颗饲料（图4-1）都是设计者根据基础原料的特性，经过科学的设计、配比之后才可以基本满足养殖对象的营养需求，才能被生产出来使用。饲料配方是饲料工业中的核心技术。那饲料配方是如何设计的呢？在本次实训中，大家就将学习如何利用试差法与线性规划法设计配合饲料配方，了解饲料配方设计与优化的基本原则。

图4-1　颗粒饲料

【实训任务】

了解饲料配方设计与优化的基本原则，学习利用试差法与线性规划法设计配合饲料配方。

【实训方案】

1.实训材料

饲料原料目录、常用饲料原料营养价值表、电子计算机、Excel 2010软件。

2.实训步骤

（1）配方设计前的准备工作

1）熟悉常用饲料原料

饲料是由原料组合而成的，其营养情况、沉浮性、适口性、成本等在很大程度上取决于原料。这就要求配方设计者需对饲料原料的营养特性、物理特性、价格等有全面的认识与把控。

①原料的营养特性。饲料原料常分为蛋白原料、能量原料与饲料添加剂。蛋白原料指的是干物质中粗蛋白含量在20%以上、粗纤维含量在18%以下的原料，一般包括动物蛋白原料、植物蛋白原料、单细胞蛋白原料和非蛋白氮原料。其中，非蛋白氮原料主要用于反刍动物。能量原料指的是干物质中粗蛋白含量在20%以下、粗纤维含量在18%以下的原料，主要包括谷实类籽实、谷类加工副产品、块根块茎类、油脂等。饲料添加剂主要包括维生素、氨基酸等营养型添加剂和益生菌、抗氧化剂、防霉剂等非营养型添加剂。饲料添加剂在饲料配方中占比很小，但对提升饲料品质、投喂效果等作用显著。

②原料的物理特性。原料的物理特性对其在配方中的选用及配合比例有非常大的影响。原料最终需通过加工才能成为饲料，加工对原料的粉碎细度、混合均匀度、液态原料的凝固温度等均有相应要求。同时原料的容重对最后饲料成品的沉浮性均有影响。所以在配方设计时，原料的物理特性也不容忽视。

③原料的价格。原料的种类很多，价格也各不相同。在能满足饲料要求的情况下，选择性价比高的原料是降低饲料成本的重要途径。原料价格随季节、供需状况和品质等因素的变化而波动。我们可以通过饲料行业信息网、中国饲料工业信息网、原料公司网页、采购网等随时查询。

2）了解常见养殖水产动物营养需求

配方的最终目的是要在尽可能低的成本下满足水产动物的营养需求。水产动物的营养需求对配方的设计起决定性作用。我们可以通过查阅相关文献，了解各种常见养殖水产动物对蛋白质、脂肪等主要营养素的需求量范围。

（2）配方设计的原则

配合饲料的种类繁多，配方设计的方法也很多，但无论哪种饲料，哪种方法，配方设计的原则都是一样的，即科学性、经济性、实用性和卫生安全性。

1）科学性

饲料配方设计首先要考虑的是养殖对象的营养需求，养殖对象的种类、发育阶段、饲养目的、养殖环境等的不同均会导致养殖动物营养需求的不同。配方设计者应首先清楚相应配方要求下的营养标准，再根据饲料原料营养成分、营养价值，将多种饲料原料进行科学配比，取长补短，充分发挥各营养素的效能。饲料配方设计的科学性不仅表现在满足养殖动物的营养需求，更是表现为发挥各种原料的优势，弥补劣势，达到平衡。

2)经济性

饲料企业在配制饲料时,不仅要考虑自身的经济效益,还要考虑到饲料使用者的经济效益。只注重品质的饲料,成本往往也较高,性价比就很低,养殖生产者往往不会选用。同时,在选择配方原料时,一定要考虑到原料的市场供给、价格波动情况,选择性价比高的原料,最好因地制宜,就地取材,减少不必要的运输、贮藏成本等。

3)实用性

配方设计不能脱离生产实际,按配方生产出的配合饲料必须保证养殖生产者用得起、用得上、用得好:必须是养殖对象适口、喜食的饲料,并在水中稳定性好,沉浮性合理;养殖动物吃后生长快、体质优,饲料效率高、产投比高、利润率高;原料的数量能持续满足饲料的生产,保证饲料持续稳定供应;饲料的价格合理,性价比高。

4)卫生安全性

在设计饲料配方时,必须考虑饲料的卫生安全问题。这里的卫生安全性不仅是养殖动物的安全性,还包括养成的水产品对人体的安全性。饲料配制时,必须注意原料的品质问题,发霉、酸败、污染、泥沙、有毒有害成分等的含量均不能超过国家规定的范围。不选用或少用易发生变质的原料。对于添加剂的使用,必须遵守国家的相关规定。

(3)配方设计的方法

饲料配方的设计方法有方块法、方程法、推算法、试差法及线性规划法等。前三种方法手工计算量大,且只能满足蛋白质的要求,属于传统的设计方法。随着时代的发展,对饲料质量的要求越来越高,要求配方满足的指标也越来越多。目前通用的方法是试差法与线性规划法,大概过程是先用试差法初步确定各原料的选用比例,然后通过线性规划法求出在满足配方各条件基础上的最低成本配方。

(4)配方设计步骤

下面具体介绍配方设计的详细步骤:

①新建一个Excel工作表,假定命名为“XX配方设计”。

②在“XX配方设计”工作表中建立“原料”工作簿,将常用的饲料原料信息录入在内。

③在“配方设计”工作表中建立“配方过程”工作簿,根据配方要求及原料特性初步选定原料,并将原料信息复制至“配方过程”工作簿中(可利用公式链接,方便同时改动)。

④利用sum与sumproduct求和公式进行比例、价格等栏目的求和计算。

⑤用试差法调整饲料配方:调整几种原料的初始配方比例,使“合计(%)”达到100%,这时就会出现配方的原料成本与各营养成分含量。

⑥在“配方过程”工作簿中将各种原料的用量限制及各种营养成分的含量要求列为“配方调试表”。

⑦进行规划求解：单击“数据”选项卡，进入“分析”栏中的“规划求解”功能，选择价格为目标单元格，设置为最小值。选定配方比例所在单元格为可变单元格，单击“添加”按钮，逐个输入“配方调试表”中的约束条件。在“选项”中，选择精度、允许误差，勾选“使无约束变量不为负数”，选择求解方法，最后求解。

⑧若有解，保留规划求解结果；若无解，可返回“规划求解参数”对话框，删减或更改约束条件，继续求解。

⑨规划求解所得的最低成本配方虽能满足成本最低的要求，但仍然存在许多不合理之处，设计人员求得最低成本配方后应根据经验进行检验，若认为配方不符合要求，可在最低成本配方的基础上继续修改，直到满意为止。

⑩新建“配方”工作簿，将配方的原料、配比、主要营养素、成本等配方的主要数据复制至工作簿中，并做适当美化。至此，配方设计完成。

3.配方设计实例展示

以草鱼幼鱼颗粒饲料配方为例。

①新建一个Excel工作表，命名为“草鱼幼鱼颗粒饲料配方设计”。

②在“草鱼幼鱼颗粒饲料配方设计”工作表中建立“常用原料”工作簿，将常用的饲料原料的营养组成、价格等信息录入在内，方便之后配方设计时使用。

③在“草鱼幼鱼颗粒饲料配方设计”工作表中建立“配方过程”工作簿，根据配方要求及原料特性初步选定原料，并将原料信息复制至“配方过程”工作簿中（可利用公式链接，方便同时改动，例如：某单元格“=原料！A2”）。

④在合计栏利用求和公式求和。例如：本配方中比例合计单元格“=SUM（A3:A17）”，价格合计单元格“=SUMPRODUCT（$A$3:$A$17，C3:C17）/100”。

⑤用试差法调整饲料配方：根据经验或参考文献中的配方调整几种原料的初始配方比例，使“合计（%）”栏达到100%，这时就会出现配方的原料成本与各营养成分含量（表4–1）。

表4–1　试差法调整后所得配方

单位/%

草鱼幼鱼颗粒饲料配方设计								
比例/%	原料	价格（元/吨）	干物质	粗蛋白质	粗脂肪	粗纤维	无氮浸出物	粗灰分
5.00	国产鱼粉（62%）	8400.00	90.00	60.20	4.90	0.50	11. 60	12.80
21.00	豆粕	3000.00	89.00	44.20	1. 90	5.90	28.30	6.10
10.00	菜粕	2200.00	88.00	38.60	1.40	11.80	28.90	7.30
15.00	棉粕	2500.00	90.00	47.00	0.50	10.20	26.30	6.00
10.00	啤酒酵母	2100.00	91.70	52.40	0.40	0.60	33.60	4.70

续表

草鱼幼鱼颗粒饲料配方设计								
比例/%	原料	价格(元/吨)	干物质	粗蛋白质	粗脂肪	粗纤维	无氮浸出物	粗灰分
14.00	米糠	1650.00	87.00	12.80	16.50	5.80	44.50	7.50
16.00	面粉	3000.00	87.00	13.90	1.70	1.90	67.60	1.90
2.00	大豆油	6000.00	0.00	0.00	99.00	0.00	0.00	0.00
0.50	蛋氨酸	18500.00	100.00	0.00	0.00	0.00	0.00	0.00
1.00	98.5赖氨酸	6500.00	100.00	0.00	0.00	0.00	0.00	0.00
2.50	磷酸二氢钙	1700.00	100. 00	0.00	0.00	0.00	0.00	100.00
1.00	膨润土	7000.00	100.00	0.00	0.00	0.00	0.00	100.00
0.50	50%氯化胆碱	4700.00	100.00	0.00	0.00	0.00	0.00	100.00
1.00	预混料	12000.00	100. 00	0.00	0.00	0.00	0.00	100.00
0.50	功能性添加剂	5000.00	100.00	0.00	0.00	0.00	0.00	0.00
100.00	合计	3124.50	87.76	32.46	5.46	5.14	33.76	10.38

⑥在“配方过程”工作簿中将各种原料的用量限制及各种营养成分的含量要求列为“配方调试表”(表4-2)(若将所有营养素含量要求均列为限制条件,规划求解极容易出现无解,一般选取6~8种重要营养素含量进行限制)。

表4-2　配方调试表

配方调试表					
原料	用量下限/%	用量上限/%	营养素名称	含量下限/%	含量上限/%
国产鱼粉(62%)	2.00	5.00	粗蛋白	30.00	35.00
豆粕	15.00	30.00	粗脂肪	3.00	7.00
菜粕	10.00	25.00	粗灰分	0.00	12.00
棉粕	5.00	15.00	蛋氨酸	0.90	1.50
大豆油	1.00	3.00	总磷	1.42	1.58
啤酒酵母	5.00	10.00	总钙	0.47	0.78
米糠	5.00	15.00			
面粉	10.00	15.00			

⑦进行规划求解:单击“数据”选项卡,“分析”栏中的“规划求解”功能,选择价格为目标单元格,设置为最小值。选定配方比例所在单元格为可变单元格,单击“添加”按钮,逐个输入“配方调试表”中的约束条件,注意要将比例所在列保持不变的数值也输为约束条件,例如合计单元格“=100”。在“选项”中,选择精度、允许误差,勾选“使无约束变量不为负数”选择求解方法,最后求解(图4-2)。

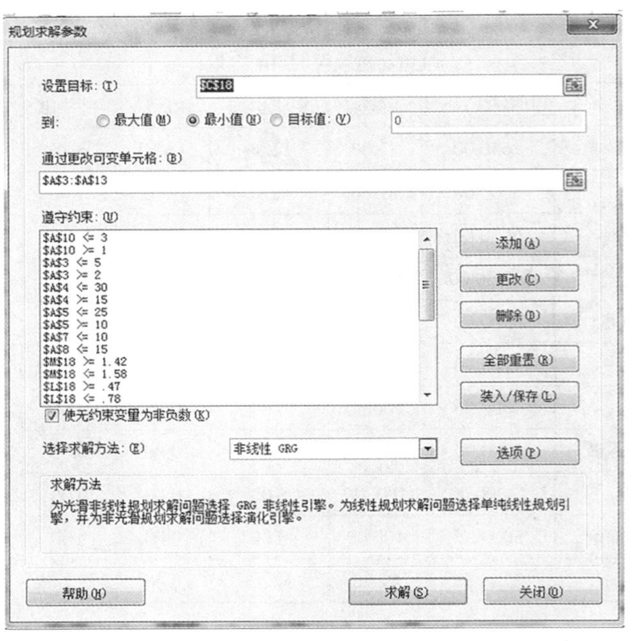

图4-2 规划求解参数窗口

⑧无解，返回“规划求解参数”对话框，发现规划求解过程终止于钙含量处，说明是钙含量限制条件的存在导致无解，先暂时忽略钙含量限制条件，进行求解。有解后，保留规划求解的解（图4-3），然后对配方进行检验调整，为满足价格成本最低的要求，此时的调整应为微调。

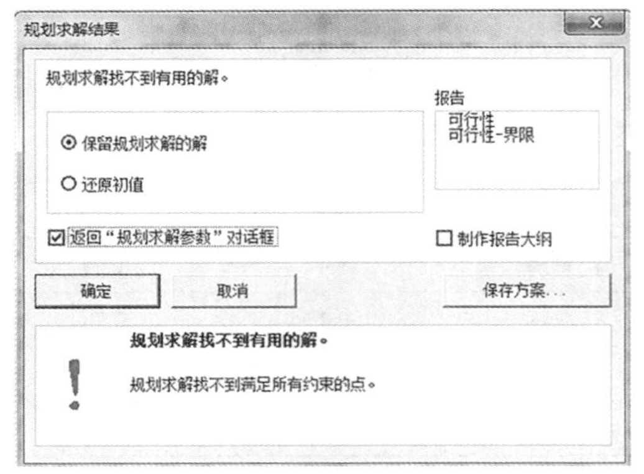

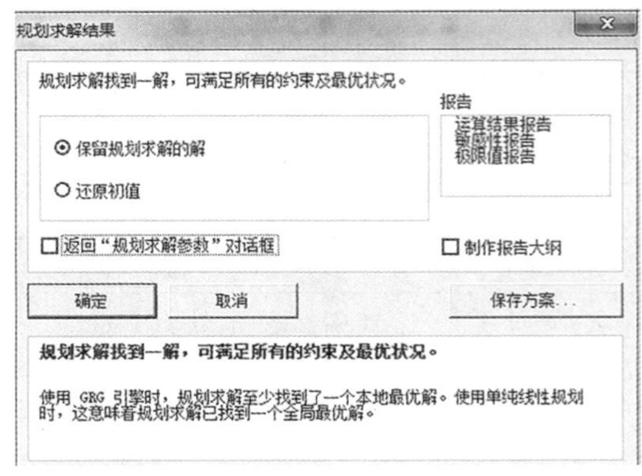

图4-3 规划求解结果窗口

⑨观察配方（表4-3）后发现磷酸二氢钙添加比例虽偏高，但比文献中推荐添加量偏高不多，可选择不调整，最低成本配方整体较为合理。

表4-3　规划求解后所得配方

单位/%

草鱼幼鱼颗粒饲料配方设计								
比例(%)	原料	价格(元/吨)	干物质	粗蛋白质	粗脂肪	粗纤维	无氮浸出物	粗灰分
2.00	国产鱼粉(62%)	8400.00	90.00	60.20	4.90	0.50	11.60	12.80
15.00	豆粕	3000.00	89.00	44.20	1.90	5.90	28.30	6.10
23.50	菜粕	2200.00	88.00	38.60	1.40	11.80	28.90	7.30
15.00	棉粕	2500.00	90.00	47.00	0.50	10.20	26.30	6.00
10.00	啤酒酵母	2100.00	91.70	52.40	0.40	0.60	33.60	4.70
15.00	米糠	1650.00	87.00	12.80	16.50	5.70	44.50	7.50
11.37	面粉	3000.00	87.00	13.90	1.70	1.90	67.60	1.90
1.00	大豆油	6000.00	0.00	0.00	99.00	0.00	0.00	0.00
0.50	蛋氨酸	18500.00	100.00	0.00	0.00	0.00	0.00	0.00
1.00	98.5赖氨酸	6500.00	100.00	0.00	0.00	0.00	0.00	0.00
2.63	磷酸二氢钙	1700.00	100.00	0.00	0.00	0.00	0.00	100.00
1.00	膨润土	7000.00	100.00	0.00	0.00	0.00	0.00	100.00
0.50	50%氯化胆碱	4700.00	100.00	0.00	0.00	0.00	0.00	100.00
1.00	预混料	12000.00	100.00	0.00	0.00	0.00	0.00	100.00
0.50	功能性添加剂	5000.00	100.00	0.00	0.00	0.00	0.00	0.00
100.00	合计	2809.35	88.57	32.70	4.49	6.33	32.94	10.72

⑩新建“配方”工作簿，将配方的原料、配比、主要营养素、成本等配方主要数据复制至工作簿中(可利用公式链接)，并做适当美化。至此，配方设计完成(表4-4)。

表4-4　最终配方

草鱼幼鱼颗粒饲料配方			
原料	比例/%	主要营养水平/%	
国产鱼粉(62%)	2.00	干物质	88.57
豆粕	15.00	粗蛋白质	32.70
菜粕	23.50	粗脂肪	4.49
棉粕	15.00	粗纤维	6.33
大豆油	1.00	无氮浸出物	32.94
啤酒酵母	10.00	粗灰分	10. 72
米糠	15.00	钙	1.17
面粉	11.37	总磷	1.56
蛋氨酸	0.50	赖氨酸	2.65
98.5赖氨酸	1.00	蛋氨酸	0.99
磷酸二氢钙	2.63	含硫氨基酸	1.51
膨润土	1.00	原料成本/元	2809.35
50%氯化胆碱	0.50		
预混料	1.00		
功能性添加剂	0.50		
合计	100.00		

4.注意事项

(1)原料选取的种类数要合适。生产中由于配料仓数量限制、粉碎细度、混合均匀度等的要求,配方主要原料种类大多控制在5~7种。

(2)尽量选用当地的、常用的原料。当地原料有运输成本低、价格便宜、新鲜度高等特点,应优先考虑,合理选用。常用的饲料原料,如豆粕市场供应充足,价格相对稳定,不会出现大的波动导致停产,应优先考虑选用。

(3)注意原料的消化率。饲料原料数据库中给出的营养指标是原料本身含有的营养素含量,但这些营养素往往并不能被水产动物完全消化吸收。

(4)注意动植物蛋白原料的搭配。动物蛋白原料价格高,但品质好,消化率高,氨基酸组成平衡;植物蛋白原料价格相对较低,但含有各类抗营养因子及有害物质。因此,为了兼顾饲料的品质与价格,两者的搭配比例非常关键。

(5)合适的能量原料。保证饲料合理的能量蛋白比,由能量原料提供能量用以消耗,蛋白原料更多地转化为鱼体蛋白,以降低饲料成本。

(6)控制抗营养因子含量及卫生质量。在配方设计时,应充分考虑到抗营养因子、有毒有害物质、水分、沙土等含量及霉变、氧化等指标标准。

(7)注意原料物理特性。原料的物理特性很大程度上影响着加工、饲料的适口性等。

(8)注意把握某些特殊原料对哪些养殖对象可以使用,对哪些不可以使用,最大用量是多少。

【结果分析】

将自己所做配方与文献资料中的相关配方进行对比,分析各自利弊。

【评价考核】

(1)提交所做的最终配方及配方说明。配方说明中应包括配方中各原料的选用理由及比例确定依据,并列出相关参考文献。

(2)提交文献中摘录的配方,对其不合理之处进行说明并作出优化后的配方,列出相关参考文献。

(3)了解畜禽饲料与水产饲料的异同,尝试做一份畜禽饲料配方(选做)。

【实训拓展】

畜禽饲料与水产饲料的区别

1. 原料的粉碎细度不同

畜禽饲料原料要求全部通过8目，16目筛上物不得超过20%。水产饲料原料则要求全部通过40目，60目筛上物不得超过10%。

2. 水中的稳定性不同

畜禽生活在陆地上，其配合饲料对水的稳定性无要求。水生动物生活在水中，水产饲料应能在水中维持一段时间不溃散。

3. 对饲料营养成分组成的要求不同

水生动物为变温动物，不需要消耗能量来维持体温；水生动物生活在水中，由于水的浮力，只需要很少能量就能维持鱼类在水层中的合适位置。水生动物所需能量为畜禽的50%~70%，这就使得水生动物在物质代谢和能量代谢方面和畜禽存在着差异，对饲料的利用效率也显著不同。

水生动物在配合饲料中需要更多的蛋白质，其蛋白质需要量为畜禽的2~4倍。水生动物不像畜禽那样能很好地利用饲料中的游离氨基酸。鱼类对羟基氨基酸的利用率只有L-蛋氨酸利用率的20%，而畜禽对羟基氨基酸的利用率可达80%。畜禽需要的必需脂肪酸主要是n-6系列的脂肪酸，如亚油酸、花生四烯酸。水生动物则需要n-3系列的不饱和脂肪酸，如亚麻酸、二十碳五烯酸、二十二碳六烯酸。

（罗莉，西南大学）

实训2

水产动物预混合饲料配方的电脑设计

预混合饲料是指由一种或多种添加剂原料（或单体）与载体或稀释剂搅拌均匀而成的混合物，又简称添加剂预混料或预混料，目的是有利于微量的原料均匀分散于大量的配合饲料中。预混合饲料不能直接饲喂动物，但其可视为配合饲料的核心，因其含有的微量活性组分常是配合饲料饲用效果的决定性因素。

尽管多种基础原料经过科学的设计、配比之后营养趋于平衡，可以基本满足养殖对象的营养需求，但是，有些营养素由于消化率低以及在加工过程中的大量损失（如多种维生素），使得水产动物无法从饲料中摄取足够的该种营养素，这样就会导致养殖动物出现各种营养缺乏症。同时许多添加剂在配合饲料中的添加比例小，如果将添加剂与基础原料直接混合，由于这些添加剂纯品不易分散，会导致其混合效果不佳。

为了解决上述问题，需要将添加剂纯品与稀释剂或载体预先做成更易分散在基础饲料中的预混合饲料，然后再与基础原料混合。根据添加剂纯品的种类，预混合饲料包含维生素复合预混合饲料、矿物质复合预混合饲料与综合复合预混合饲料。在本实训中，我们就将学习如何利用电脑设计各类预混合饲料配方。

【实训任务】

学习利用电脑设计预混合饲料配方的方法，根据提供的《鱼虾蟹维生素及微量元素添加量》以及《饲料添加剂品种目录》(2013)，设计水产动物预混合饲料配方（任选一种即可）。

【实训方案】

1.实训材料

(1)几种鱼类对维生素及矿物质的营养需求表（表4-5）。

表4-5　几种鱼类对维生素及矿物质的营养需求

营养种类	鲤鱼	罗非鱼	对虾	罗氏沼虾	河蟹
VA/IU	20 000	20 000	40 000	40 000	40 000
VD_3/IU	10 000	10 000	8 000	8 000	8 000
VE/mg	800	700	2 000	2 000	2 000
VK/mg	300	250	420	420	420
VB_1/mg	80	150	200	200	200
VB_2/mg	400	600	400	400	400
VB_6/mg	400	400	1 500	1 500	1 500
VB_{12}/mg	3	3	5	4	5
VC酯/mg	1 000	1 500	6 000	6 000	6 000
叶酸/mg	3 000	2 500	3 000	3 000	3 000
烟酸/mg	2 000	2 500	1 000	1 000	1 000
泛酸钙/mg	1 200	1 000	1 000	1 000	1 000
生物素/mg	3	2	4	4	8
肌醇/mg	15 000	10 000	20 000	20 000	20 000
镁/mg	600	600	260	260	260
锰/mg	800	800	400	400	400
锌/mg	1 100	1 100	1 600	1 600	1 600
铜/mg	100	100	1 200	1 200	1 200
铁/mg	6 000	6 000	—	—	—
硒/mg	5	5	2	2	2
钴/mg	50	50	50	50	50
碘/mg	15	15	5	5	5

（2）《饲料添加剂品种目录》（2013）及各种添加剂剂型规格。

2.实训步骤

（1）查阅水产动物维生素、微量矿物元素的需要量表，确定水产动物对维生素、微量矿物元素的需要量。

（2）确定复合预混合饲料产品中维生素、微量矿物元素的种类。

（3）查阅饲料成分表中各种维生素及微量矿物元素的含量。

基础原料是提供给动物营养成分的主体，添加剂添加量的多少，首先要看基础原料中含有多少，基础原料含量充分时就不用另外添加，只有含量不足时再添加，差多少就补多少。

基础原料中营养素的含量必须是有效含量，即可以被动物消化吸收的成分的含量。

有些营养素在饲料中的含量虽然很高，但是它的存在形式很难被动物消化吸收，这样的营养素对动物基本上没有营养价值。

（4）确定维生素及微量矿物元素的需要添加量。

（5）根据维生素及微量矿物元素的种类选出单一维生素及微量矿物元素添加剂，并换算成添加剂原料用量。

由营养标准和基础原料中营养素的有效含量即可得到要添加的营养素的量。但是，营养素的添加量，并不等于添加剂的添加量，要确定添加剂的添加量，必须由添加剂中有效成分的含量进行换算。

（6）确定根据配方生产中的复合预混合饲料在饲料中的用量。

（7）确定非营养性添加剂用量。非营养性添加剂与水产动物的营养需求无关，与营养素之间一般也不存在拮抗关系，所以在饲料中的添加量无须进行复杂的计算，按正常使用量添加即可。

（8）选择适宜的载体，确定其用量。载体的用量取决于复合预混合饲料在配合饲料中的用量。复合预混合饲料中载体的用量可用下式计算：

载体用量＝复合预混合饲料用量-添加剂用量（含单一预混合饲料）

（9）列出配方，并进行复核。理论上设计出来的配方，能否满足养殖对象的需求，还要经过饲料养殖试验。根据喂养结果，必要时作进一步调整。

3. 参考复合预混合饲料配方案例

案例一　矿物质复合预混合饲料配方

矿物质复合预混合饲料配方设计主要是矿物质添加剂配方的设计。矿物质添加剂配方设计好之后（如表4-6），根据需要再添加一定量的载体即可。这里不再重复矿物质添加剂配方设计的步骤和方法，但要注意以下两点。

（1）水环境中矿物质的有效含量。因为水产动物可以从水环境中吸收矿物质，如果水环境中某种矿物质的有效含量高，那么，预混合饲料中该矿物质的含量可以适当降低，甚至不添加。

（2）基础原料中矿物质的有效性。有些矿物质在基础原料中的含量虽高，但其消化率并不高，在确定这些矿物质的添加量时，就不能完全按照上述步骤进行，应适当增加用量，甚至不考虑基础原料中的含量，而直接按营养标准添加。

表4-6 上海市水产研究所矿物质添加剂配方

单位/($g \cdot kg^{-1}$)

原料名称	分子式	含量
磷酸氢钙	$CaHPO_4 \cdot 2H_2O$	14.415
硫酸亚铁	$FeSO_4 \cdot 7H_2O$	0.25
硫酸锌	$ZnSO_4 \cdot 7H_2O$	0.22
硫酸锰	$MnSO_4 \cdot 4H_2O$	0.092
硫酸铜	$CuSO_4 \cdot 5H_2O$	0.020
碘化钾	KI	0.0016
氯化钴	$CoCl_2 \cdot 2H_2O$	0.001
钼酸铵	$(NH_4)_6Mo_7O_{24} \cdot 4H_2O$	0.0004
合计	—	15.000

(引自石文雷等《鱼虾蟹高效饲料配方》,2007)

本配方用于青鱼饲养效果良好,也可用于鲤鱼和罗非鱼,在饲料中的添加量为1.5%。

案例二 维生素复合预混料配方

维生素复合混料配方设计主要是维生素添加剂配方的设计。维生素添加剂配方设计好之后(如表4-7),根据需要再酌量添加一定量载体即可。

对于维生素,因为基础饲料中维生素的含量随种类、产地、收获、加工和贮运等因素影响而相差很多(几倍到几十倍),对每批原料都进行分析也是不可能的,而且由于含量极低,加工对维生素的破坏较明显,所以营养标准中的量通常就作为添加量。因此,上述步骤中的第一、第二、第三步就合为一步进行,但应考虑下列情况。

(1)有些维生素在基础原料中广泛存在,且含量较高,如胆碱、泛酸等,在确定这些营养素的添加量时就不能忽视是基础原料中的含量。

(2)有些饲料中维生素含量很丰富,这些原料的使用量较多时,预混料中维生素添加剂的量可以适当减少,甚至可以不加。

表4-7 鲤鱼用复合维生素添加剂配方

单位/($mg \cdot kg^{-1}$)

维生素种类	东京理研维生素株式会社	美国全国研究理事会	上海水产研究所
VB_1	10	20	5
VB_2	30	18	10
VB_6	9	20	20
VB_5	100	90	50
VB_3	50	30	20
VB_C	2.0	5	1.0
氯化胆碱	1500	500	500

续表

维生素种类	东京理研维生素株式会社	美国全国研究理事会	上海水产研究所
VC	150	100	50
VB_{12}	0.015	0.015	0.01
VH	0.016	0.1	–
肌醇	40	100	–
VA	10 000	5 000	5 000
VD_3	2 000	1 000	1 000
VE	100	50	10V
VK_3	10	10	3
对氨基苯甲酸	–	–	–

案例三 综合复合预混料配方

综合复合预混料是指两类或两类以上的微量元素、维生素、氨基酸或非营养性添加剂与载体或稀释剂配制而成的均匀混合物。

以下示例综合复合预混合饲料的具体计算方法(表4-8,4-9,4-10,参数均为虚构,无实际参考价值)。

(1)计算微量元素、维生素、矿物元素等在复合预混合饲料中的百分比。

表4-8 维生素在复合预混合饲料中的百分比

维生素	全价料中添加量/kg^{-1}	预混合饲料中含量/kg^{-1}	添加剂规格	预混合饲料中添加剂用/($g\cdot kg^{-1}$)	100 kg预混合饲料配方/kg
列号	①	②	③	④	⑥
计算方法	—	①÷1%	—	②÷③÷1 000	⑤*100÷1 000
VA	12 000 IU	1 200 000 IU	500kIU·kg^{-1}	2.4	0.24
VD_3	2 500 IU	250 000 IU	500kIU·kg^{-1}	0.5	0.05
VE	22 IU	2 200 IU	50%	4.4	0.44
VK	4 mg	400 mg	50%	0.8	0.08
VB_1	2 mg	200 mg	98%	0.204	0.020 4
VB_2	5 mg	500 mg	98%	0.510	0.051
VB_6	1 mg	100 mg	98%	0.102	0.010 2
VB_{12}	0.02 mg	2 mg	1%	0.2	0.02
叶酸	20 mg	2 000 mg	99%	2.02	0.202
烟酸	10 mg	1 000 mg	98%	1.02	0.102
泛酸	0.2 mg	20 mg	99%	0.02	0.002
生物素	0.01 mg	1 mg	2%	0.05	0.005
小计	–	–	–	12.226	1.222 6

表4-9 矿物元素在复合预混合饲料中的百分比

元素名称	全价料中元素添加剂/(mg·kg⁻¹)	预混料中元素添加剂/(mg·kg⁻¹)	添加剂原料选择	添加剂原料规格	1 kg预混料中添加剂原料用量/g	100 kg预混料配方/kg
列号	①	②	③	–	⑤	⑥
计算方法	–	①÷1%	–	–	②÷④÷1 000	⑤*100÷1 000
铜	10	1 000	五水硫酸铜	25.0%	4	0.4
铁	100	10 000	一水硫酸亚铁	30.0%	33.33	3.33
锌	110	11 000	一水硫酸锌	35.0%	31.43	3.143
锰	4	400	一水硫酸锰	31.8%	1.26	0.126
碘	0.2	20	碘化钾	1%	2	0.2
硒	0.25	25	亚硒酸钠	1%	2.5	0.25
小计	–	–	–	–	74.52	7.452

(2)维生素与微量元素添加剂的和为:1.222 6+7.452=8.674 6。

(3)载体和稀释剂是保障微量添加剂能够与主体原料充分混合均匀的重要条件。常用作载体的有脱脂米糠、稻壳粉、玉米粉、麸皮、小麦粉、大豆粉等。可作为稀释剂的原料有沸石、石灰石粉、脱脂玉米粉、次粉等。加入一些载体和稀释剂,一个完整的复合预混合饲料配方就构成了。

表4-10 复合预混合饲料配方

原料	配比/%	原料	配比/%
VA	0.24	砻糠粉	2
VD_3	0.05	五水硫酸铜	0.4
VE	0.44	一水硫酸亚铁	3.333
VK	0.08	一水硫酸锌	3.143
VB1	0.02	一水硫酸锰	0.126
VB_2	0.051	碘化钾	0.2
VB_6	0.01	亚硒酸钠	0.25
VB_{12}	0.02	沸石粉	10
叶酸	0.202	*DL*-蛋氨酸	12
烟酸	0.102	50%氯化胆碱	8
泛酸	0.002	玉米蛋白粉	59.33
生物素	0.005	合计	100

4. 注意事项

(1)添加剂的选择

对于营养性添加剂要选择消化率高、营养素含量高、价格便宜、稳定性好的种类。对于非营养性添加剂,如诱食剂、免疫增强剂等虽然不是必需的,但是适量添加,对促进摄食、提高体质是有益的;而色素、防霉剂、抗氧化剂等则应根据情况灵活使用。无论哪类添加剂,都要注意安全卫生,效果可靠,使用方便。所选添加剂应符合有关饲料卫生安全的法规:明文规定已禁止使用的添加剂绝对不能使用,对其生理作用及在动物体内转化过程不明了的添加剂不能使用,会在动物体内富集的添加剂应慎用。

(2)添加剂的数量

添加剂的使用量不足,达不到理想的效果,但是如果添加量过多,特别是脂溶性维生素和重金属矿物盐过多,不仅会使饲料成本升高,而且会导致新的营养不平衡,甚至导致水产动物中毒,严重影响人体健康。因此要控制好添加剂的使用量。

维生素添加剂是一类不稳定的物质,因此要根据配合饲料加工工艺和饲料贮存条件适当增加添加量。一般要求在正常添加量的基础上增加2%~20%的保险系数(安全裕量),以弥补饲料在加工、运输和贮存过程中的损失。

(3)载体的数量

研究表明,一种成分与其他成分混合时,如果其含量低于混合物的1 $g\cdot kg^{-1}$,则很难混合均匀,故复合预混料占饲料的比例至少应在1 $g\cdot kg^{-1}$以上。一般来说,1%以上可以达到理想的混合效果,并且混合速度也较快。

载体的用量不能太多,如含粗纤维太高的有机载体(如糠粉、木屑等)以及某些无机类载体(如石粉)添加比例过大,会影响饲料营养素的平衡。另外,载体的用量还要考虑到添加剂之间的配伍问题。

【结果分析】

(1)掌握了预混合饲料设计依据。

(2)了解饲料添加剂与饲料添加剂目录。

(3)按方法和步骤设计预混合饲料配方。

【评价考核】

(1)混料配方是否满足养殖动物配合饲料的添加需求?

(2)添加剂规格、剂型选择是否合适?

(3)载体选择依据是什么?

(4)步骤计算是否准确?

【实训拓展】

复合预混合饲料加工工艺

(1)处理有毒微量元素

硒、钴、碘等微量元素有较大毒性,饲料中局部地方超量,就可使动物中毒,通常采用水化预处理,把以上3种元素制剂称好后溶在一定量的温水中,然后喷到经过细化处理的稀释剂上,再混合均匀、干燥、粉碎、准备配料。

(2)干燥

原料中往往含有超量水分,需要进行干燥处理,通常采用可调温的电烘箱作干燥设备,经过干燥处理的添加剂,可以延长保管期限,有利于粉碎加工。

(3)粉碎

各种原料都需要粉碎,对于硒、钴、碘三种元素的稀释剂,采用专用粉碎机粉碎,把粉碎的各种原料,分品种筛分到所需的细度,筛上的粗粒重新进粉碎机粉碎。

(4)上料

由于预混料产品是由少则十余种、多则几十种不同品种、不同比重、不同细度的粉状原料配合、混合而成,所需原料品种多,用量相差大,性质各异,需根据生产规模的大小、自动化程度的高低、配料工艺的类型和原料的特性采用不同的上料方式,尽可能降低残留和原料间的交叉污染。目前常采用斗式提升机、气力输送和电动葫芦三种上料方式的某种组合形式进行上料。

(5)配料

配料是预混合饲料生产中最为重要的工序,配料工艺的选择是预混合饲料厂加工工艺设计的基础,不同的配料工艺配置的配料仓数量不同,原料的上料方式也有差别。配料的准确性直接影响到预混料的质量、成本和安全性,规模化预混合饲料加工的配料工艺都应采用“多仓两秤”和“多仓三秤”配料工艺,各种原料根据其用量分别在不同量程的配料秤中计量,将大大提高配料精度,缩短配料周期,增加参与自动配料的原料品种数量。

不论采用何种配料工艺,配料量低于小秤最大称量值10%的小料、稳定性较差的原料和流动性较差的原料,都不宜直接进配料仓,可将它们稀释放大后进配料仓参加配料或直接采用人工添加投料。

(6)混合与打包

混合是预混合饲料厂最重要的工序之一,也是保证预混合饲料质量的关键所在,要求混合周期短、混合质量高、出料快、残留率低、密封性好以及无外溢粉等。规模化预混合饲料厂采用的混合打包工艺有两种方式,一种是混合后不经输送直接打包,另一种是混合后经水平、垂直输送进入成品仓再打包。

复合预混料计量装袋时,要求质量精度标准到1/500,封口严密,无漏料,附有产品质量检验合格证,注明适用对象、添加量和使用方法。

(罗莉,西南大学)

生物饲料的制作

生物饲料是指在人工控制条件下，以微生物、复合酶为生物饲料发酵剂菌种，以成品饲料、植物性农副产品、畜禽下脚料等为原料，通过微生物的代谢作用，降解部分蛋白质、脂肪等大分子物质，生成有机酸、可溶性多肽、维生素等活性物质，形成适口性好、营养丰富、活菌含量高的饲料或饲料原料。

由于选择的菌种、工艺不同，发酵有不同的类别：根据选用的微生物代谢方式不同分为厌氧发酵和好氧发酵，如乳酸菌属于厌氧发酵，芽孢杆菌属于好氧发酵；根据培养基的不同，分为固体发酵和液体发酵；根据设备不同，分为敞口发酵、密闭发酵、浅盘发酵和深层发酵。

发酵饲料现在一般采用固体发酵。固体发酵设备投入小，操作方便，发酵过程的控制要求不是太严格，图4-4即为发酵豆粕的生产现场。

图4-4　发酵豆粕生产现场

【实训任务】

制作复合发酵饲料1 kg。

【实训方案】

1. 实训材料

复合乳酸菌、优质淡水鱼配合饲料。

2. 实训步骤

(1)将用于发酵的饲料500 kg粉碎、混合均匀。建议:发酵物料粉碎粒度应为80%过40目。

(2)将菌粉1包、液体菌种1瓶溶于250 kg冷水中。

(3)将菌种水混合液,添加到发酵物料中,混合均匀。

(4)将混合均匀的发酵物料挤压、密封、发酵(可选用密封缸、密封桶、薄膜袋等)。

(5)发酵时间:发酵料产生酸香味即可使用。

环境温度35~36 ℃,发酵时间3 d;环境温度30~35 ℃,发酵时间3~4 d;环境温度25~30 ℃以上,发酵时间4~6 d;环境温度20~25 ℃,发酵时间7~10 d;环境温度15~20 ℃,发酵时间15 d以上;环境温度低于15 ℃,发酵停止。

注:根据实训中实际发酵饲料用量,按照比例换算实际所需菌液量。

实训步骤流程图如下。

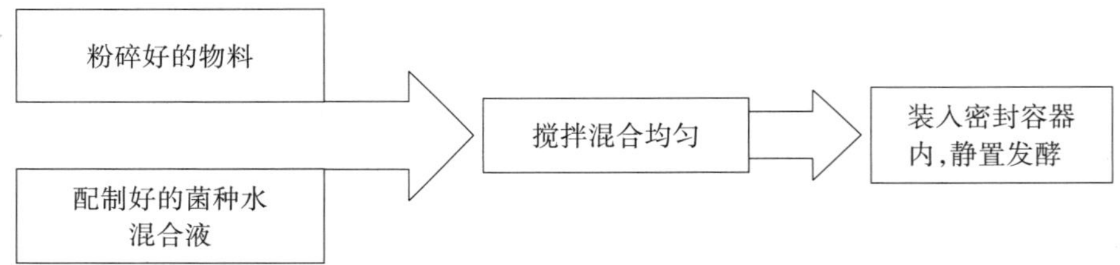

3. 发酵注意事项

(1)发酵用水最好是井水或经3天曝气的自来水。培养用水不能含有漂白粉。

(2)发酵料必须混合均匀,无干粉球团,必须密封发酵,不能暴露在空气中。

(3)如果天气寒冷,发酵用水最好能加温到35 ℃以上。

【结果分析】

影响发酵饲料最终发酵结果的因素有以下几种。

1. 菌种接种量

根据菌种特性、菌种组合、发酵启动量等因子确定菌种适宜的接种量,尽可能接入接近对数生长期的菌种细胞，这样可减少调整期时间，加快发酵速度。在实际发酵过程中，还要考虑菌种在整个发酵体系中的合理搭配、生理功能的表达情况以及成品中的菌种量和代谢产物量。

在冬季，由于温度低，微生物发酵很难启动，可采取以下措施：适当降低加入待发酵物料中的加水量至40%；在饲料中加入10%左右的温水，提高发酵起始温度；菌种活化后再加入待发酵饲料中；等等。

2.发酵水分

发酵饲料的成功与否，水分控制很关键。微生物的发酵和培养都必须在水的环境中进行，由于原料的吸水性不同，不同的原料组合含水量是不同的：有些原料吸水性不好，如血粉、鸡粪、秸秆等；原料粉碎越细，越容易吸水。对于固体发酵，发酵底物中的含水量直接影响发酵是否正常进行，发酵物中的水分一般分为游离水、毛细管水和结合水三种，不同原料所含水量不尽相同，吸水性也有差异，而合理的水分对菌体的营养源的利用至关重要。因此，在发酵过程中应尽可能增加结合水的比例，把自由水控制在一定范围。由于该发酵处于非无菌状态，游离水的比例高会增加腐败菌感染的可能性。

在实际生产中的判定标准为：原料加水后用手捏，感觉湿润有水，但水不流出即可。待发酵原料的表面必须含有一定的自由水，微生物利用表层的自由水进行繁殖生长，但自由水太多又会使有害菌大量繁殖。

在冬季发酵时，水分含量要比其他季节低些，因为水是容易吸热的物质，在低温高湿的发酵料内温度很难升高。

3.发酵温度

发酵微生物菌群之间以及群内各菌株之间其最适生长和发酵温度不尽相同，在菌种筛选时应尽可能做到各菌种的生长和代谢温度相对一致，即在特定范围内，所有微生物能进行正常的生长繁殖和新陈代谢。微生物生长和繁殖必须有一定积温。实践表明，乳酸菌适宜的发酵温度为28~35 ℃，酵母适宜的发酵温度为25~30 ℃。综合分析，本菌种发酵体系在室温30~35 ℃发酵最为旺盛，活性微生物的生物量和代谢产物的积累能协同增长。偏离这个范围，发酵就会出现异常，温度超过35 ℃，甚至更高时，芽孢杆菌及乳酸菌群中的同型乳酸菌能正常生长，而异型乳酸菌和酵母的生长和代谢受阻，且发酵气味异常。

4.发酵时间

发酵时间与待发酵原料、接种量、发酵温度有很大的关系，一般与接种量、发酵温度成正比关系。室温在15 ℃以下，发酵基本停止；室温15~20 ℃，发酵缓慢，时间在15 d以上。室温20 ℃以上，发酵快速：室温20~25 ℃，发酵时间6~8 d；室温25~30 ℃，发酵时间5~6 d；室温30~35 ℃，发酵时间3~4 d；室温45 ℃以上不适宜发酵。因此，在实践生产中，应尽可能使发酵在理想的温度范围内进行。

5.保存方式

发酵一定要密闭保存，否则容易造成杂菌感染、发霉、变臭而不能使用。

发酵后的饲料，如果要长期保存，则要密封严格，并进行压紧压实处理，尽量排出包装袋中的空气。这样不仅可以长期保存，而且在保存的过程中，降解还要进行，时间较长后，消化吸收率更好，营养更佳。当然，前提条件是能确保密封严格，不漏一点空气进入料中，时间越长，质量越好，营养越佳。

【评价考核】

（1）发酵成品是否有浓郁的发酵酸香味。

（2）发酵成品是否松软。

（3）发酵成品的pH值是否在4.5~5.0之间。

【拓展提高】

1.单一原料的发酵

（1）粗料的发酵

选用玉米秸秆、酒糟、木薯渣、果渣、米糠等农副产品进行发酵，可降低原料的粗纤维含量，产生一定的酸香味，合成有机酸等活性物质。选用廉价的蛋白、原料饲料，通过发酵能改善原料品质，提高原料的利用率，这是现代发酵饲料最重要的发展方向。

（2）饼粕类的发酵

豆粕、菜籽粕、棉粕等饼粕类等原料经过发酵，能改善原料的适口性，大大降低原料中棉酚、鞣质、植酸、霉菌、毒素等有毒有害物质的含量，降解部分大分子物质，生成有机酸、小肽等活性物质，以及提高原料的蛋白质溶解度。

（3）动物下脚料的发酵

动物下脚料包括动物屠宰下脚料、水产品加工下脚料，蚕蛹、家蝇等可作为饲料的动物原料。将这些动物原料与辅料混合发酵，可去除原料本身的腥味、臭味，提高适口性；生成大量可消化的氨基酸、小肽，提高消化吸收率。动物下脚料发酵，在菌种的选择、工艺处理方面更为复杂，技术还不够成熟，有待进一步探索。

2.粉状复配饲料的发酵

将以面粉、豆粕、菜籽粕、玉米等为原料混合组成的配合饲料，经微生物发酵，可改善饲料品质，增加酸香味，制成的粉状发酵饲料用于投喂鲢、鳙具有很好的诱食、促长和保健效果，同时具有调节水质的功能。

3.膨化饲料的发酵

将商品膨化料加入适量水分后添加菌种发酵，发酵完成后直接投喂。发酵后的膨化饲料适口性增强，植酸、鞣质等有害物质含量降低，饲料的吸收利用率提高，饲料发酵后，增加了饲料中的有益活菌含量，建立了优势菌群，会抑制肠道中有害菌的繁殖，可维持养殖动物肠道的微生态平衡，减少肠道疾病的发生。

（罗莉，西南大学）

实训4

水产动物配合饲料质量评定(一):消化率的测定

在水产动物养殖中,客观、准确评定各种饲料原料的生物学效价是优化饲料配方的科学决策依据,也是提高饲料利用率、降低饲料成本及节能减排的重要手段。消化率的测定是评价饲料生物学效价的有效途径和重要手段。

【实训任务】

研读《动物性蛋白质饲料胃蛋白酶消化率的测定过滤法》(GB/T 17811-2008),列出购物计划;准备动物、设施、仪器、试剂、用具及测试饲料;掌握外源性指示剂的选择和试验饲料的制备方法;掌握鱼消化酶液的提取方法;掌握试验鱼的投饲和粪便的收集方法;掌握消化率测定步骤、注意事项及数据处理方法;撰写检测报告并进行饲料质量的评价。

【实训方案】

实训项目一　鱼类饲料的总消化率及其蛋白质消化率的测定(在体法)

1.实训步骤

(1)动物选择

可根据实际情况选择试验鱼的种类和大小。选用易驯化和习惯实验环境的鱼类。

(2)实验饲料准备

实验饲料配制,采用70%~85%基础饲料+30%~15%被测饲料,基础饲料可以采用典型配方(见理论教材),也可直接使用市售鱼用商品饲料,但需经重新粉碎后使用。

实验饲料要统一制作。所有干性原料,包括指示剂(化学纯Cr_2O_3)要粉碎过80目筛。Cr_2O_3按干饲料质量的1%准确称取,混合均匀,变异系数小于5%。

(3)预试期

适应环境:采用常规的饲养管理方法,正式实验前用实验饲料暂养5~10 d。

摸清投饲量：找出实验条件下实验鱼一次的最大摄食量。

排粪规律：饲料投喂后，确定收粪最佳时间。

(4)正试期

记录采食量：停食数小时后，一次投足量实验饲料让鱼群饱食。

收集排粪：根据实验条件(实验前需要确定)和实验鱼品种，制订科学合理的鱼粪便收集方法。

时间：根据鱼体排粪情况和样品需要量，确定粪便收集时间，通常鱼类需要收集10~15 d。

(5)粪便的收集和处理

投饲后开始观察排粪，排粪后及时收取完整粪便，避免弄破，经玻璃纤维过滤、烘干后，保存作分析用。通常要同时做三个重复组，收集足够供分析的粪便即可(约1 000 mg干品)。

2.注意事项

(1)确定正确的粪便收集方法。

(2)确保收集到的粪便具有代表性。

【结果分析】

对干燥至恒重的饲料及粪便样品，进行粗蛋白及Cr_2O_3的定量分析。粗蛋白分析采用凯氏定氮法，Cr_2O_3分析采用湿式灰化定量法(见理论教材)。

根据指示剂及蛋白质(或其他营养成分)在食物及粪便中的含量变化，饲料总消化率(干物质D_{DM})和蛋白质消化率(D_{CP})的计算公式如下：

$$饲料总消化率：D_{DM}=\left[1-\frac{B}{B'}\right]\times100\%$$

$$蛋白质消化率：D_{CP}=\left[1-\left(\frac{A'}{A}\times\frac{B}{B'}\right)\right]\times100\%$$

式中：A，A'分别为饲料和粪便中的粗蛋白含量，%；B，B'分别为饲料和粪便中的Cr_2O_3含量，%。

实训项目二　蛋白质饲料的体外消化率测定(离体法)

1.实训步骤

(1)饲料样品的制备。蛋白质饲料原料经过粉碎，100%通过80目或100目筛，定量称取饲料样品进行测定，如果采用20 mL带塞试管可以称取0.200 0 g饲料样品；如果采用100 mL带塞三角瓶时可以称取1.000 0 g饲料样品。

(2)消化酶液的制备。试验消化酶可以用鱼类消化道酶液,也可以用人工消化酶进行离体消化率的测定,应根据不同的试验目的进行选择。如果仅仅比较不同的饲料原料或配合饲料的可消化性,采用人工消化酶(商品化的胃蛋白酶、胰蛋白酶或糜蛋白酶)作为酶源即可。若涉及到特定养殖鱼类的消化率测定,就必须提取该养殖鱼类消化道的消化酶作为酶源。

①多酶片消化酶液制备。取人用多酶片10片,加入0.2 $mol\cdot L^{-1}$、pH 7.4的磷酸缓冲液20 mL,过滤得滤液,或3 000 $r\cdot min^{-1}$冷冻离心20 min取上清液备用,所得溶液含有胃蛋白酶24 $IU\cdot mL^{-1}$、胰蛋白酶80 $IU\cdot mL^{-1}$、胰淀粉酶850 $IU\cdot mL^{-1}$、胰脂肪酶100 $IU\cdot mL^{-1}$。

②肠道消化酶提取。常规解剖,取出鱼的肠道和肝胰脏,去除脂肪和肠道内容物后,分别称取肠道和肝胰脏,按照肝胰脏、肠道质量的10倍量取pH7.4、0.2 $mol\cdot L^{-1}$的磷酸缓冲液,用匀浆器进行匀浆(冰浴中)。匀浆液在3 500 $r\cdot min^{-1}$冷冻离心20 min,取上清液作为粗酶提取液,冰箱冷冻保存备用,最好即取即用。

(3)称取过80目标准筛的饲料样品0.200 0 g于20 mL带塞试管中,加入pH 7.4、0.2 $mol\cdot L^{-1}$的磷酸缓冲液15 mL,分别加入消化酶液5 mL。通常同时做三个重复实验。

(4)在28 ℃的生化培养箱(或水浴锅)中放置、摇床以50 $r\cdot min^{-1}$振摇进行酶解。每2 h加1次150 $IU\cdot mL^{-1}$的青霉素和硫链霉素1 mL。

(5)水解时间控制在6~8 h。

(6)过滤(滤纸在105 ℃下烘干、恒重)消化液,并用28 ℃水洗2~3次,得滤渣。然后,在105 ℃下烘干滤渣至恒重。

2.注意事项

(1)注意保证鱼消化道提取酶液的活性。

(2)注意体外消化率测定过程的准确控制。

【结果分析】

对干燥至恒重的饲料及滤渣样品,进行粗蛋白的定量分析。粗蛋白分析采用凯氏定氮法。

$$饲料总消化率:D_{DM}=[1-\frac{A'}{A}]\times 100\%$$

$$蛋白质消化率:D_{CP}=[1-\frac{A'\times B'}{A\times B}]\times 100\%$$

式中:A,A'分别为饲料和粪便中的粗蛋白含量,%;B,B'分别为饲料和粪便中的Cr_2O_3含量,%。

【实习评价】

1.总成绩

总成绩(100%)=实训表现(10%)+实训计划和工作记录(20%)+实训报告(70%)。

2. 实训表现和工作量

由实训组长提供表现和工作量基础数据,小组成员评分。

3. 实训计划和工作记录成绩

根据每个小组提交的实训计划和工作记录,由指导老师进行评分。

4.实训总结报告成绩

根据实训报告内容的全面性(20%)、分析总结的科学性(50%)、格式的规范性(15%)及是否存在抄袭现象(15%)进行综合评分。

【拓展提高】

1.仿生消化法评定水产动物饲料的消化率

利用单胃动物仿生消化仪,在“肠消化”一步仿生法的基础上,重点突破鱼“胃—肠”模拟测定方法,研究仿生法评定饲料及饲料原料消化率的可行性,为完善水产饲料养分生物学效价仿生评定方法奠定基础。

2.比较水产动物饲料养分的不同生物学评定方法

比较评价生物学法、酶法、仿生消化法等技术手段,研究仿生法评定水产饲料养分生物学效价,与动物试验法测定进行比较,开展相关分析。同时进行数学建模,将认知模型化技术用于营养预测和决策,减少不必要的动物试验,降低研究成本。

(林仕梅,西南大学)

实训5

水产动物配合饲料质量评定(二):生产性能的测定

生产性能的测定是为评价饲料的营养价值和动物的生产水平提供信息,能够科学有效地对养殖动物加强管理,充分发挥动物的生产潜力,提高养殖经济效益。

测定养殖鱼的生产性能,主要包括形体性状、生长发育性状、胴体性状、肉质性状、繁殖性状以及健康性状。

【实训任务】

了解养殖鱼类生产性能测定的重要性及目的;熟悉生产性能测定的原则与方法;掌握生产性能测定的内容,列出购物计划;准备动物、仪器、设备、用具及测试饲料;掌握生产性能测定过程、注意事项及数据处理方法;撰写检测报告并进行饲料质量的评价。

【实训方案】

1.实训步骤

(1)动物选择

可根据实际情况选择实验鱼的种类和大小。

(2)实验饲料选择

根据动物的生产情况,选择相应的渔用商品饲料,评价不同饲料公司的饲料质量养殖效果。也可以根据实验的目的与要求,自己设计实验饲料,确定鱼类营养素需要量,或评价饲料质量(包括单一原料和配合饲料,如评价发酵豆粕对大口黑鲈生长性能的影响等)。

(3)性状测定及方法

1)外观观察

观察体色、鳞片、鳍条、鱼鳃颜色、肝脏颜色、肠道炎症等。

2)形态测定

测定体长、体高、肠长、脏体比、肝体比、肥满度等,其中,

$$肥满度(CF,g\cdot cm^3)=\frac{m}{L^3}$$

$$脏体比(VSI)=\frac{m_1}{m}\times 100\%$$

$$肝体比(HSI)=\frac{m_2}{m}\times 100\%$$

式中:m 为实验鱼的体质量,g;m_1 为实验鱼的内脏质量,g;m_2 为实验鱼的肝胰脏质量,g;L 为实验鱼的体长,cm。

3)生产性状

体质量、日增重、增重率、特定生长率、摄食率、蛋白质效率、饲料转化率等。

$$特定生长率(SGR)=\frac{\ln m-\ln m_0}{d}\times 100\%$$

$$摄食率(FR)=\frac{m_1}{d\times\frac{m+m_0}{2}}\times 100\%$$

$$蛋白质效率(PER)=\frac{m-m_0}{m_2}\times 100\%$$

$$饲料转化率(FCR)=\frac{m_1}{m-m_0}\times 100\%$$

式中:m_0 为实验鱼的初始体质量,g;m 为实验鱼的终末体质量,g;m_1 为实验鱼的干物质摄食量,g;m_2 为实验鱼所摄取的饲料蛋白质量,g;d 为实验天数。

4)胴体性状

净肉重:胴体剔骨和鳞片后全部肉重,g。

屠宰率:胴体质量与宰前活体质量的百分比,%。

含肉率:净肉质量与宰前活体质量的百分比,%。

5)肉质性状

营养组成:全鱼常规生化组成(水分、粗蛋白、粗脂肪、粗灰分)、氨基酸组成、脂肪酸组成。

肉质特性:主要包括肌肉脂肪含量、肉色、pH、滴水损失、熟肉率等。

pH测定:用pH=4和pH=7标准液校正pH计(精确到0.01)。取鱼背部肌肉,加入10 mL的0.15 $mol\cdot L^{-}$氯化钾溶液,用高速组织捣碎机捣碎匀浆,再用pH计测定,读取pH(1);8 ℃冰箱中储藏24 h后,同法测其pH(2)。

滴水损失：取鱼背部肌肉切成3 cm×1 cm×1 cm小块，称重后置于充气的塑料袋中（肉片不接触周围薄膜），在4 ℃冰箱中吊挂48 h，以肌肉样品质量损失百分比表示。

$$\text{滴水损失}=\frac{m_0-m}{m_0}\times 100\%$$

式中：m_0为实验鱼贮存前质量，g；m为实验鱼贮存后质量，g。

熟肉率测定：鱼死后2 h内测定。取鱼背部肌肉切成1 cm×1 cm×1 cm小块，称重后用沸水蒸40 min，晾15 min后称质量。

$$\text{熟肉率}=\frac{m_2}{m_1}\times 100\%$$

式中：m_1为实验鱼蒸煮前肉样质量，g；m_2为实验鱼蒸煮后肉样质量，g。

营养品质评价：根据1973年联合国粮食及农业组织（FAO）和世界卫生组织（WHO）建议的氨基酸评分标准模式和全鸡蛋蛋白的氨基酸模式，分别按以下公式计算氨基酸评分（AAS）、化学评分（CS）和必需氨基酸指数（EAAI）：

$$\mathrm{AAS}=\frac{aa}{AA(\mathrm{FAO/WHO})}$$

$$\mathrm{CS}=\frac{aa}{AA(\mathrm{Egg})}$$

$$\mathrm{EAAI}=\sqrt[n]{\frac{100A}{A_{\mathrm{E}}}\times\frac{100B}{B_{\mathrm{E}}}\times\frac{100C}{C_{\mathrm{E}}}\times\cdots\times\frac{100H}{H_{\mathrm{E}}}}$$

式中：aa为肌肉样品中某氨基酸含量，$\mathrm{mg\cdot g^{-1}\ N}$；$AA$（FAO/WHO）为FAO/WHO评分模式中同种$AA$含量（$\mathrm{mg\cdot g^{-1}\ N}$）；$AA$（Egg）为全鸡蛋蛋白质中同种$AA$含量，%；$n$为比较的$AA$个数；$A,B,\cdots,H$为鱼肌肉蛋白质的各种EAA含量（$\mathrm{mg\cdot g^{-1}\ N}$，干物质）；$A_{\mathrm{E}},B_{\mathrm{E}},C_{\mathrm{E}},\cdots,H_{\mathrm{E}}$为全鸡蛋蛋白中对应的EAA含量（$\mathrm{mg\cdot g^{-1}\ N}$，干物质）。其中，

$$\text{氨基酸含量}(\mathrm{mg\cdot g^{-1}\ N})=\frac{\text{鱼肉中氨基酸含量}(\%,\mathrm{DM})\times 10\times 6.25}{\text{鱼肉中蛋白质含量}(\%,\mathrm{DM})}$$

支链氨基酸/芳香族氨基酸（E/TN）的比值，按以下公式计算：

$$\mathrm{E/TN}=\frac{A(\mathrm{Val+Leu+Ile})}{A(\mathrm{Phe+Tyr})}$$

式中：$A(\mathrm{Val+Leu+Ile})$为缬氨酸、亮氨酸与异亮氨酸之和（$\mathrm{mg\cdot g^{-1}}$），$A(\mathrm{Phe+Tyr})$为苯丙氨酸与酪氨酸之和（$\mathrm{mg\cdot g^{-1}}$）。

6）繁殖性状

主要包括性腺指数、绝对繁殖力、相对繁殖力、受精率、孵化率、成活率、配合力、仔稚鱼生长发育性能等。

7)健康性状

主要包括机体健康性状、肠道健康性状和肝脏健康性状。

机体健康性状:主要包括血液学参数(白细胞组成、红细胞数量、血红蛋白含量等),血浆生化参数(转氨酶活性、血糖、甘油三酯和胆固醇,以及钙、磷含量等),免疫指标(血浆免疫球蛋白和抗体含量,溶菌酶活性,头肾呼吸爆发活力等)。

肠道健康性状:主要包括肠道组织结构(肠绒毛数量、高度,杯状细胞数量等)、肠道结构完整性、肠道抗氧化力和免疫力、肠道微生物结构等。

肝脏健康性状:主要包括肝脏脂肪和糖原含量、肝脏抗氧化力和免疫力、肝脏炎症反应、细胞凋亡等。

2.注意事项

(1)熟悉鱼形体指标的测定内容与方法。

(2)注意测定的指标是否满足生产的目的与要求。

(3)关注饲料营养物质与水生动物肠道微生物群落的关系。

(4)重视饲料营养物质与水生动物肝功能的关系。

【结果分析】

(1)找出饲料质量与鱼生产性能间的量化关系。

(2)建立鱼类营养-生长数学模型。

【实训评价】

1.总成绩

总成绩(100%)=实训表现(20%)+实训计划和工作记录(20%)+实训报告(60%)。

2. 实训表现和工作量

由实训组长提供表现和工作量基础数据,小组成员评分。

3. 实训计划和工作记录成绩

根据每个小组提交的实训计划和工作记录由指导老师进行评分。

4. 实训总结报告成绩

根据实训报告内容的全面性(20%)、分析总结的科学性(50%)、格式的规范性(15%)及是否存在抄袭现象(15%)进行综合评分。

【实训提高】

(1)理解饲料质量与鱼生长的关系,并建立营养-生长数学模型。

(2)了解饲料质量对鱼类健康的影响。饲料质量显著影响养殖鱼类的健康,进而影响其生长。因此,评价饲料对养殖鱼类健康的影响非常必要,主要包括机体健康、肠道健康、肝脏健康等指标的选择与科学评价。

(3)了解饲料质量对养殖环境的影响。饲料质量的好坏直接影响养殖鱼类对饲料的利用效率,进而造成对养殖环境的影响,包括水体总氮、氨氮、总磷等指标的评价,确定饲料质量与环境的数学模型。

(林仕梅,西南大学)

参观饲料公司(一):认知饲料加工工艺流程

配合饲料有不同的形状,有能够漂浮的、缓沉的或沉水的。那么,这些饲料是如何生产加工的?需要什么工艺和设备?

认识水产配合饲料的生产工艺流程,了解各工艺所需要的生产设备及其特征,主要是粉碎工艺、混合工艺、制粒与膨化工艺和冷却工艺。

【实训任务】

了解饲料加工工艺及设备的发展现状;熟悉饲料加工各工艺所需设备的基本结构及其工作原理;掌握配合饲料生产工艺流程和生产设备的选型;能够识读饲料加工工艺流程图;掌握饲料生产各工艺之间的关系;撰写调查报告并进行工艺流程的评述。

【实训方案】

1.实训步骤

(1)了解饲料原料加工前的准备和处理过程,掌握原料接收及清理工艺。

(2)掌握原料粉碎的工艺流程及所用设备的构造和工作原理,了解不同类型粉碎设备的工艺性能。

(3)掌握配料工艺流程。

(4)掌握影响混合质量的因素、混合质量的评定,以及混合设备的构造、工作原理。

(5)掌握颗粒饲料、膨化饲料的生产工艺流程和所需设备的选型。

(6)掌握饲料输送设备的基本结构及工作原理。

(7)掌握饲料内外喷油的工艺流程和所需设备要求。

(8)掌握颗粒饲料冷却的工艺流程和所需设备要求。

2. 注意事项

(1)重量计量配料装置及配料秤的误差和检测。

(2)关注饲料粉碎粒度与饲料加工质量的关系。

(3)饲料成型所需设备的选型及成型饲料的质量检测。

(4)重视饲料调制参数。

(5)关注饲料加工能耗和饲料成品率。

【结果分析】

简易绘制配合饲料加工工艺流程图。评判配合饲料加工工艺流程的合理性及存在的问题。

【实习评价】

根据实习报告内容的全面性(20%)、工艺流程绘制的准确性(40%)、分析描述的科学性(25%)及是否存在抄袭现象(15%)进行综合评分。

【实训拓展】

(1)掌握不同饲料形态(粉料、鱼用硬颗粒沉性饲料、虾用硬颗粒沉性饲料、膨化浮性颗粒饲料、缓沉性饲料等)对饲料组成以及加工工艺的要求,深刻领会饲料的特性以及组成对饲料形状的影响。

(2)掌握饲料加工质量对养殖水环境的影响。饲料加工质量的好坏会直接影响养殖环境的水质。科学地评价饲料的加工质量,主要包括饲料的粉碎粒度、淀粉的糊化率、饲料的成型率、饲料的硬度等指标。

(3)掌握饲料加工质量对动物生长性能的影响。饲料加工质量的优劣会影响养殖鱼类对饲料的消化利用率,进而影响鱼类的生长。理解饲料加工质量与动物生长性能的辩证关系。

(4)认知并绘制饲料添加剂及添加剂预混料生产的工艺流程。

(林仕梅,西南大学)

参观饲料公司(二):认知饲料分析与检测实验室的建制

饲料分析与检测是饲料企业产品质量保证的重要手段,也可以说是产品质量保证的灵魂。饲料质量的好坏,虽然是生产出来而不是检验出来的,但是,怎样保证生产出合格的产品,怎样保证生产的产品是合格的、安全的,这一切都离不开饲料检验。同时,饲料检测室的建立,也是农业行政主管部门的基本要求,是饲料企业办厂的基本条件之一。

【实训任务】

了解饲料分析与检测实验室的建制,主要包括功能布局与要求、所需要的仪器设备以及管理制度;了解饲料分析与检测实验室建设的基本要求与功能;明确需要测试的项目与指标;确立所需要的仪器设备,列出购物计划;制定科学的实验室管理制度;编写一套饲料分析与检测实验室的建设方案。

【实训方案】

1.实训步骤

(1)实验室建设遵循的主要标准与原则

(2)实验室设计的主要理念

具备“共享开放”的实验室设计思想,考虑低碳环保、交流融通、实用美观、设备即插即用、灵活、舒适和高效等设计元素。

(3)分析检测项目及设备的确定

①分析检测项目的确定。

②分析检测设备的确定。

(4)实验室的分区与功能

主要包括办公区、样品处理区和化学湿法分析区、仪器分析区、称量区、高温及微波消解区、试剂储藏区、气体存放区等。

(5)实验室的布局

实验室布局主要包括平面和空间布局,遵循简洁实用、提高效率的原则,布局简洁不繁复,科学合理,空间利用率高。

2. 注意事项

(1)强化安全基础设施的建设以保障实验室安全。建立健全实验室消防设施,设计烟雾报警系统、自动喷水灭火系统、防排烟系统,设置安全出口、疏散通道、安全梯、应急灯、疏散指示灯、防火门,安装消防栓,摆放灭火器等。

(2)对关键实验室安装安防设施,设计门禁管理系统、摄像监控系统等,对剧毒品实验实行24 h监护,防止危险物品的流失和不正当使用。

(3)在实验室配备防护眼镜、洗眼器、喷淋装置、急救箱等防护与急救设施。

【结果分析】

(1)建立一套高效的实验室通用管理制度。

(2)以年产10万吨的饲料公司为例,设计一个饲料概略养分分析的实验室,主要包括基本的仪器设备(数量、型号)、实验室的平面功能布局和管理制度,并绘制平面示意图。

【实习评价】

根据实习报告内容的全面性(20%)、实验室建制的准确性(40%)、布局的科学性(25%)及是否存在抄袭现象(15%)进行综合评分。

【实训拓展】

(1)建设人性化的实验室。确保实验人员的健康和实验室的安全,创建优雅的实验环境。尽量减少有毒有害物质的排放,保护自然环境。

(2)建设智慧化的实验室。通过网络技术的搭建,有效利用物联网技术和虚拟应用技术,实现实验资源的整合与共享。

(林仕梅,西南大学)

附录

附录一　分析筛的筛号与筛孔直径对照表

筛号/目	孔径/mm	筛号/目	孔径/mm
3.5	5.66	35	0.50
4	4.76	40	0.42
5	4.00	45	0.35
6	3.36	50	0.297
8	2.38	60	0.250
10	2.00	70	0.210
12	1.68	80	0.171
14	1.41	100	0.149
16	1.19	120	0.125
18	1.10	140	0.105
20	0.84	170	0.088
25	0.71	200	0.074
30	0.59	230	0.062

附录二　常用缓冲溶液的配制

1. 邻苯二甲酸-盐酸缓冲液(0.05 mol·L^{-1})

X mL 0.2 mol·L^{-1}邻苯二甲酸氢钾＋Y mL 0.2 mol·L^{-1} HCl，再加水稀释至20 mL。

pH(20 ℃)	X	Y	pH(20 ℃)	X	Y
2.2	5	4.670	3.2	5	1.470
2.4	5	3.960	3.4	5	0.990
2.6	5	3.295	2.6	5	0.597
2.8	5	2.642	3.8	5	0.263
3.0	5	2.032			

邻苯二甲酸氢钾分子量＝204.23。

0.2 mol·L^{-1}邻苯二甲酸氢钾溶液为40.85 g·L^{-1}。

2. 邻苯二甲酸-氢氧化钠缓冲液

XmL0.1 mol·L^{-1}邻苯二甲酸氢钾+Y mL 0.1 mol·L^{-1}NaOH，加水稀释至100 mL。

pH(25 ℃)	X	Y	pH(20 ℃)	X	Y
4.1	50	1.2	5.1	50	25.5
4.2	50	3.0	5.2	50	28.8
4.3	50	4.7	5.3	50	31.6
4.4	50	6.6	5.4	50	34.1
4.5	50	8.7	5.5	50	36.6
4.6	50	11.1	5.6	50	38.8
4.7	50	13.6	5.7	50	40.6
4.8	50	16.5	5.8	50	42.3
4.9	50	19.4	5.9	50	43.7
5.0	50	22.6			

邻苯二甲酸氢钾分子量＝204.23。

0.1 mol·L^{-1}邻苯二甲酸氢钾溶液为20.42 g·L^{-1}。

3.磷酸氢二钠-柠檬酸缓冲液

pH	0.2 mol·L^{-1} Na_2HPO_4/mL	0.1 mol·L^{-1} 柠檬酸/mL	pH	0.2 mol·L^{-1} Na_2HPO_4/mL	0.1 mol·L^{-1} 柠檬酸/mL
2.2	0.40	19.60	5.2	10.72	9.28
2.4	1.24	18.76	5.4	11.15	8.85
2.6	2.18	17.82	5.6	11.60	8.40
2.8	3.17	16.83	5.8	12.09	7.91
3.0	4.11	15.89	6.0	12.63	7.37
3.2	4.94	15.06	6.2	13.22	6.78
3.4	5.70	14.30	6.4	13.85	6.15
3.6	6.44	13.56	6.6	14.55	5.45
3.8	7.10	12.90	6.8	15.45	4.55
4.0	7.71	12.29	7.0	16.47	3.53
4.2	8.28	11.72	7.2	17.39	2.61
4.4	8.82	11.18	7.4	18.17	1.83
4.6	9.35	10.65	7.6	18.73	1.27
4.8	9.86	10.14	7.8	19.15	0.85
5.0	10.30	9.70	8.0	19.45	0.55

Na_2HPO_4分子量＝141.98，0.2 mol·L^{-1}溶液为28.40 g·L^{-1}。

$Na_2HPO_4\cdot 2H_2O$分子量＝178.05，0.2 mol·L^{-1}溶液为35.61 g·L^{-1}。

$Na_2HPO_4\cdot 12H_2O$分子量＝358.22，0.2 mol·L^{-1}溶液为71.64 g·L^{-1}。

$C_6H_8O_7\cdot H_2O$分子量＝210.14，0.1 mol·L^{-1}溶液为21.01 g·L^{-1}。

4.柠檬酸-氢氧化钠-盐酸缓冲液

pH	$c(Na^+)$ /(mol·L^{-1})	$C_6H_8O_7\cdot H_2O$/g	97% NaOH/g	HCl(浓)/mL	最终体积/L①
2.2	0.20	210	84	160	10
3.1	0.20	210	83	116	10
3.3	0.20	210	83	106	10
4.3	0.20	210	83	45	10
5.3	0.35	245	144	68	10
5.8	0.45	285	186	105	10
6.5	0.38	266	156	126	10

使用时可以每升中加入1 g酚，若最后pH有变化，再用少量50%氢氧化钠溶液或浓盐酸调节，冰箱保存。

5.柠檬酸-柠檬酸钠缓冲液(0.1 mol·L^{-1})

pH	0.1 mol·L^{-1} 柠檬酸/mL	0.1 mol·L^{-1} 柠檬酸钠/mL	pH	0.1 mol·L^{-1} 柠檬酸/mL	0.1 mol·L^{-1} 柠檬酸钠/mL
3.0	18.6	1.4	5.0	8.2	11.8
3.2	17.2	2.8	5.2	7.3	12.7
3.4	16.0	4.0	5.4	6.4	13.6
3.6	14.9	5.1	5.6	5.5	14.5
3.8	14.0	6.0	5.8	4.7	15.3
4.0	13.1	6.9	6.0	3.8	16.2
4.2	12.3	7.7	6.2	2.8	17.2
4.4	11.4	8.6	6.4	2.0	18.0
4.6	10.3	9.7	6.6	1.4	18.6
4.8	9.2	10.8			

柠檬酸：$C_6H_8O_7·H_2O$分子量=210.14，0.1 mol·L^{-1}溶液为21.01 g·L^{-1}。

柠檬酸钠：$Na_3C_6H_5O_7·2H_2O$分子量=294.12，0.1 mol·L^{-1}溶液为29.41 g·L^{-1}。

6.乙酸-乙酸钠缓冲液(0.2 mol·L^{-1})

pH (18 ℃)	0.2 mol·L^{-1} NaAc/mL	0.2 mol·L^{-1} HAc/mL	pH (18 ℃)	0.2 mol·L^{-1} NaAc/mL	0.2 mol·L^{-1} HAc/mL
3.6	0.75	9.25	4.8	5.90	4.10
3.8	1.20	8.80	5.0	7.00	3.00
4.0	1.80	8.20	5.2	7.90	2.10
4.2	2.65	7.35	5.4	8.60	1.40
4.4	3.70	6.30	5.6	9.10	0.90
4.6	4.90	5.10	5.8	9.40	0.60

$NaAc·3H_2O$分子量=136.09，0.2 mol·L^{-1}溶液为27.22 g·L^{-1}。

冰乙酸11.8 mL稀释至1 L(需标定)。

7.磷酸二氢钾-氢氧化钠缓冲液(0.05 mol·L^{-1})

X mL 0.2 mol·L^{-1} KH_2PO_4+*Y* mL 0.2 mol·L^{-1} NaOH 加水稀释至20 mL。

pH(20 ℃)	*X*/mL	*Y*/mL	pH(20 ℃)	*X*/mL	*Y*/mL
5.8	5	0.372	7.0	5	2.963
6.0	5	0.570	7.2	5	3.500
6.2	5	0.860	7.4	5	3.950
6.4	5	1.260	7.6	5	4.280
6.6	5	1.780	7.8	5	4.520
6.8	5	2.365	8.0	5	4.680

8.磷酸氢二钠-磷酸二氢钠缓冲液(0.2 mol·L^{-1})

pH(25 ℃)	0.2 mol·L^{-1} Na_2HPO_4/mL	0.2 mol·L^{-1} NaH_2PO_4/mL	pH	0.2 mol·L^{-1} Na_2HPO_4/mL	0.2 mol·L^{-1} NaH_2PO_4/mL
5.8	8.0	92.0	7.0	61.0	39.0
5.9	0.0	90.0	7.1	67.0	33.0
6.0	12.3	87.7	7.2	72.0	28.0
6.1	15.0	85.0	7.3	77.0	23.0
6.2	18.5	81.5	7.4	81.0	19.0
6.3	22.5	77.5	7.5	84.0	16.0
6.4	26.5	73.5	7.6	87.0	13.0
6.5	31.5	68.5	7.7	89.5	10.5
6.6	37.5	62.5	7.8	91.5	8.5
6.7	43.5	56.5	7.9	93.0	7.0
6.8	49.0	51.0	8.0	94.7	5.3
6.9	55.0	45.0			

$Na_2HPO_4·2H_2O$分子量=178.05,0.2 mol·L^{-1}溶液为35.61 g·L^{-1}。

$Na_2HPO_4·12H_2O$分子量=358.22,0.2 mol·L^{-1}溶液为71.64 g·L^{-1}。

$NaH_2PO_4·H_2O$分子量=138.01,0.2 mol·L^{-1}溶液为27.6 g·L^{-1}。

$NaH_2PO_4·2H_2O$分子量=156.03,0.2 mol·L^{-1}溶液为31.21 g·L^{-1}。

9. 硼砂–氢氧化钠缓冲液(0.05 mol/L 硼酸根)

X mL 0.05 mol·L^{-1}硼砂＋YmL0.2 mol·L^{-1} NaOH 加水稀释至 200 mL。

pH	X(mL)	Y(mL)	pH	X(mL)	Y(mL)
9.3	50	6.0	9.8	50	34.0
9.4	50	11.0	10.0	50	43.0
9.6	50	23.0	10.1	50	46.0

硼砂 $Na_2B_4O_7 \cdot 10H_2O$ 分子量＝381.43；0.05 mol·L^{-1}硼砂溶液(等于 0.2 mol·L^{-1}硼酸根)为 19.07 g·L^{-1}。

10. 碳酸钠–碳酸氢钠缓冲液

(0.1 mol·L^{-1})(此缓冲液在 Ca^{2+}、Mg^{2+}存在时不得使用).

pH		0.1 mol·L^{-1} Na_2CO_3/mL	0.1 mol·L^{-1} $NaHCO_3$/mL
20 ℃	37 ℃		
9.16	8.77	1	9
9.40	9.22	2	8
9.51	9.40	3	7
9.78	9.50	4	6
9.90	9.72	5	5
10.14	9.90	6	4
10.28	10.08	7	3
10.53	10.28	8	2
10.83	10.57	9	1

$Na_2CO_3 \cdot 10H_2O$ 分子量＝286.2；0.1 mol·L^{-1}溶液为 28.62 g·L^{-1}。

$NaHCO_3$ 分子量＝84.0；0.1 mol·L^{-1}溶液为 8.40 g·L^{-1}。

附录三　常用标准滴定溶液的制备与标定

1.一般规定

(1)除另有规定外,所用试剂的级别应在分析纯(含分析纯)以上,所用制剂及制品,应按GB/T 603-2002的规定制备,实验用水应符合GB/T 6682-2008三级水的规格。

(2)标准滴定溶液的浓度,除高氯酸标准滴定溶液、盐酸-乙醇标准滴定溶液、亚硝酸钠标准滴定溶液[$c(NaNO_2)$=0.5 mol·L^{-1}]外,均指20 ℃时的浓度。在标准滴定溶液标定、直接制备和使用时若温度不为20 ℃时,应对标准滴定溶液体积进行补正(见附录A)。规定“临用前标定”的标准滴定溶液,若标定和使用时的温度差异不大时,可以不进行补正。标准滴定溶液标定、直接制备和使用时所用分析天平、滴定管、单标线容量瓶、单标线吸管等按相关检定规程定期进行检定或校准,其中滴定管的容量测定方法按附录B进行。单标线容量瓶、单标线吸管应有容量校正因子。

(3)在标定和使用标准滴定溶液时,滴定速度一般应保持在6~8 mL·min^{-1}。

(4)称量工作基准试剂的质量小于或等于0.5 g时,精确至0.01 mg称量;大于0.5 g时,精确至0.1 mg称量。

(5)制备标准滴定溶液的浓度应在规定浓度的±5%范围以内。

(6)除另有规定外,标定标准滴定溶液的浓度时,需两人进行实验,分别做四平行,每人四平行标定结果极差的相对值不得大于0.15%,两人共八平行标定结果极差的相对值不得大于0.18%。在运算过程中保留5位有效数字,取两人八平行标定结果的平均值为标定结果,报出结果取4位有效数字。

(7)标准滴定溶液浓度小于或等于0.02 mol·L^{-1}时,应于临用前将浓度高的标准滴定溶液用煮沸并冷却的水稀释,必要时重新标定。

(8)使用工作基准试剂标定标准滴定溶液的浓度。当对标准滴定溶液浓度的准确度有更高要求时,可使用标准物质(扩展不确定度应小于0.05%)代替工作基准试剂进行标定或直接制备,并在计算标准滴定溶液浓度时,将其质量分数代入计算式中。

(9)标准滴定溶液的浓度小于或等于0.02 mol·L^{-1}时(除0.02 mol·L^{-1}乙二胺四乙酸二钠、氯化锌标准滴定溶液外),应于临用前将浓度高的标准滴定溶液用煮沸并冷却的水稀释(不含非水溶剂的标准滴定溶液),必要时重新标定。当需用本标准规定浓度以外的标准滴定溶液时,可参考本标准中相应标准滴定溶液的制备方法进行配制和标定。

(10)标准滴定溶液的贮存。

1)除另有规定外,标准滴定溶液在10~30 ℃下,密封保存时间一般不超过6个月;碘标准滴定溶液、亚硝酸钠标准滴定溶液[$c(NaNO_2)$=0.1 mol·L^{-1}]密封保存时间为4个月;

高氯酸标准滴定溶液、氢氧化钾-乙醇标准滴定溶液、硫酸铁(Ⅲ)铵标准滴定溶液密封保存时间为2个月。

超过保存时间的标准滴定溶液进行复标定后可以继续使用。

2)标准滴定溶液在10~30 ℃下,开封使用过的标准滴定溶液保存时间一般不超过2个月(倾出溶液后立即盖紧);碘标准滴定溶液、氢氧化钾-乙醇标准滴定溶液一般不超过1个月;亚硝酸钠标准滴定溶液[$c(NaNO_2)=0.1\ mol\cdot L^{-1}$]一般不超过15 d;高氯酸标准滴定溶液开封后当天使用。

3)当标准滴定溶液出现浑浊、沉淀、颜色变化等现象时,应重新制备。

(11)贮存标准滴定溶液的容器,其材料不应与溶液起理化作用,壁厚最薄处不小于0.5 mm。

(12)本附录中所用溶液以"%"表示的均为质量分数。只有乙醇(95%)中的"%"为体积分数。

2.标准滴定溶液的配制与标定

(1)氢氧化钠标准滴定溶液

1)配制

称取110 g氢氧化钠,溶于100 mL无二氧化碳的水中,摇匀,注入聚乙烯容器中,密闭放置至溶液清亮。按表1的规定量,用塑料管量取上层清液,用无二氧化碳的水稀释至1 000 mL,摇匀。

表1

氢氧化钠标准滴定溶液的浓度 $c(NaOH)/(mol\cdot L^{-1})$	氢氧化钠溶液的体积 V/mL
1	54
0.5	27
0.1	5.4

2)标定

按表2的规定量,称取于105~110 ℃电烘箱中干燥至恒重的工作基准试剂邻苯二甲酸氢钾,加无二氧化碳的水溶解,加2滴酚酞指示剂(10 $g\cdot L^{-1}$),用配制的氢氧化钠溶液滴定至溶液呈粉红色,并保持30 s。同时做空白试验。

表2

氢氧化钠标准滴定溶液的浓度 $c(NaOH)/(mol \cdot L^{-1})$	工作基准试剂 邻苯二甲酸氢钾的质量 m/g	无二氧化碳水的体积 V/mL
1	7.5	80
0.5	3.6	80
0.1	0.75	50

氢氧化钠标准滴定溶液的浓度 $c(NaOH)$，按下式计算：

$$c(NaOH) = \frac{m \times 1\,000}{(V - V_0) \times M}$$

式中：m 为邻苯二甲酸氢钾的质量，g；V 为氢氧化钠溶液的体积，mL；V_0 为空白试验消耗氢氧化钠溶液的体积，mL；M 为邻苯二甲酸氢钾的摩尔质量[$M(KHC_8H_4O_4)=204.22\ g \cdot mol^{-1}$]。

(2)盐酸标准滴定溶液

1)配制

按表3的规定量，量取盐酸，注入1 000 mL水中，摇匀。

表3

盐酸标准滴定溶液的浓度 $c(HCl)/(mol \cdot L^{-1})$	盐酸的体积 V/mL
1	90
0.5	45
0.1	9

2)标定

按表4的规定量，称取于270~300 ℃高温炉中灼烧至恒重的工作基准试剂无水碳酸钠，溶于50 mL水中，加10滴溴甲酚绿-甲基红指示液，用配制的盐酸溶液滴定至溶液由绿色变为暗红色，煮沸2 min，加盖具钠石灰管的橡胶塞，冷却，继续滴定至溶液再呈暗红色。同时做空白试验。

表4

盐酸标准滴定溶液的浓度 $c(HCl)/(mol \cdot L^{-1})$	工作基准试剂无水碳酸钠的质量 m/g
1	1.9
0.5	0.95
0.1	0.2

盐酸标准滴定溶液的浓度c(HCl),按下式计算:

$$c(\mathrm{HCl})=\frac{m\times 1\,000}{(V-V_0)\times M}$$

式中:m为无水碳酸钠的质量,g;V为盐酸溶液的体积,mL;V_0为空白试验消耗盐酸溶液的体积,mL;M为无水碳酸钠的摩尔质量[$M(1/2Na_2CO_3)$=52.994 g·mol^{-1}]。

(3)硫酸标准滴定溶液

1)配制

按表5的规定量,量取硫酸,缓缓注入1 000 mL水中,冷却,摇匀。

表5

硫酸标准滴定溶液的浓度 $c(1/2H_2SO_4)$/(mol·L^{-1})	硫酸的体积 V/mL
1	30
0.5	15
0.1	3

2)标定

按表6的规定量,称取于270~300 ℃高温炉中灼烧至恒重的工作基准试剂无水碳酸钠,溶于50 mL水中,加10滴溴酚绿-甲基红指示液,用配制的硫酸溶液滴定至溶液由绿色变为暗红色,煮沸2 min,加盖具钠石灰管的橡胶塞,冷却,继续滴定至溶液再呈暗红色。同时做空白试验。

表6

硫酸标准滴定溶液的浓度 $c(1/2H_2SO_4)$/(mol·L^{-1})	工作基准试剂无水碳酸钠的质量m/g
1	1.9
0.5	0.95
0.1	0.2

硫酸标准滴定溶液的浓度[$c(1/2\ H_2SO_4)$],按下式计算:

$$c(1/2H_2SO_4)=\frac{m\times 1\,000}{(V-V_0)\times M}$$

式中:m为无水碳酸钠的质量,g;V为硫酸溶液的体积,mL;V_0为空白试验消耗硫酸溶液的体积,mL;M为无水碳酸钠的摩尔质量[$M(1/2Na_2CO_3)$=52.994 g·mol^{-1}]。

(4)碳酸钠标准滴定溶液

1)配制

按表7的规定量,称取无水碳酸钠,溶于1 000 mL水中,摇匀。

表7

碳酸钠标准滴定溶液的浓度 $c(1/2Na_2CO_3)/(mol\cdot L^{-1})$	无水碳酸钠的质量 m/g
1	53
0.1	5.3

2)标定

量取35.00~40.00 mL配制的碳酸钠溶液,加表8规定量的水,加10滴溴甲酚绿-甲基红指示液,用表8规定的相应浓度的盐酸标准滴定溶液滴定至溶液由绿色变为暗红色,煮沸2 min,加盖具钠石灰管的橡胶塞,冷却,继续滴定至溶液再呈暗红色。同时做空白试验。

表8

碳酸钠标准滴定溶液的浓度 $c(1/2Na_2CO_3)/(mol\cdot L^{-1})$	水的加入量 V/mL	盐酸标准滴定溶液的浓度 $c(HCl)/(mol\cdot L^{-1})$
1	50	1
0.1	20	0.1

碳酸钠标准滴定溶液的浓度[$c(1/2\ Na_2CO_3)$],按下式计算:

$$c(1/2\ Na_2CO_3)=\frac{(V_1-V_0)\times c_1}{V}$$

式中:V_1为盐酸标准滴定溶液的体积,mL;V_0为空白试验消耗盐酸标准滴定溶液的体积,mL;c_1为盐酸标准滴定溶液的浓度,$mol\cdot L^{-1}$;V为碳酸钠溶液的体积,mL。

(5)重铬酸钾标准滴定溶液[$c(1/6\ K_2Cr_2O_7)=0.1\ mol\cdot L^{-1}$]

1)配制

称取5 g重铬酸钾,溶于1 000 mL水中,摇匀。

2)标定

量取35.00~40.00 mL配制的重铬酸钾溶液,置于碘量瓶中,加2 g碘化钾及20 mL硫酸溶液(20%),摇匀,于暗处放置10 min。加150 mL水(15~20 ℃),用硫代硫酸钠标准滴定溶液[$c(Na_2S_2O_3)=0.1\ mol\cdot L^{-1}$]滴定,近终点时加2 mL淀粉指示液(10 $g\cdot L^{-1}$),继续滴定至溶液由蓝色变为亮绿色。同时做空白试验。

重铬酸钾标准滴定溶液的浓度[$c(1/6\ K_2Cr_2O_7)$],按下式计算:

$$c(1/6\ K_2Cr_2O_7)=\frac{(V_1-V_0)\times c_1}{V}$$

式中：V_1为硫代硫酸钠标准滴定溶液的体积，mL；V_0为空白试验消耗硫代硫酸钠标准滴定溶液的体积，mL；c_1为硫代硫酸钠标准滴定溶液浓度，mol·L^{-1}；V为重铬酸钾溶液的体积，mL。

（6）硫代硫酸钠标准滴定溶液［$c(Na_2S_2O_3)$=0.1 mol·L^{-1}］

1）配制

称取26 g五水合硫代硫酸钠（或16 g无水硫代硫酸钠），加0.2 g无水碳酸钠，溶于1 000 mL水中，缓缓煮沸10 min，冷却。放置2周后用4号玻璃滤锅过滤。

2）标定

称取0.18 g已于（120±2）℃干燥至恒重的工作基准试剂重铬酸钾，置于碘量瓶中，溶于25 mL水，加2 g碘化钾及20 mL硫酸溶液（20%），摇匀，于暗处放置10 min。加150 mL水（15~20 ℃），用配制的硫代硫酸钠溶液滴定，近终点时加2 mL淀粉指示液（10 g·L^{-1}），继续滴定至溶液由蓝色变为亮绿色。同时做空白试验。

硫代硫酸钠标准滴定溶液的浓度［$c(Na_2S_2O_3)$］，按下式计算：

$$c(Na_2S_2O_3)=\frac{m\times 1\,000}{(V-V_0)\times M}$$

式中：m为重铬酸钾的质量，g；V为硫代硫酸钠溶液的体积，mL；V_0为空白试验消耗硫代硫酸钠溶液的体积，mL；M为重铬酸钾的摩尔质量［$M(1/6\ K_2Cr_2O_7)$=49.031 g·mol^{-1}］。

（7）溴标准滴定溶液［$c(1/2\ Br_2)$=0.1 mol·L^{-1}］

1）配制

称取3 g溴酸钾和25 g溴化钾，溶于1 000 mL水中，摇匀。

2）标定

量取35.00~40.00 mL配制的溴溶液，置于碘量瓶中，加2 g碘化钾及5 mL盐酸溶液（20%），摇匀，于暗处放置5 min。加150 mL水（15~20 ℃），用硫代硫酸钠标准滴定溶液［$c(Na_2S_2O_3)$=0.1 mol·L^{-1}］滴定，近终点时加2 mL淀粉指示液（10 g·L^{-1}），继续滴定至溶液蓝色消失。同时做空白试验。

溴标准滴定溶液的浓度［$c(1/2Br_2)$］，按下式计算：

$$c(1/2Br_2)=\frac{(V_1-V_0)\times c_1}{V}$$

式中：V_1为硫代硫酸钠标准滴定溶液的体积，mL；V_0为空白试验消耗硫代硫酸钠标准滴定溶液的体积，mL；c_1为硫代硫酸钠标准滴定溶液的浓度，mol·L^{-1}；V为溴溶液的体积，mL。

(8)溴酸钾标准滴定溶液[$c(1/6KBrO_3)=0.1\ mol\cdot L^{-1}$]

1)配制

称取3 g溴酸钾,溶于1 000 mL水中,摇匀。

2)标定

量取35.00~40.00 mL配制的溴酸钾溶液,置于碘量瓶中,加2 g碘化钾及5 mL盐酸溶液(20%),摇匀,于暗处放置5 min。加150 mL水(15~20 ℃),用硫代硫酸钠标准滴定溶液[$c(Na_2S_2O_3)=0.1\ mol\cdot L^{-1}$]滴定,近终点时加2 mL淀粉指示液(10 $g\cdot L^{-1}$),继续滴定至溶液蓝色消失。同时做空白试验。

溴酸钾标准滴定溶液的浓度[$c(1/6KBrO_3)$],按下式计算:

$$c(1/6KBrO_3)=\frac{(V_1-V_0)\times c_1}{V}$$

式中:V_1为硫代硫酸钠标准滴定溶液的体积,mL;V_0为空白试验消耗硫代硫酸钠标准滴定溶液的体积,mL;c_1为硫代硫酸钠标准滴定溶液的浓度,$mol\cdot L^{-1}$;V为溴酸钾溶液的体积,mL。

(9)碘标准滴定溶液[$c(1/2I_2)=0.1\ mol\cdot L^{-1}$]

1)配制

称取13 g碘和35 g碘化钾,溶于100 mL水中,置于棕色瓶中,放置2天,稀释至1 000 mL,摇匀。

2)标定

量取35.00~40.00 mL配制的碘溶液,置于碘量瓶中,加150 mL水(15~20 ℃),加5 mL盐酸溶液[$c(HCl)=0.1\ mol\cdot L^{-1}$],用硫代硫酸钠标准滴定溶液[$c(Na_2S_2O_3)=0.1\ mol\cdot L^{-1}$]滴定,近终点时加2 mL淀粉指示液(10 $g\cdot L^{-1}$),继续滴定至溶液蓝色消失。

同时做水所消耗碘的空白试验:取250 mL水(15~20 ℃),加5 mL盐酸溶液[$c(HCl)=0.1\ mol\cdot L^{-1}$],加0.05~0.20 mL配制的碘溶液及2 mL淀粉指示液(10 $g\cdot L^{-1}$),用硫代硫酸钠标准滴定溶液[$c(Na_2S_2O_3)=0.1\ mol\cdot L^{-1}$]滴定至溶液蓝色消失。

碘标准滴定溶液的浓度[$c(1/2I_2)$],按下式计算:

$$c(1/2I_2)=\frac{(V_1-V_2)\times c_1}{V_3-V_4}$$

式中:V_1为硫代硫酸钠标准滴定溶液的体积,mL;V_2空白试验消耗硫代硫酸钠标准滴定溶液的体积,mL;c_1为硫代硫酸钠标准滴定溶液的浓度,$mol\cdot L^{-1}$;V_3为碘溶液的体积,mL;V_4为空白试验中加入碘溶液的体积,mL。

(10)碘酸钾标准滴定溶液

按表9的规定量，称取已于(180±2)℃的电烘箱中干燥至恒重的工作基准试剂碘酸钾，溶于水，移入1 000 mL容量瓶中，稀释至刻度。

表9

碘酸钾标准滴定溶液的浓度 $c(1/6KIO_3)/(mol \cdot L^{-1})$	工作基准试剂碘酸钾的质量 m/g
0.3	10.70±0.50
0.1	3.57±0.15

碘酸钾标准滴定溶液的浓度[$c(1/6KIO_3)$]，按下式计算：

$$c(1/6KIO_3)=\frac{m\times 1\,000}{V\times M}$$

式中：m为碘酸钾的质量，g；V为碘酸钾溶液的体积，mL；M为碘酸钾的摩尔质量[$M(1/6KIO_3)=35.667\ g\cdot mol^{-1}$]。

(11)草酸(或草酸钠)标准滴定溶液[$c(1/2H_2C_2O_4)=0.1\ mol\cdot L^{-1}$或$c(1/2Na_2C_2O_4)=0.1\ mol\cdot L^{-1}$]

1)配制

称取6.4 g二水合草酸(或6.7 g草酸钠)，溶于1 000 mL水中，摇匀。

2)标定

量取35.00~40.00 mL配制的草酸(或草酸钠)溶液，加100 mL硫酸溶液($V+V$, 8+92)，用高锰酸钾标准滴定溶液[$c(1/5\ KMnO_4)=0.1\ mol\cdot L^{-1}$]滴定，近终点时加热至约65 ℃，继续滴定至溶液呈粉红色，并保持30 s。同时做空白试验。

草酸(或草酸钠)标准滴定溶液的浓度[$c(1/2H_2C_2O_4)$或$c(1/2Na_2C_2O_4)$]，按下式计算：

$$c=\frac{(V_1-V_0)\times c_1}{V}$$

式中：V_1为高锰酸钾标准滴定溶液的体积，mL；V_0为空白试验消耗高锰酸钾标准滴定溶液的体积，mL；c_1为高锰酸钾标准滴定溶液的浓度，$mol\cdot L^{-1}$；V为草酸(或草酸钠)溶液的体积，mL。

(12)高锰酸钾标准滴定溶液[$c(1/5KMnO_4)=0.1\ mol\cdot L^{-1}$]

1)配制

称取3.3 g高锰酸钾，溶于1 050 mL水中，缓缓煮沸15 min，冷却，于暗处放置2 min，用已处理过的4号玻璃滤埚(在同样浓度的高锰酸钾溶液中缓缓煮沸5 min)过滤。贮存于棕色瓶中。

2)标定

称取0.25 g已于105~110 ℃电烘箱中干燥至恒重的工作基准试剂草酸钠，溶于100 mL硫酸液（$V+V$，8+92）中，用配制的高锰酸钾溶液滴定，近终点时加热至约65 ℃，继续滴定至溶液呈粉红色，并保持30 s。同时做空白试验。

高锰酸钾标准滴定溶液的浓度[$c(1/5KMnO_4)$]，按下式计算：

$$c(1/5KMnO_4)=\frac{m\times 1\,000}{(V-V_0)\times M}$$

式中：m为草酸钠质量，g；V_1为高锰酸钾溶液体积，mL；V_0为空白试验消耗高锰酸钾溶液体积，mL；M为草酸钠的摩尔质量[$M(1/2Na_2C_2O_4)=66.999\ g\cdot mol^{-1}$]。

(13)硫酸铁（Ⅱ）铵标准滴定溶液{$c[(NH_4)_2Fe(SO_4)_2]=0.1\ mol\cdot L^{-1}$}

1)配制

称取40 g六水合硫酸铁（Ⅱ）铵，溶于300 mL硫酸溶液（20%）中，加700 mL水，摇匀。

2)标定（临用前标定）

量取35.00~40.00 mL配制的硫酸铁（Ⅱ）铵溶液，加25 mL无氧的水，用高锰酸钾标准滴定溶液[$c(1/5KMnO_4)=0.1\ mol\cdot L^{-1}$]滴定至溶液呈粉红色，并保持30 s。同时做空白试验。

硫酸铁（Ⅱ）铵标准滴定溶液的浓度$c[(NH_4)_2Fe(SO_4)_2]$，按下式计算：

$$c[(NH_4)_2Fe(SO_4)_2]=\frac{(V_1-V_0)\times c_1}{V}$$

式中：V_1为高锰酸钾标准滴定溶液的体积，mL；V_0为空白试验消耗高锰酸钾标准滴定溶液的体积，mL；c_1为高锰酸钾标准滴定溶液的浓度，$mol\cdot L^{-1}$；V为硫酸铁（Ⅱ）铵溶液的体积，mL。

(14)乙二胺四乙酸二钠标准滴定溶液

1)配制

按表10的规定量，称取乙二胺四乙酸二钠，加1 000 mL水，加热溶解，冷却，摇匀。

表10

乙二胺四乙酸二钠标准滴定溶液的浓度 $c(EDTA)/(mol\cdot L^{-1})$	乙二胺四乙酸二钠的质量m/g
0.1	40
0.05	20
0.02	8

2)标定

①乙二胺四乙酸二钠标准滴定溶液[$c(EDTA)=0.1\ mol\cdot L^{-1}$，$c(EDTA)=0.05\ mol\cdot L^{-1}$]

按表11的规定量，称取于(800±50)℃的高温炉中灼烧至恒量的工作基准试剂氧化锌，用少量水湿润，加2 mL盐酸溶液(20%)溶解，加100 mL水，用氨水溶液(10%)将溶液pH调至7~8，加10 mL氨-氯化铵缓冲溶液(pH≈10)及5滴铬黑T指示液(5 g·L^{-1})，用配制的乙二胺四乙酸二钠溶液滴定至溶液由紫色变为纯蓝色。同时做空白试验。

表11

乙二胺四乙酸二钠标准滴定溶液的浓度 c(EDTA)/(mol·L^{-1})	工作基准试剂氧化锌的质量m/g
0.1	0.3
0.05	0.15

乙二胺四乙酸二钠标准滴定溶液的浓度[c(EDTA)]，按下式计算：

$$c(\mathrm{EDTA})=\frac{m\times 1\,000}{(V-V_0)\times M}$$

式中：m为氧化锌的质量，g；V为乙二胺四乙酸二钠溶液的体积，mL；V_0为空白试验消耗乙二胺四乙酸二钠溶液的体积，mL；M为氧化锌的摩尔质量[M(ZnO)=81.408 g·mol^{-1}]。

②乙二胺四乙酸二钠标准滴定溶液[c(EDTA)=0.02 mol·L^{-1}]

称取0.42 g于(800±50)℃的高温炉中灼烧至恒重的工作基准试剂氧化锌，用少量水湿润，加3 mL盐酸溶液(20%)溶解，移入250 mL容量瓶中，稀释至刻度，摇匀。取35.00~40.00 mL，加70 mL水，用氨水溶液(10%)将溶液pH调至7~8，加10 mL氨-氯化铵缓冲溶液甲(pH≈10)及5滴铬黑T指示液(5 g·L^{-1})，用配制的乙二胺四乙酸二钠溶液滴定至溶液由紫色变为纯蓝色。同时做空白试验。

乙二胺四乙酸二钠标准滴定溶液的浓度[c(EDTA)]，按下式计算：

$$c(\mathrm{EDTA})=\frac{m\times\left(\frac{V_1}{250}\right)\times 1\,000}{(V-V_0)\times M}$$

式中：m为氧化锌的质量，g；V_1为氧化锌溶液的体积，mL；V为乙二胺四乙酸二钠溶液的体积，mL；V_0为空白试验消耗乙二胺四乙酸二钠溶液的体积，mL；M为氧化锌的摩尔质量[M (ZnO)=81.408 g·mol^{-1}]。

(15)氯化镁(或硫酸镁)标准滴定溶液[$c(MgCl_2)$=0.1 mol·L^{-1}或$c(MgSO_4)$=0.1 mol·L^{-1}]

1)配制

称取21 g六水合氯化镁(或25 g七水合硫酸镁)，溶于1 000 mL盐酸溶液(V+V，1+2 000)中，放置1个月后，用3号玻璃滤埚过滤。

2)标定

称取1.4 g经硝酸镁饱和溶液恒湿器中放置7 d后的工作基准试剂乙二胺四乙酸二钠,溶于100 mL热水中,加10 mL氨-氯化铵缓冲溶液甲(pH≈10),用配制好的氯化镁(或硫酸镁)溶液滴定,近终点时加5滴铬黑T指示液(5 g·L^{-1}),继续滴定至溶液由蓝色变为紫红色。同时做空白试验。

氯化镁(或硫酸镁)标准滴定溶液的浓度[$c(MgCl_2)$=0.1 mol·L^{-1}或$c(MgSO_4)$=0.1 mol·L^{-1}],按下式计算:

$$c=\frac{m\times 1\,000}{(V-V_0)\times M}$$

式中:m为乙二胺四乙酸二钠的质量,g;V为氯化镁(或硫酸镁)溶液的体积,mL;V_0为空白试验消耗氯化镁(或硫酸镁)溶液的体积,mL;M为乙二胺四乙酸二钠的摩尔质量[M(EDTA)=372.24 g·mol^{-1}]。

(16)高氯酸标准滴定溶液[$c(HClO_4)$=0.1 mol·L^{-1}]

1)配制

量取8.7 mL高氯酸,在搅拌下注入500 mL乙酸(冰乙酸)中,混匀。滴加20 mL乙酸酐,搅拌至溶液均匀。冷却后用乙酸(冰乙酸)稀释至1 000 mL。

2)标定

称取0.75 g于105~110 ℃的电烘箱中干燥至恒重的工作基准试剂邻苯二甲酸氢钾,置于干燥的锥形瓶中,加入50 mL乙酸(冰乙酸),温热溶解。加3滴结晶紫指示液(5 g·L^{-1}),用配制的高氯酸溶液滴定至溶液由紫色变为蓝色(微带紫色)。同时做空白试验。

标定温度下高氯酸标准滴定溶液的浓度[$c(HClO_4)$],按下式计算:

$$c(HClO_4)=\frac{m\times 1\,000}{(V-V_0)\times M}$$

式中:m为邻苯二甲酸氢钾的质量,g;V为高氯酸溶液的体积,mL;V_0为空白试验消耗高氯酸溶液的体积,mL;M为邻苯二甲酸氢钾的摩尔质量[$M(KHC_8H_4O_4)$=204.22 g·mol^{-1}]。

3)修正方法

使用时,高氯酸标准滴定溶液的温度应与标定时的温度相同;若其温度差小于4 ℃,应将高氯酸标准滴定溶液的浓度修正到使用温度下的浓度;若其温度差大于4 ℃时,应重新标定。

高氯酸标准滴定溶液修正后的浓度[$c_1(HClO_4)$],按下式计算:

$$c_1(HClO_4)=\frac{c}{1+0.0011(t-t_0)\times M}$$

式中：c 为标定温度下高氯酸标准滴定溶液的浓度，$mol \cdot L^{-1}$；t 为使用时高氯酸标准滴定溶液的温度，℃；t_0 为标定时高氯酸标准滴定溶液的温度，℃；0.0011为高氯酸标准滴定溶液每改变1 ℃时的体积膨胀系数，$℃^{-1}$；M 为邻苯二甲酸氢钾的摩尔质量[$M(KHC_8H_4O_4)=204.22\ g \cdot mol^{-1}$]。

(17)氢氧化钾-乙醇标准滴定溶液[$c(KOH)=0.1\ mol \cdot L^{-1}$]

1)配制

称取约500 g氢氧化钾，置于烧杯中，加约420 mL水溶解，冷却，移入聚乙烯容器中，放置。用塑料管量取7 mL上层清液，用乙醇(95%)稀释至1 000 mL，密闭避光放置2~4 d至溶液清亮后，用塑料管虹吸上层清液至另一聚乙烯容器中(避光保存或用深色聚乙烯容器)。

2)标定

称取0.75 g于105~110 ℃电烘箱中干燥至恒重的工作基准试剂邻苯二甲酸氢钾，溶于50 mL无二氧化碳的水中，加2滴酚酞指示液($10\ g \cdot L^{-1}$)，用配制的氢氧化钾-乙醇溶液滴定至溶液呈粉红色。同时做空白试验。

氢氧化钾-乙醇标准滴定溶液的浓度[$c(KOH)$]，按下式计算：

$$c(KOH)=\frac{m \times 1\,000}{(V-V_0) \times M}$$

式中：m 为邻苯二甲酸氢钾的质量，g；V 为氢氧化钾-乙醇溶液的体积，mL；V_0 为空白试验消耗氢氧化钾-乙醇溶液的体积，mL；M 为邻苯二甲酸氢钾的摩尔质量[$M(KHC_8H_4O_4)=204.22\ g \cdot mol^{-1}$]。

(18)盐酸-乙醇标准滴定溶液[$c(HCl)=0.5\ mol \cdot L^{-1}$]

1)配制

量取45 mL盐酸，用乙醇(95%)稀释至1 000 mL，摇匀。

2)标定(临用前标定)

称取0.95 g于270~300 ℃高温炉中灼烧至恒重的工作基准试剂无水碳酸钠，溶于50 mL水中，加10滴溴甲酚绿-甲基红指示液，用配制的盐酸-乙醇溶液滴定至溶液由绿色变为暗红色，煮沸2 min，加盖具钠石灰管的橡胶塞，冷却，继续滴定至溶液再呈暗红色。同时做空白试验。

盐酸-乙醇标准滴定溶液的浓度[$c(HCl)$]，按下式计算：

$$c(HCl)=\frac{m \times 1\,000}{(V-V_0) \times M}$$

式中：m 为无水碳酸钠的质量，g；V 为盐酸-乙醇溶液的体积，mL；V_0 为空白试验消耗盐酸-乙醇溶液的体积，mL；M 为无水碳酸钠的摩尔质量[$M(1/2Na_2CO_3)=52.994\ g \cdot mol^{-1}$]。

附录A

（规范性附录）

表A.1 不同温度下标准滴定溶液体积的补正值

单位/($mL \cdot L^{-1}$)

温度/℃	水及0.05 $mol \cdot L^{-1}$以下的各种水溶液	0.1 $mol \cdot L^{-1}$及0.2 $mol \cdot L^{-1}$各种水溶液	盐酸溶液[$c(HCl)$=0.5 $mol \cdot L^{-1}$]	盐酸溶液[$c(HCl)$=1 $mol \cdot L^{-1}$]	硫酸溶液[$c(1/2H_2SO_4)$=0.5 $mol \cdot L^{-1}$]、氢氧化钠溶液[$c(NaOH)$=0.5 $mol \cdot L^{-1}$]	硫酸溶液[$c(1/2H_2SO_4)$=1 $mol \cdot L^{-1}$]、氢氧化钠溶液[$c(NaOH)$=1 $mol \cdot L^{-1}$]	碳酸钠溶液[$c(1/2Na_2CO_3)$=1 $mol \cdot L^{-1}$]	氢氧化钾-乙醇溶液[$c(KOH)$=0.1 $mol \cdot L^{-1}$]
5	+1.38	+1.7	+1.9	+2.3	+2.4	+3.6	+3.3	—
6	+1.38	+1.7	+1.9	+2.2	+2.3	+3.4	+3.2	—
7	+1.36	+1.6	+1.8	+2.2	+2.2	+3.2	+3.0	—
8	+1.33	+1.6	+1.8	+2.1	+2.2	+3.0	+2.8	—
9	+1.29	+1.5	+1.7	+2.0	+2.1	+2.7	+2.6	—
10	+1.23	+1.5	+1.6	+1.9	+2.0	+2.5	+2.4	+10.8
11	+1.17	+1.4	+1.5	+1.8	+1.8	+2.3	+2.2	+9.6
12	+1.10	+1.3	+1.4	+1.6	+1.7	+2.0	+2.0	+8.5
13	+0.99	+1.1	+1.2	+1.4	+1.5	+1.8	+1.8	+7.4
14	+0.88	+1.0	+1.1	+1.2	+1.3	+1.6	+1.5	+6.5
15	+0.77	+0.9	+0.9	+1.0	+1.1	+1.3	+1.3	+5.2
16	+0.64	+0.7	+0.8	+0.8	+0.9	+1.1	+1.1	+4.2
17	+0.50	+0.6	+0.6	+0.6	+0.7	+0.8	+0.8	+3.1
18	+0.34	+0.4	+0.4	+0.4	+0.5	+0.6	+0.6	+2.1
19	+0.18	+0.2	+0.2	+0.2	+0.2	+0.3	+0.3	+1.0
20	0.00	0.00	0.00	0.0	0.00	0.00	0.0	0.0
21	−0.18	−0.2	−0.2	−0.2	−0.2	−0.3	−0.3	−1.1
22	−0.38	−0.4	−0.4	−0.5	−0.5	−0.6	−0.6	−2.2
23	−0.58	−0.6	−0.7	−0.7	−0.8	−0.9	−0.9	−3.3
24	−0.80	−0.9	−0.9	−1.0	−1.0	−1.2	−1.2	−4.2

续表

温度/℃	水及0.05 mol·L⁻¹以下的各种水溶液	0.1 mol·L⁻¹及0.2 mol·L⁻¹各种水溶液	盐酸溶液[c(HCl)=0.5 mol·L⁻¹]	盐酸溶液[c(HCl)=1 mol·L⁻¹]	硫酸溶液[$c(1/2H_2SO_4)$=0.5 mol·L⁻¹]、氢氧化钠溶液[c(NaOH)=0.5 mol·L⁻¹]	硫酸溶液[$c(1/2H_2SO_4)$=1 mol·L⁻¹]、氢氧化钠溶液[c(NaOH)=1 mol·L⁻¹]	碳酸钠溶液[$c(1/2Na_2CO_3)$=1 mol·L⁻¹]	氢氧化钾-乙醇溶液[c(KOH)=0.1 mol·L⁻¹]
25	-1.03	-1.1	-1.1	-1.2	-1.3	-1.5	-1.5	-5.3
26	-1.26	-1.4	-1.4	-1.4	-1.5	-1.8	-1.8	-6.4
27	-1.51	-1.7	-1.7	-1.7	-1.8	-2.1	-2.1	-7.5
28	-1.76	-2.0	-2.0	-2.0	-2.1	-2.4	-2.4	-8.5
29	-2.01	-2.3	-2.3	-2.3	-2.4	-2.8	-2.8	-9.6
30	-2.30	-2.5	-2.5	-2.6	-2.8	-3.2	-3.1	-10.6
31	-2.58	-2.7	-2.7	-2.9	-3.1	-3.5		-11.6
32	-2.86	-3.0	-3.0	-3.2	-3.4	-3.9		-12.6
33	-3.04	-3.2	-3.3	-3.5	-3.7	-4.2		-13.7
34	-3.47	-3.7	-3.6	-3.8	-4.1	-4.6		-14.8
35	-3.78	-4.0	-4.0	-4.1	-4.4	-5.0		-16.0
36	-4.10	-4.3	-4.3	-4.4	-4.7	-5.3		-17.0

注1：本表数值是以20 ℃为标准温度以实测法测出。

注2：表中带有“+”“-”号的数值是以20 ℃为分界。室温低于20 ℃的补正值为“+”，高于20 ℃的补正值均为“-”。

注3：本表的用法：如1 L硫酸溶液[$c(1/2H_2SO_4)$=1 mol·L⁻¹]由25 ℃换算为20 ℃时，其体积补正值为-1.5 mL，故40.00 mL换算为20 ℃时的体积为：

$$V_{20}=40.00-\frac{1.5}{1\,000}\times 40.00=39.94\text{(mL)}$$

附录B

（规范性附录）

滴定管容量测定方法

B.1 仪器

B.1.1 分析天平的感量为0.1 mg，并符合JJG 1036—2022的规定。

B.1.2 温度计分度值为0.1 ℃，并符合JJG 130—2011的规定。

B.1.3 滴定管应符合JJG 196—2006规定。

B.2 测定步骤

B.2.1 将水提前置于天平室［室温(20±5)℃］内，平衡至室温。

B.2.2 将清洗干净的滴定管垂直稳固地安装到检定架上，由滴定管流液口充水至最高标线以上约5 mm处，缓慢地调零。

B.2.3 称量带盖轻体瓶质量m_1。

B.2.4 控制流速为6~8 mL·min^{-1}，将液面调至被测分度线上，用上述轻体瓶接收流出液。

B.2.5 称量水和轻体瓶的质量m_2，测量轻体瓶内水的温度。

B.2.6 滴定管在20 ℃时的容量V_{20}，按下式计算：

$$V_{20}=(m_2-m_1)\times K(t)$$

式中：m_2为水和轻体瓶的质量，g；m_1为轻体瓶质量，g；$K(t)$为常用玻璃量器衡量法$K(t)$值，mL·g^{-1}（见JJG 196—2006中附录B）。

B.2.7 平行测定3次，3次测定数值的极差不大于0.005 mL，取3次测定的平均值。

附录四　分析实验室用水规格和试验方法

分析实验室用水规格和试验方法，参照GB/T 6682—2008。

1. 外观

分析实验室用水目视观察应为无色透明液体。

2. 级别

分析实验室用水的原水应为饮用水或适当纯度的水。

分析实验室用水共分三个级别：一级水、二级水和三级水。

（1）一级水

一级水用于有严格要求的分析试验，包括对颗粒有要求的试验，如高效液相色谱分析用水。

一级水可用二级水经过石英设备蒸馏或离子交换混合床处理后，再经0.2 μm微孔滤膜过滤来制取。

（2）二级水

二级水用于无机痕量分析等试验，如原子吸收光谱分析用水。

（3）三级水

三级水用于一般化学分析实验。

三级水可用蒸馏或离子交换等方法制取。

3. 规格

分析实验室用水的规格见表1。

表1

名称	一级	二级	三级
pH范围（25°C）	—	—	5.0–7.5
电导率（25°C）/（$mS\cdot m^{-1}$）	< 0.01	< 0.10	< 0.50
可氧化物质含量（以O计）/（$mg\cdot L^{-1}$）	—	< 0.08	< 0.4
吸光度（254 nm，1 cm光程）	< 0.001	< 0.01	—
蒸发残渣（105±2.0）°C含量 /（$mg\cdot L^{-1}$）	—	< 1.0	< 2.0
可溶性硅（以SiO_2计）含量 /（$mg\cdot L^{-1}$）	< 0.01	< 0.02	—

注1：由于在一级水、二级水的纯度下，难以测定其真实的pH，因此，对一级水、二级水的pH范围不做规定。

注2：由于在一级水的纯度下，难以测定可氧化物质和蒸发残渣，对其限量不做规定。可用其他条件和制备方法来保证一级水的质量。

4.取样及贮存

(1)容器

1)各级用水均使用密闭的、专用聚乙烯容器。三级水也可使用密闭、专用的玻璃容器。

2)新容器在使用前需用盐酸溶液(质量分数为20%)浸泡2~3 d,再用待测水反复冲洗,并注满待测水浸泡6 h以上。

(2)取样

按本标准进行试验,至少应取3 L有代表性水样。

取样前用待测水反复清洗容器,取样时要避免沾污。水样应注满容器。

(3)贮存

各级用水在贮存期间,其沾污的主要来源是容器可溶成分的溶解、空气中二氧化碳和其他杂质。因此,一级水不可贮存,在使用前制备。二级水、三级水可适量制备,分别贮存在预先经同级水清洗过的相应容器中。

各级用水在运输过程中应避免沾污。

5.试验方法

在试验方法中,各项试验必须在洁净环境中进行,并采取适当措施,以避免试样的沾污。水样均按精确至0.1 mL量取,所用溶液以"%"表示的均为质量分数。

试验中均使用分析纯试剂和相应级别的水。

(1)pH

量取100 mL水样,按GB/T 9724-2007的规定测定。

(2)电导率

1)仪器

①用于一、二级水测定的电导仪:配备电极常数为0.01~0.1 cm^{-1}的"在线"电导池。并具有温度自动补偿功能。

若电导仪不具备温度补偿功能,可装"在线"热交换器,使测定时水温控制在(25±1)℃。或记录水温度,按附录A进行换算。

②用于三级水测定的电导仪:配备电极常数为0.01~0.1 cm^{-1}的"在线"电导池,并具有温度自动补偿功能。

若电导仪不具温度补偿功能,可装恒温水浴槽,使测定时水温控制在(25±1)℃。或记录水温度,按附录A进行换算。

2)测定步骤

①按电导仪说明书安装调试仪器。

②一、二级水的测量：将电导池装在水处理装置流动出水口处，调节水流速，赶尽管道及电导池内的气泡，即可进行测量。

三级水的测量：取400 mL水样于锥形瓶中，插入电导池后即可进行测量。

③注意事项。测量用的电导仪和电导池应定期进行检定。

附录A

（规范性附录）

电导率的换算公式

当电导率测定温度在t ℃时，可换算为25 ℃下的电导率。

25 ℃时各级水的电导率K_{25}，数值以“$mS \cdot m^{-1}$”表示，按下式计算：

$$K_{25} = k_t(K_t - K_{p.t}) + 0.005\ 48$$

式中：k_t为换算系数；K_t为t ℃时各级水的电导率，$mS \cdot m^{-1}$；$K_{p.t}$为t ℃时理论纯水的电导率，$mS \cdot m^{-1}$；0.005 48为25° C时理论纯水的电导率，$mS \cdot m^{-1}$。

理论纯水的电导率（$K_{p.t}$）和换算系数（k_t）见表A.1。

表A.1　理论纯水的电导率和换算系数

t/℃	k_t/($mS \cdot m^{-1}$)	$K_{p.t}$/($mS \cdot m^{-1}$)	t/℃	k_t/($mS \cdot m^{-1}$)	$K_{p.t}$/($mS \cdot m^{-1}$)
0	1.797 5	0.001 16	26	0.979 5	0.005 78
1	1.755 0	0.001 23	27	0.960 0	0.006 07
2	1.713 5	0.001 32	28	0.941 3	0.006 40
3	1.672 8	0.001 43	29	0.923 4	0.006 74
4	1. 632 9	0.001 54	30	0.906 5	0.007 12
5	1.594 0	0.001 65	31	0.890 4	0.007 49
6	1.555 9	0.0017 5	32	0.875 3	0.007 84
7	1.518 8	0.001 90	33	0.861 0	0.008 22
8	1.482 5	0.002 01	34	0.847 5	0.008 51
9	1.447 0	0.002 16	35	0.835 0	0.009 07
10	1.412 5	0.002 30	36	0.823 3	0.009 50
11	1.378 8	0.002 45	37	0.812 5	0.009 94
12	1.346 1	0.002 60	38	0.802 7	0.010 44

续表

t/℃	k_t/(mS·m^{-1})	$K_{p,t}$/(mS·m^{-1})	t/℃	k_t/(mS·m^{-1})	$K_{p,t}$/(mS·m^{-1})
13	1.314 2	0.002 76	39	0.793 6	0.010 88
14	1.283 1	0.002 92	40	0.785 5	0.0113 6
15	1.253 0	0.003 12	41	0.778 2	0.0118 9
16	1.223 7	0.003 30	42	0.771 9	0.012 40
17	1.195 4	0.003 49	43	0.766 4	0.012 98
18	1.167 9	0.003 70	44	0.761 7	0.013 51
19	1.141 2	0.003 91	45	0.758 0	0.014 10
20	1.115 5	0.004 18	46	0.755 1	0.014 64
21	1.090 5	0.004 41	47	0.753 2	0.015 21
22	1.066 7	0.004 66	48	0.752 1	0.015 82
23	1.043 5	0.004 90	49	0.751 8	0.016 50
24	1.021 3	0.005 19	50	0.752 5	0.017 28
25	1.000 0	0.005 48			

主要参考文献

[1]陈辉,彭君.不同规格比色皿在甲基紫法测试混合均匀度中的使用探讨[J].饲料与畜牧,2019,(12):42-45.

[2]陈晓春.影响蛋白质溶解度检测结果准确性的因素[J].粮食与饲料工业[J],2015,(12):69-70,74.

[3]陈影,卢宗梅,张琳,等.发酵饲料分析检测技术[J].当代化工,2019,48,(9):2060-2063.

[4]邓援超.微量元素添加剂粉碎粒度与混合均匀度的理论分析[J].饲料工业,2011,(15):13-15.

[5]方希修,黄涛,尤明珍,等.饲料加工工艺与设备(第2版)[M].北京:中国农业大学出版社,2012.

[6]冯三令,储瑞武,吴玲,等.ICP-AES法测定饲料中多种微量元素的方法研究[J].畜牧与饲料科学,2010,(4):109-112.

[7]冯幼,许合金,刘定,等.不同因素对水产饲料淀粉糊化度的影响[J].饲料博览,2014,(10):51-54.

[8]高肖飞,肖化云,张忠义,等.高效液相色谱法测定桂花叶片中游离氨基酸浓度[J].地球与环境,2016,44(1):103-109.

[9]高一桐,马亮.调质效果对于膨化沉性水产饲料水中稳定性的影响分析[J].饲料工业,2018,39(7):11-15.

[10]郭枫,周秋白,钟杰,等.饲料原料粉碎粒度对黄鳝生产性能及氮排放的影响[J].江西农业大学学报,2018,40(6):1286-1292.

[11]郭正富.鱼粉的不同理化特性对饲料膨化、淀粉糊化和硬度的影响[J].中国饲料,2019,(2):85-89.

[12]郭子好,方华,夏志生,等.反相高效液相法测定发酵豆粕中的17种氨基酸含量[J].粮食与饲料工业,2013,(12):59-62.

[13]韩丰云.运用HACCP原理保障水产饲料水中稳定性[J].齐鲁渔业,2010,27(12):52-53.

[14]撖淙武,王春光.基于近红外光谱技术的饲料混合均匀度检测[J].农机化研究,2015,37(3):191-194.

[15]何绮霞,季天荣,林雪贤,等.饲料中挥发性盐基氮的含量测定[J].广东饲料,2015,(9):43-46.

[16]何延东,王宇,高连兴.饲料混合机的混合机理及工作性能的评定[J].农机化研究,2006,(2):64-66.

[17]何余湧,许赛英.不同加热时间对大豆蛋白质溶解度影响的研究[J].江西饲料,2011,(5):8-10.

[18]贺磊,秀梅.控制颗粒饲料粉化率的措施[J].江西饲料,2019,(5):11-12.

[19]胡凯飞,王金荣,于翠平,等.饲料的粗脂肪水平和调质温度对颗粒饲料硬度的影响[J].中国畜牧杂志,2018,54(5):108-112.

[20]胡其非.基于甲基紫法的饲料混合机混合均匀度测试影响因素[J].南方农机,2015,46(12):5.

[21]胡欣.甲基紫颗粒大小对混合均匀度测试影响研究[J].智慧农业导刊,2021,1(9):44-46.

[22]华焜,袁锐,梁贺新.混合均匀度回归模型的建立与验证[J].粮食与饲料工业,2012,(11):42-44.

[23]黄立兰,黄广明,劳晔.淀粉糊化度测定方法的研究进展[J].饲料工业,2014,35(13):53-57.

[24]季天荣,何绮霞,殷秋妙,等.动物性饲料原料及其饲料产品中挥发性盐基氮测定方法的优化[J].山西农业科学,2016,44(7):1015-1019.

[25]蒋小华,谢运昌,李娟,等.气相色谱-质谱法测定大鼠血浆和肝匀浆中丙二醛含量[J].理化检验—化学分册,2013,49(5):573-576.

[26]李冰冰,李方方,杨桂芹,等.玉米粉碎粒度、调质温度及羧甲基纤维素添加比对淀粉糊化度的影响[J].河南农业,2018,(2):51-52.

[27]李利桥,王德福,江志国,等.转筒式全混合日粮混合机混合均匀度不同检测方法的对比分析[J].甘肃农业大学学报,2017,52(3):136-139.

[28]李铭明,王孟亚,孙浩,等.豆粕氢氧化钾蛋白质溶解度测定影响因素的研究[J].化工管理,2019,(11):40-41.

[29]李旺.生物发酵饲料技术研究与生产应用[M].北京:中国水利水电出版社,2019.

[30]林传星,张晓鸣,王琤韡.增强水产饲料水中稳定性的综合措施[J].饲料与畜牧,2015,(1):26-28.

[31]林淼，赵志辉，雷萍．氨基酸分析仪测定鱼粉中的氨基酸[J].饲料工业，2010，31(22)：50-53.

[32]刘丹丹，杨婧芳，侯林丛，等．动物源性饲料原料中挥发性盐基氮检测方法的优化[J].江西畜牧兽医杂志.2020，(3)，28-31.

[33]刘立业.HPLC-ELSD法测定昆仑雪菊中氨基酸种类[J].食品研究与开发，2016，37(17)：118-120.

[34]刘璐，付明哲，李广，等．热处理对全脂大豆脲酶活性、蛋白溶解度及氨基酸浓度的影响[J].甘肃农业大学学报，2011，46(1)：151-155.

[35]吕雅诗，李欣．饲料混合及饲料混合均匀度[J].今日畜牧兽医，2021，(2)：79.

[36]马黎．两种示踪物对配合饲料混合均匀度的影响[J].西南民族大学学报(自然科学版)，2011，37(1)：80-84.

[37]马赛，陈亮，张宏福．饲料样品储存条件对仿生消化率测值的影响[J].畜牧兽医学报，2014，45(9)：1440-1448.

[38]阮传英，涂宗财，王辉，等．豆渣膳食纤维的体外吸附性能[J].食品科学，2014，35(15)：109-112.

[39]沈俊，张石蕊，贺喜，等．采用蛋白质溶解度评价几种饼粕类原料品质的研究[J].饲料工业，2012，33(8)：27-29.

[40]宋凡．饲料中挥发性盐基氮的自动凯氏定氮仪测定[J].饲料与畜牧，2010，(6)：23-24.

[41]宋志峰，王丽，纪锋，等．高效液相色谱法测定饲料中氨基酸含量的改进[J].中国饲料，2007，(6)：26-28，33.

[42]孙本珠．全混合日粮搅拌机饲料混合均匀度检测方法探讨[J].农业科技与装备，2011，(1)：41-42.

[43]孙启波，刘宁，杨玲，等．粉碎机筛孔直径对玉米和小麦粉碎粒度、生产效率和饲料性状的影响[J]. 粮食与饲料工业，2016，(7)：36-38，52.

[44]唐兴．调质温度、冷却时间对饲料硬度的影响[J].农业开发与装备，2015，(3)：72.

[45]王凤红，张俊平，卢红卫．饲料混合均匀度对饲料品质和畜禽生产性能的影响[J].当代畜禽养殖业，2011，(7)：27-29.

[46]王富花.HPLC分析测定不同茶叶中的游离氨基酸[J].食品研究与开发，2018，39(1)：141-146.

[47]王桂芹．水产动物营养与饲料学实验教程[M].北京：中国农业出版社，2011.

[48]王棘，潘雪妍，杨宏伟.HPLC法和氨基酸分析仪（AAA）法测定肠外营养注射液（25）中18种氨基酸的含量的比较[J].药物分析杂志，2012，32(6)：1085-1089.

[49]王军，黄晓翔，张涛.磷含量法与甲基紫法测定配合饲料混合均匀度的比较[J].现代农业科技，2011，(13)：37-38，40.

[50]王卫国，李浩楠，王晓明，等.饲料几何平均粒度的快速测定方法研究[J].粮食与饲料工业，2012，(10)：34-37，40.

[51]王鑫，王帅，朱雷.如何提高水产饲料在水中的稳定性[J].现代畜牧兽医，2010，(5)：39-40.

[52]王彦平，郭建凤，呼红梅，等.猪肌肉脂肪酸成分的气相色谱测定方法[J].畜牧与兽医，2017，49(3)：57-61.

[53]王逸清，韩梦遐.饲料混合均匀度检测的影响因素分析[J].现代农业科技，2017，(24)：234-236.

[54]王云英，陈小君，杨丽萍，等.卤素水分测定仪法测定隐形眼镜含水量[J].中国医疗器械信息，2019，25(13)：11-12，34.

[55]武书庚（译），程宗佳（校）.饲料混合及混合均匀度[J].中国畜牧杂志医，2010，46(12)：49-52.

[56]谢中国，王芙蓉，刘海英，等.海水仔稚鱼微粒饲料微观形态和水中稳定性的比较研究[J].中国海洋大学学报，2013，43(3)：55-61.

[57]燕海平.浅谈提高饲料混合均匀度的措施[J].河南畜牧兽医（综合版），2016，37(6)：32-33.

[58]杨大伶.不同的检测方法对饲料混合均匀度影响的探讨[J].农技服务，2016，33(10)：27，26.

[59]杨登辉，王鹤达，江秀明，等.核磁共振氢谱法测定食用油中的脂肪酸含量[J].河南工业大学学报（自然科学版），2019，40(5)：13-17.

[60]杨曙明，田河山，俞成，等.微量示踪剂测定饲料混合均匀度应用研究[J].中国饲料，2003，(4)：25-26，28.

[61]杨玉娟，姚怡莎，秦玉昌，等.豆粕与发酵豆粕中主要抗营养因子调查分析[J].中国农业科学，2016，49(3)：573-580.

[62]叶元土，蔡春芳，吴萍，等.氧化油脂对草鱼生长和健康的损伤作用[M].北京：中国农业科学技术出版社，2015.

[63]于克强,何勋,李利桥,等.全混合日粮混合均匀度检测方法的试验研究[J].沈阳农业大学学报,2015,46(4):440-448.

[64]喻文娟,侯静文,朱邦尚. 外标-气相色谱-质谱法准确测定猪肉中的14种脂肪酸[J].分析仪器,2012,(3):l0-16.

[65]袁军,薛敏,吴立新,等.不同淀粉源对膨化饲料颗粒质量及吉富罗非鱼表观消化率的影响[J].动物营养学报,2014,26(8):2209-2216.

[66]张春华,徐广超,苏宇辰,等.应用酶重量法测定全麦粉的总膳食纤维[J].粮食与饲料工业,2015,(8):69-70.

[67]张丽英.饲料分析及饲料质量检测技术(第4版)[M].北京:中国农业大学出版社,2016.

[68]张亮,杨在宾,杨维仁,等.制粒温度和粉碎粒度对颗粒饲料品质的影响[J].饲料工业,2013,34(23):25-29.

[69]张小琴,陆小凤.微波消解样品-火焰原子吸收光谱法测定饲料中的微量元素铁、铜、锰、锌[J].当代畜禽养殖业,2014,(4):3-5.

[70]章文明,高俊,董延.影响饲料混合均匀度的因素及其在中国的现状[J].饲料与畜牧,2015,(4):59-63.

[71]赵红玲,高杨,王小青,等.柱前衍生RP-HPLC 法测定16种氨基酸[J].承德医学院学报,2015,32(1):51-53.

[72]赵颖,朱宝亮,李冬芹,等.荧光光谱法测定大鼠肝组织中丙二醛含量的方法改进[J].中国老年学杂志,2015,35(15):4165-4166.

[73]郑会超,黄新,杨金勇,等.立式全混合日粮搅拌机混合均匀度检测方法研究[J].粮食与饲料工业,2018,(6):28-30.

[74]周根来,张海俊.影响颗粒饲料含粉率的因素及其控制[J].中国畜牧兽医,2010,37(5):37-40.

[75]周丽霞,雷新涛,曹红星.GC-MS分析不同品种油棕果肉中的脂肪酸组分[J].南方农业学报,2019,50(5):1072-1077.

[76]朱乾巧,谢上海,陈婷霞,等.影响饲料混合均匀度的因素及应对措施[J].广东饲料,2014,23(3):38-39.

[77]朱庆国.大黄鱼仔鱼微囊饲料粒度及水中稳定性评估[J].福建农业学报,2018,33(2):114-119.